"十四五"职业教育国家规划教材

高等职业教育"新资源、新智造"系列精品教材

电工电子技术项目教程
（第3版）

何 军 主 编
王长江 杨立林 黄世瑜 副主编
官泳华 主 审

电子工业出版社
Publishing House of Electronics Industry
北京·BEIJING

内 容 简 介

本教材坚持"以能力为目标、以学生为主体、以教师为主导、以项目为载体、以任务为驱动"的原则，将培养学生的专业精神、职业精神和工匠精神有机融合，增强学生的职业适应能力和可持续发展能力。与前两版教材相比，修订后的第 3 版教材更能体现高职院校的办学定位、岗位需求、校企共育人才要求，具有鲜明的高职特色。

本教材对接国家职业资格标准和国家职业技能标准，规划了 9 个学习项目、33 个学习任务、18 个技能训练，涵盖直流电路基本知识、正弦交流电路原理分析、三相异步电动机电气控制、基本放大电路、集成运算放大器应用、直流稳压电源安装与调试、逻辑代数基础、组合逻辑电路应用、时序逻辑电路应用等内容。

本教材体系新颖，内容贴近实际，突出实用性，文字表达简明扼要，图文并茂，有助于实现"教、学、做、测、评"一体化。本教材可作为高职高专院校非电类专业的教学用书，也可供相关专业领域的工程技术人员参考使用。

未经许可，不得以任何方式复制或抄袭本书之部分或全部内容。
版权所有，侵权必究。

图书在版编目（CIP）数据

电工电子技术项目教程／何军主编. —3 版. —北京：电子工业出版社，2021.3
ISBN 978-7-121-37944-4

Ⅰ. ①电… Ⅱ. ①何… Ⅲ. ①电工技术－高等职业教育－教材②电子技术－高等职业教育－教材
Ⅳ. ①TM②TN

中国版本图书馆 CIP 数据核字（2019）第 255056 号

责任编辑：王昭松　　特约编辑：田学清
印　　刷：涿州市京南印刷厂
装　　订：涿州市京南印刷厂
出版发行：电子工业出版社
　　　　　北京市海淀区万寿路 173 信箱　　邮编　100036
开　　本：787×1 092　1/16　印张：16.5　字数：422.4 千字
版　　次：2010 年 8 月第 1 版
　　　　　2021 年 3 月第 3 版
印　　次：2025 年 9 月第 18 次印刷
定　　价：55.00 元

凡所购买电子工业出版社图书有缺损问题，请向购买书店调换。若书店售缺，请与本社发行部联系，联系及邮购电话：(010) 88254888，88258888。

质量投诉请发邮件至 zlts@phei.com.cn，盗版侵权举报请发邮件至 dbqq@phei.com.cn。
本书咨询联系方式：（010）88254015，wangzs@phei.com.cn，QQ：83169290。

第 3 版前言

本书是非电类工科专业"十二五""十三五""十四五"职业教育国家规划教材，在修订过程中，编者认真学习党的二十大报告和党章，秉持"尊重劳动、尊重知识、尊重人才、尊重创造"的思想，以人才岗位需求为目标，突出知识与技能的有机融合，让学生在学习过程中举一反三，创新思维，以适应高等职业教育人才建设需求，助力智能制造强国建设。

为了贯彻落实《国家职业教育改革实施方案》，有效对接职业教育国家教学标准，有效衔接国家职业资格标准和国家职业技能标准，及时反映职业教育教学研究与改革实践的新成果，充分体现行业企业发展对学生的知识、能力和素质方面的新要求，在充分听取众多使用本教材的师生提出的宝贵意见和建议的基础上，对《电工电子技术项目教程（第2版）》进行了修订，修订后的教材具有如下特色。

（1）依据职业教育国家教学标准，优化教材内容。

按照高职高专非电类专业课程教学标准，坚持"以能力为目标、以学生为主体、以教师为主导、以项目为载体、以任务为驱动"的原则，以"必需、够用"为度，按"教、学、做、测、评"一体化设计思路，对《电工电子技术项目教程（第2版）》进行优化与重构，使教材内容更能体现高职高专学生认知规律和身心发展规律，更能满足行业企业发展对非电类专业学生电工电子技术知识、能力和素质方面的新要求。

（2）对接国家职业资格标准和国家职业技能标准，培养学生职业能力。

根据国家职业资格标准和国家职业技能标准设计实践性、针对性、实用性、操作性较强的技能训练项目，将职业技能考核点转化为课程教学的技能点，促进学生职业素养的提高和专业技能的积累，将培养学生专业精神、职业精神和工匠精神有机融合，增强学生的职业适应能力和可持续发展能力。

（3）借助"学习指南"引导学生自主学习。

"学习指南"能够引导学生明确学习任务、学习目标（包括知识目标、能力目标和素质目标）、学习重点与难点等，从而激发学生主动学习的热情，提高学习的自觉性和目标性，培养学生自主学习能力。

（4）借助"测试评价"测评学习效果。

能力测试分为基本能力测试和提升能力测试，以满足不同层次学生职业能力发展的需求，使学生学用结合，针对性强。自我评价表关注学生学习过程，使学生自己找差距、找问题、找措施，自我评价学习质量，操作性强。这使得学生能够学到知识，学会技能，充分保证学习效果和质量。

本教材共有 9 个学习项目，由四川职业技术学院教师团队编写，项目一由杨立林编写，项目二由赵国华编写，项目三由何军编写，项目四由刘力编写，项目五、项目六由黄世瑜编写，项目七、项目八和项目九由王长江编写。

本教材由何军教授担任主编，并负责全书的总体规划和统稿工作，由四川职业技术学院官泳华教授担任主审。

本教材中标有"*"号的内容为选学内容，教师可以根据需要取舍。

本教材在编写过程中参考了大量的文献资料，谨向文献作者表示由衷的感谢。本教材在编写过程中得到了四川职业技术学院电子电气工程系同行的大力支持与帮助，在此向他们表示诚挚的谢意。

由于编者水平有限，书中难免有不足之处，恳请读者批评指正。

编　者

目 录

项目一 直流电路基本知识 ... 1
任务一 电路基本概念及电路元件 ... 2
　一、电路基本概念 ... 2
　二、理想元件和电路模型 ... 6
任务二 基尔霍夫定律及应用 ... 7
　一、电路基本术语 ... 7
　二、基尔霍夫电流定律（KCL） ... 8
　三、基尔霍夫电压定律（KVL） ... 9
　四、支路电流法 ... 10
任务三 电阻电路的等效变换 ... 11
　一、电阻串联 ... 11
　二、电阻并联 ... 13
　三、电阻混联 ... 14
技能训练一 万用表的使用 ... 15
技能训练二 直流电路的测量 ... 16
能力测试 ... 17
项目小结 ... 20
项目自评表 ... 22

项目二 正弦交流电路原理分析 ... 24
任务四 正弦交流电路基本概念及正弦量相量表示 ... 25
　一、正弦交流电路的基本概念 ... 25
　二、正弦量的相量表示 ... 28
任务五 单一元件的正弦交流电路 ... 29
　一、纯电阻交流电路 ... 29
　二、纯电感交流电路 ... 31
　三、纯电容交流电路 ... 32
任务六 交流电路功率、功率因数 ... 35
　一、正弦交流电路功率的基本概念 ... 35
　二、功率因数的提高 ... 36
任务七 三相交流电源 ... 38
　一、三相交流电动势的产生 ... 38

二、三相交流电源的连接 39
　任务八　三相电路中负载连接 41
　　一、三相负载星形（Y）连接 42
　　二、三相负载三角形（△）连接 42
　任务九　三相交流电路功率 44
　　一、有功功率 44
　　二、无功功率 45
　　三、视在功率 45
　技能训练三　日光灯电路的安装 45
　技能训练四　照明电路配电板的安装 47
　技能训练五　三相交流电路电压、电流和功率的测量 51
　能力测试 54
　项目小结 55
　项目自评表 57

项目三　三相异步电动机电气控制 59
　任务十　常用低压电器使用分析 60
　　一、低压电器分类 60
　　二、常用低压电器 60
　任务十一　三相异步电动机启动控制 72
　　一、电气原理图绘制方法 72
　　二、三相异步电动机结构及工作原理 73
　　三、三相异步电动机直接启动控制 74
　　四、三相异步电动机降压启动控制 76
　技能训练六　兆欧表的使用 77
　技能训练七　三相异步电动机单向旋转控制线路的安装 79
　技能训练八　三相异步电动机正反转控制线路的安装 80
　任务十二　三相异步电动机电气制动控制 81
　　一、反接制动 81
　　二、能耗制动 82
　任务十三　三相异步电动机条件控制 84
　　一、顺序控制 84
　　二、多地控制 85
　技能训练九　三相异步电动机顺序控制线路的安装 85
　能力测试 86
　项目小结 89
　项目自评表 91

项目四 基本放大电路 …… 92

任务十四 半导体器件 …… 93
一、半导体材料 …… 93
二、二极管的基本结构和符号 …… 93
三、二极管的基本特性 …… 93
四、二极管的种类 …… 94
五、二极管的主要参数 …… 95
六、三极管的基本结构 …… 95
七、三极管的放大作用 …… 96
八、三极管的特性曲线 …… 98
九、三极管的主要参数 …… 99
十、场效应管 …… 100

任务十五 放大电路性能指标及测试 …… 102
一、放大的概念 …… 102
二、放大电路的主要性能指标 …… 102

任务十六 共发射极放大电路及其应用 …… 104
一、电路的组成及各元器件的作用 …… 105
二、静态工作点的设置与调整 …… 105
三、简单分析与计算 …… 106
四、静态工作点的稳定措施 …… 109

*任务十七 共集电极放大电路及其应用 …… 111
一、电路分析 …… 111
二、电路特点 …… 112
三、共基极放大电路介绍 …… 113

任务十八 功率放大电路及其应用 …… 114
一、功率放大电路的基本要求及其种类 …… 114
二、互补对称功率放大器 …… 115
三、复合管的应用 …… 119

技能训练十 常用分立电子元器件的测试 …… 121
技能训练十一 常用电子仪器的使用 …… 122
技能训练十二 单管交流电压放大器的安装与性能指标测试 …… 125
能力测试 …… 126
项目小结 …… 128
项目自评表 …… 129

项目五 集成运算放大器应用 …… 130

任务十九 集成运算放大器 …… 131
一、通用型集成运算放大器的概念 …… 131
二、集成运算放大器的特性 …… 133

三、集成运算放大器的使用注意事项 ································· 135
　任务二十　放大电路中的负反馈及其应用 ······························· 136
　　　一、反馈放大电路的组成及基本关系 ································· 137
　　　二、反馈的分类及判定方法 ··· 138
　　　三、负反馈的 4 种组态 ··· 139
　　　四、负反馈放大电路的分析 ··· 141
　　　五、负反馈对放大电路性能的影响 ··································· 143
　任务二十一　集成运算放大器的线性应用 ······························· 147
　　　一、比例运算电路 ··· 147
　　　二、加法与减法运算电路 ··· 149
　技能训练十三　集成运算放大器的线性应用电路测试 ····················· 154
　能力测试 ··· 156
　项目小结 ··· 157
　项目自评表 ··· 159

项目六　直流稳压电源安装与调试 ··· 161
　任务二十二　整流滤波电路 ··· 162
　　　一、单相整流电路 ··· 162
　　　二、滤波电路 ··· 165
　任务二十三　稳压电路 ··· 168
　　　一、串联型稳压电路的工作原理 ····································· 168
　　　二、三端固定式集成稳压器 ··· 169
　　　三、三端可调式集成稳压器 ··· 169
　　　四、集成稳压器的应用 ··· 170
　　　五、直流稳压电源的主要技术指标 ··································· 171
　技能训练十四　直流稳压电源的安装与调试 ····························· 173
　能力测试 ··· 174
　项目小结 ··· 175
　项目自评表 ··· 177

项目七　逻辑代数基础 ··· 178
　任务二十四　数制、数制转换与码制 ··································· 179
　　　一、数制 ··· 179
　　　二、数制转换 ··· 180
　　　三、码制 ··· 181
　任务二十五　逻辑函数的代数化简法 ··································· 183
　　　一、逻辑运算 ··· 183
　　　二、逻辑函数及其表示 ··· 185
　　　三、逻辑函数的化简 ··· 186
　任务二十六　逻辑函数的卡诺图化简法 ································· 189

一、逻辑函数的最小项表达式 190
　　二、逻辑函数的卡诺图表示 191
　　三、逻辑函数的卡诺图法化简 192
　能力测试 195
　项目小结 196
　项目自评表 197

项目八　组合逻辑电路应用 199
　任务二十七　集成门电路及其应用 200
　　一、TTL集成门电路 200
　　二、CMOS集成门电路 201
　　三、集成门电路的应用 202
　*任务二十八　组合逻辑电路的分析和设计 204
　　一、组合逻辑电路的分析 204
　　二、组合逻辑电路的设计 205
　任务二十九　常用中规模组合逻辑电路及其应用 207
　　一、编码器 207
　　二、译码器 209
　　三、数据选择器 215
　技能训练十五　集成门电路的逻辑功能测试 218
　技能训练十六　数码显示电路的制作与测试 219
　能力测试 220
　项目小结 222
　项目自评表 223

项目九　时序逻辑电路应用 225
　任务三十　触发器及其应用 226
　　一、基本RS触发器 226
　　二、同步RS触发器 228
　　三、边沿触发器 229
　任务三十一　计数器及其应用 234
　　一、集成二进制计数器 234
　　二、集成十进制计数器 235
　　三、任意进制计数器 236
　任务三十二　寄存器及其应用 239
　　一、数码寄存器 239
　　二、移位寄存器 240
　任务三十三　集成555定时器及其应用 241
　　一、集成555定时器 241
　　二、由555定时器构成的施密特触发器 242

三、由 555 定时器构成的单稳态触发器 …………………………………… 243
四、由 555 定时器构成的多谐振荡器 …………………………………… 245
技能训练十七　30s 倒计时器的制作与测试 ………………………………… 246
技能训练十八　电子门铃电路的制作与测试 ………………………………… 248
能力测试 ……………………………………………………………………… 249
项目小结 ……………………………………………………………………… 251
项目自评表 …………………………………………………………………… 252
参考文献 ………………………………………………………………………… 254

项目一

直流电路基本知识

🡒 学习指南

项目描述：本项目从实际电路入手，介绍电路的组成和作用、电路的基本物理量、电路的基本定律及应用、电阻电路的等效变换等。电路的基本概念和电路元件的性质是进行电路分析的前提，欧姆定律和基尔霍夫定律是进行电路分析和计算的依据，支路电流法和电阻电路的等效变换是求解电路的基本方法。直流电路的分析求解方法在辅以适当的数学工具的情况下，也适用于正弦交流电路及其他各种线性电路。

学习导航

任　务	重　点	难　点	关　键　能　力
电路基本概念及电路元件	电路的组成和作用； 电路基本物理量的概念、符号、单位； 理想电路元件的图形符号、文字符号	电路基本物理量的物理意义； 理想电路元件的性质	能根据电压、电流的正负判断电压、电流的实际方向； 会计算元件的功率； 能画出实际电路的电路模型
基尔霍夫定律及应用	电路的基本术语； 基尔霍夫电流定律； 基尔霍夫电压定律； 支路电流法	KCL、KVL 方程的推广应用； 支路电流法的具体应用	会列写 KCL 方程； 会列写 KVL 方程； 能灵活使用支路电流法求解电路
电阻电路的等效变换	电阻的串联电路； 电阻的并联电路； 电阻的混联电路	电阻混联电路的化简	能对电阻串联电路进行化简； 能对电阻并联电路进行化简； 能通过对电阻电路的化简求解电路

任务一　电路基本概念及电路元件

能力目标

（1）熟悉电路的组成，了解电路的作用。
（2）理解电路的基本物理量（电流、电压、电位、电动势、电能、电功率）的概念，掌握电路的基本物理量的符号及其单位。
（3）了解理想电路元件与实际电路元件在电特性上的不同，能画出实际电路的电路模型。

一、电路基本概念

1. 电路组成和作用

电流通过的路径称为电路，它是为了满足功能需要，由电气器件或设备按照某种特定方式连接而成的整体。在研究电路的工作原理时，通常用一些规定的图形符号来代表实际的电路元件，并用连线表示它们之间的连接关系，进而画成电路原理图进行分析。电路原理图简称电路图。图1-1所示是一个最简单的手电筒电路。

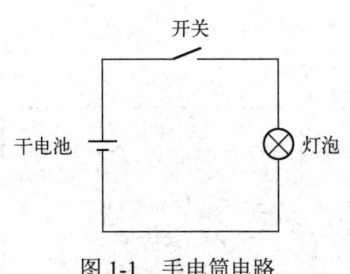

图1-1　手电筒电路

无论是手电筒电路、单个照明灯电路等较为简单的电路，还是电动机电路、电视机电路等较为复杂的电路，一般都是由电源、负载和中间环节三个基本部分组成的。

电源：提供电能的设备，它将其他形式的能量转换为电能，如电池、发电机、信号源等。

负载：各种用电设备，它将电能转换为其他形式的能量，如电灯、电动机、空调、冰箱等。

中间环节：导线、开关、接触器等辅助设备，用于连接电源与负载，在电路中起着传输和分配电能、控制和保护电气设备的作用。

电路的组成形式虽然是多种多样的，但总的来说，它的作用主要有两方面：

（1）实现能量的传输和转换。在电力系统中，发电机将热能、水能或原子能等转换为电能，电能通过变压器、输电线路输送和分配到各用电设备，这些用电设备根据需要又将电能转换为机械能、热能、光能等。

（2）实现信号的传递和处理。在接收机电路中，天线接收载有语言、音乐等信息的电磁波后，经过调谐、检波、放大等电路变换或将其处理成音频信号，驱动扬声器发出声音。

在电路中，电源或信号源是激发和产生电流的因素，称为激励；激励在电路中各部分所产生的电压、电流称为响应。

2. 电路基本物理量

（1）电流。在电源作用下，电荷做有规则的定向移动就形成了电流。

在电路中要产生电流通常需具备两个条件：一是有电源供电；二是电路必须是闭合的。

电流的大小用单位时间内通过导体横截面的电荷量来表示，称为电流强度，即

$$i = \frac{dq}{dt} \tag{1-1}$$

稳恒直流电路中，电流的大小及方向都不随时间而变化，其电流强度可表示为

$$I = \frac{Q}{t} \tag{1-2}$$

在国际单位制（SI 制）中，电流的单位是安培，简称安，用符号 A 表示。1A 电流为 1 秒（s）内通过导体横截面的电荷量为 1 库仑（C）。电流的单位除安培外，常用的还有 kA（千安）、mA（毫安）和 μA（微安）。它们之间的换算关系为

$$1kA = 10^3 A, \quad 1A = 10^3 mA, \quad 1A = 10^6 \mu A$$

电流不仅有大小，而且有方向。习惯上把正电荷的移动方向规定为电流的实际方向。但在分析电路的时候，有时电流的实际方向往往难以判断，特别是在交流电路中，电流的实际方向是随时间而变化的。为了分析电路方便，我们可任意选定某一方向作为电流的参考方向（或称为正方向）。

电流的参考方向通常用带有箭头的线段表示。若电路计算结果是 $i > 0$，则表明电流的实际方向与参考方向一致，如图 1-2（a）所示，图中带箭头的实线段为电流参考方向，带箭头的虚线段为电流实际方向（下同）；反之，若计算结果是 $i < 0$，则表明电流的实际方向与参考方向相反，如图 1-2（b）所示。因此，在选定电流参考方向之后，电流的正与负决定了电流的实际方向。

（a）电流的实际方向与参考方向一致　　　　（b）电流的实际方向与参考方向相反

图 1-2　电流的参考方向

（2）电压。电压是电场力将单位正电荷从电路中一点移至电路中另一点所做的功，用数学式可表达为

$$U_{ab} = \frac{dW}{dq} \tag{1-3}$$

在国际单位制中，电压的单位是伏特，简称伏，用符号 V 表示。电压的单位除伏特外，常用的还有 kV（千伏）、mV（毫伏）和 μV（微伏）。它们之间的换算关系为

$$1kV = 10^3 V, \quad 1V = 10^3 mV, \quad 1V = 10^6 \mu V$$

规定电压的实际方向为由高电位指向低电位，即沿着电压的实际方向，电位是逐点降低的，因此，电压也称电压降，简称压降。在复杂的直流电路中，电压的实际方向不易判断；在交流电路中，电压的实际方向随时间不断变化，因此在进行电路分析时，应先假定电压的参考方向。

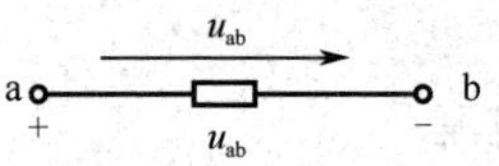

图 1-3 电压的参考方向

电压的参考方向通常用"+""-"极性符号表示，如图 1-3 所示。图 1-3 中，a 端标以"+"，极性为正，称为高电位端；b 端标以"-"，极性为负，称为低电位端。电压的参考方向也可用箭头表示，箭头的方向为高电位端指向低电位端。电压的参考方向还可用双下标字母表示，u_{ab} 表示参考方向由第一下标字母 a 指向第二下标字母 b，$u_{ba} = -u_{ab}$。一旦选定了电压参考方向，若电路计算结果是 $u>0$，则电压的实际方向与参考方向一致；若电路计算结果是 $u<0$，则电压的实际方向与参考方向相反。

同一段电路或一个元件的电流和电压的参考方向可以独立地任意指定。但为了方便，常将同一无源元件的电流参考方向和电压的参考方向选为一致，即指定电流从电压"+"极性端流入，从电压"-"极性端流出，电流和电压的这种参考方向称为关联参考方向，如图 1-4（a）所示；反之，称为非关联参考方向，如图 1-4（b）所示。

图 1-4 电流、电压参考方向

在图 1-4（a）中，u 与 i 的参考方向为关联参考方向，则电阻元件的伏安关系为

$$u = iR \tag{1-4}$$

在图 1-4（b）中，u 与 i 的参考方向为非关联参考方向，则电阻元件的伏安关系为

$$u = -iR \tag{1-5}$$

在运用参考方向时，需注意：

① 选用哪一种参考方向，原则上任意。习惯上：无源元件取关联参考方向；有源元件取非关联参考方向。

② u、i 参考方向一经确定，在计算过程中不得改变。

③ 电路图中标出的方向均为参考方向。

（3）电位。电路中某点与参考点间的电压称为该点的电位。a 点的电位 V_a 就是 a 点到参考点 0 的电压 U_{a0}，即 $V_a = U_{a0}$。理论上电位参考点的选取是任意的，在电力系统中，常选择大地为参考点；在电子设备中，一般以外壳或接地点作为参考点。参考点的电位通常设为零，故又称零电位参考点。电位的高低正负都是相对于参考点而言的，高于参考点的电位是正电位，低于参考点的电位是负电位。

电位的单位是伏特（V）。电压和电位的关系为

$$U_{ab} = V_a - V_b \tag{1-6}$$

即电路中任意两点间的电压，在数值上等于这两点电位之差。

对于电位参考点，需注意：

① 计算电路中各点的电位时，必须先选择零电位参考点。

② 参考点的选择是任意的，但一经选定，在计算过程中不得随意更改。

③ 参考点选得不同，各点的电位也随之而异，但两点间的电压与参考点的选择无关。

（4）电动势。为了在电路中保持持续的电流，在电源内部必须使正电荷从电源负极经过电源内部，移动到电源正极。电源内部存在某种非电场力，如电池内部因化学作用而产生的化学力、发电机内部因电磁感应作用而产生的电磁力等，这种非电场力又叫电源力，它能够

将正电荷自电源负极移动到正极。电源力将单位正电荷从电源负极经电源内部移动到电源正极所做的功称为电源的电动势,用符号 E 表示。电动势反映了电源内部将非电能转换为电能的本领。电动势的单位也是伏特。

规定电动势的实际方向为电源负极指向电源正极,即电位升高的方向。由于电动势两端的电压值为恒定值,所以用一恒压源 U_S 的电路模型来代替电动势 E。当电压的参考方向与电源的极性一致时,$U=U_S$,如图 1-5(a)所示;当电压的参考方向与电源的极性相反时,$U=-U_S$,如图 1-5(b)所示。

(5)电能。电流能使电灯发光、电炉发热、电动机转动,说明电流具有做功的本领。电流所做的功称为电功,又称电能,用 W 表示,即

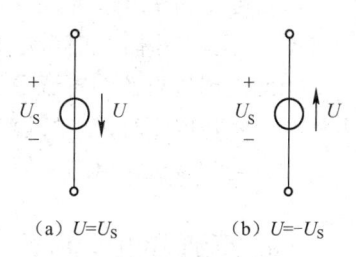

图 1-5 电压和电动势的参考方向

$$W=UIt \tag{1-7}$$

电能的单位是焦耳,简称焦,用符号 J 表示。在工程和生活中,电能的常用单位是 kW·h。1kW·h 俗称 1 度电,即 1 千瓦的用电设备在 1 小时内用的电能。

$$1\,\text{kW·h}=10^3\text{W}\times 3600\text{s}=3.6\times 10^6\text{J}$$

1 度电可理解为 100W 的灯泡使用 10 小时耗费的电能;或者 1000W 的电炉加热 1 小时耗费的电能。

(6)电功率。电路中单位时间内产生或消耗的电能称为电功率,用 P 表示,即

$$P=\frac{W}{t}=\frac{UIt}{t}=UI \tag{1-8}$$

电功率的单位是瓦特,简称瓦,用符号 W 表示。电功率常用的单位还有 MW(兆瓦)、kW(千瓦)和 mW(毫瓦),它们之间的换算关系为

$$1\text{MW}=10^6\text{W},\ 1\text{kW}=10^3\text{W},\ 1\text{W}=10^3\text{mW}$$

电功率与电压和电流密切相关。当电流、电压取关联参考方向时,$P=UI$;当电流、电压取非关联参考方向时,$P=-UI$;若 $P>0$,则说明该元件吸收(消耗)功率,具有负载特性;若 $P<0$,则说明该元件发出(产生)功率,具有电源特性。

[例 1-1] 如图 1-6 所示,试计算各元件的功率,并说明各元件是发出功率还是吸收功率。

图 1-6 例 1-1 图

解:图 1-6(a)中,电压、电流为关联参考方向,$P=UI=10\times 1=10$(W),元件吸收功率。

图 1-6(b)中,电压、电流为非关联参考方向,$P=-UI=-10\times 1=-10$(W),元件发出功率。

图 1-6(c)中,电压、电流为非关联参考方向,$P=-UI=-10\times(-1)=10$(W),元件吸收功率。

3. 电气设备额定值

出于经济性、可靠性及安全性等因素的考虑,任何电气设备都规定了相应的额定值,主

要包括额定电压 U_N、额定电流 I_N 和额定功率 P_N 等。

额定值是产品在给定工作条件下为保证电气设备安全运行而规定的容许值。额定值通常标在设备的铭牌上或在说明书中给出。例如，一盏白炽灯上标有"220V、100W"，表示这盏灯的额定电压为220V，额定功率为100W，在电压过高、电流过大时，灯丝将被烧断；在电压过低、电流过小时，白炽灯的亮度将降低。因此，应尽量使电气设备工作在额定状态。

当通过电气设备的电流等于额定电流时，电气设备为满载工作状态。当通过电气设备的电流小于额定电流时，电气设备为轻载工作状态。当通过电气设备的电流超过额定电流时，电气设备为过载工作状态。

二、理想元件和电路模型

实际电路是由电工设备和元件以及连接线等组成的，它们的电磁性质较为复杂，为了简化电路的分析过程，需将实际电路元件理想化，即在一定条件下突出其主要的电磁性质，忽略其次要因素，将它近似地看作理想元件。

如电炉通电后，会产生大量的热（电流的热效应），呈电阻性，同时由于有电流通过，所以还会产生磁场（电流的磁效应），呈电感性。但其电感微小，是次要因素，可以忽略，因此可以理想化地认为电炉是一个电阻元件，用一个参数为 R 的电阻元件来表示。

常见的理想元件图形符号如图1-7所示。

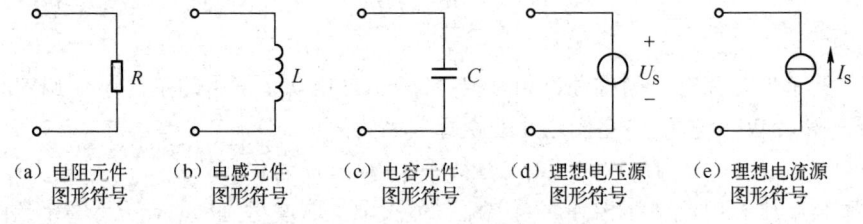

（a）电阻元件图形符号　　（b）电感元件图形符号　　（c）电容元件图形符号　　（d）理想电压源图形符号　　（e）理想电流源图形符号

图1-7　常见的理想元件图形符号

对实际电路进行分析，就是在一定条件下将实际元器件理想化表示，即将电路中元器件看作理想元件。由理想电路元件所组成的电路称为电路模型，简称电路。这是对实际电路电磁性质的科学抽象和概括。

图1-8所示是一个最简单的手电筒电路及其电路模型。图1-8中，灯泡的主要电磁特性为电阻特性，可用单一的电阻 R_L 模型表示，蓄电池可以用电压源 U_S 与内电阻 R_S 串联的模型表示，开关用图形符号 S 表示。

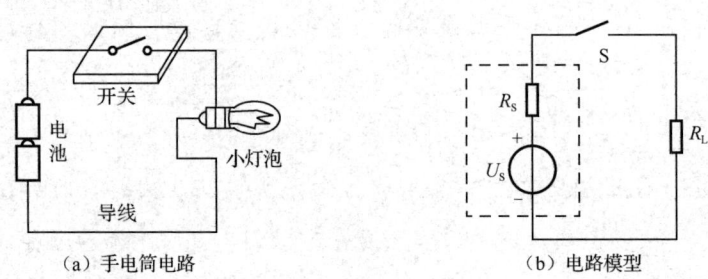

（a）手电筒电路　　（b）电路模型

图1-8　手电筒电路及其电路模型

本教材所说电路一般均指由理想电路元件构成的电路模型,而非实际电路。在电路图中,各种电路元件都用规定的图形符号来表示。

能力训练

1. 填空题

（1）_____所通过的路径称为电路。

（2）电路一般都是由_____、_____和_____三个基本部分组成的。

（3）电路的作用主要有两方面：_____和_____。

（4）当电流的实际方向与参考方向一致时,电流为_____值；当电流的实际方向与参考方向相反时,电流为_____值。

（5）参考点的电位为_____。若 a 点电位比参考点电位低 5V,则 V_a=_____V。

（6）当通过电气设备的电流等于额定电流时,称为_____工作状态。电流小于额定电流时,称为_____工作状态。电流超过额定电流时,称为_____工作状态。

2. 已知 a 点电位 V_a=15V,b 点电位 V_b=9V,求 a、b 两点间的电压 U_{ab}。

3. 一盏日光灯上标有"220V、60W",试说明其含义。

任务二　基尔霍夫定律及应用

能力目标

（1）理解电路的基本术语。
（2）掌握基尔霍夫定律的内容,会列写 KCL、KVL 方程。
（3）熟悉支路电流法的步骤,能灵活使用支路电流法求解电路。

欧姆定律表述了线性电阻元件两端的电压与流过电阻元件的电流之间的关系。而基尔霍夫定律则从电路的全局和整体上,阐明了电路中各部分电压、电流之间所遵循的规律,基尔霍夫定律包括基尔霍夫电流定律和基尔霍夫电压定律,它不仅适用于求解简单电路,而且适用于求解复杂电路。

一、电路基本术语

为了说明基尔霍夫定律的内容,有必要先介绍电路的基本术语。

（1）支路。电路中流过同一电流的电路分支称为支路。支路可以由一个元件构成,也可以由多个元件串联构成。含有电源的支路称为有源支路,不含电源的支路称为无源支路。支路中流过的电流称为支路电流,支路两端的电压称为支路电压。图 1-9 所示的电路中共有三条支路,即 acb、ab、adb 支路,其中 acb 支路和 adb 支路为有源支路,ab 支路为无源支路。

（2）节点。电路中三条或三条以上支路的公共连接点称为节点。图 1-9 所示电路中共有

a 和 b 两个节点。

(3) 回路。电路中任意一条闭合的路径都称为回路。图 1-9 所示电路中共有三条回路，即 abca、adba 和 adbca。

(4) 网孔。内部不再包含其他支路的回路称为网孔，也称独立回路。图 1-9 所示电路中共有两个网孔 abca 和 abda。网孔是回路，回路不一定是网孔。

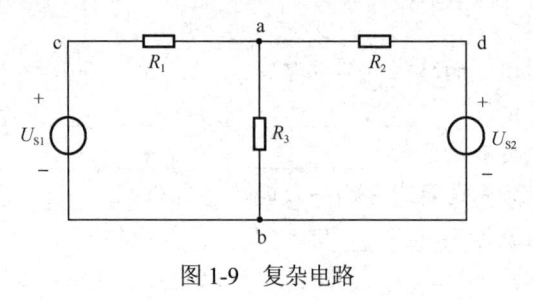

图 1-9 复杂电路

二、基尔霍夫电流定律（KCL）

基尔霍夫电流定律也称节点电流定律，简写为 KCL。其基本内容为任一时刻，流入任一节点的支路电流之和必定等于从该节点流出的支路电流之和。数学表达式为

$$\sum I_\text{入} = \sum I_\text{出} \tag{1-9}$$

对如图 1-10 所示的节点 a 列出 KCL 方程：

$$I_1 + I_3 = I_2 + I_4$$

或

$$I_1 - I_2 + I_3 - I_4 = 0$$

即

$$\sum I = 0 \tag{1-10}$$

上式说明，若规定流入节点的电流为正，流出节点的电流为负，那么，基尔霍夫电流定律的内容又可以表述为：任一时刻，流入（或流出）任一节点的支路电流的代数和恒等于零。

基尔霍夫电流定律不仅适用于电路中的任一节点，而且可推广应用于电路中任一假定的封闭面（广义节点），即流入任一封闭面的支路电流之和等于流出该封闭面的支路电流之和。

对于如图 1-11 所示电路，假定有一封闭面（如图中虚线所示），则有三条支路分别与封闭面内的电路相连接。根据 KCL 有

$$I_1 + I_2 + I_3 = 0$$

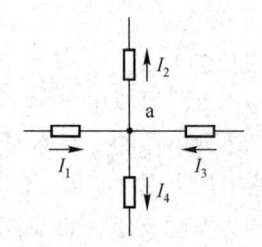

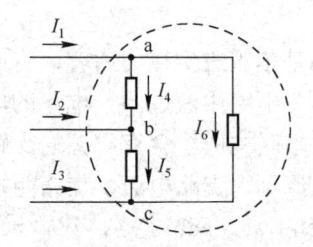

图 1-10 基尔霍夫电流定律   图 1-11 基尔霍夫电流定律的推广应用

三、基尔霍夫电压定律（KVL）

基尔霍夫电压定律也称回路电压定律，简写为 KVL。其基本内容：任一时刻，沿任一回路绕行一周，回路中各段电压的代数和恒等于零。数学表达式为

$$\sum U = 0 \tag{1-11}$$

在列写 KVL 方程时，首先应选定回路绕行方向，并规定当回路内电压的参考方向与回路绕行方向一致时，该电压前取正号；反之，该电压前取负号。

对如图 1-12 所示电路，根据 KVL 可对电路中三条回路分别列出 KVL 方程：

对 abca 回路　　　　　　　　　$I_1R_1+I_3R_3-U_{S1}=0$

对 adba 回路　　　　　　　　　$-I_2R_2-I_3R_3+U_{S2}=0$

对 adbca 回路　　　　　　　　　$I_1R_1-I_2R_2+U_{S2}-U_{S1}=0$

对 adbca 回路的方程整理可得　　$I_1R_1-I_2R_2= U_{S1}-U_{S2}$

即

$$\sum IR = \sum U_S \tag{1-12}$$

因此，基尔霍夫电压定律的内容又可叙述为：在电路的任一回路中，电阻上电压的代数和等于电压源电压的代数和。流过电阻的电流参考方向与回路绕行方向一致时，电阻上电压 IR 前取正号；电压源电压参考方向与回路绕行方向相反时，电压源电压 U_S 前取正号。

基尔霍夫电压定律不仅适用于电路中的任意闭合回路，而且可推广应用于任意假想的闭合回路（广义回路）。以如图 1-13 所示电路为例，应用 KVL 可列出

$$IR+U_S-U = 0$$

或

$$U = IR+U_S$$

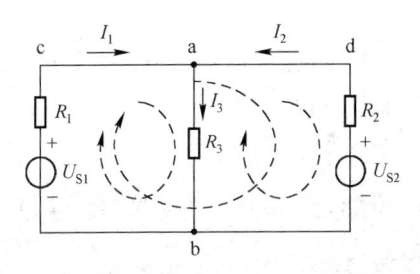

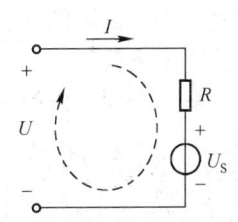

图 1-12　基尔霍夫电压定律　　　　图 1-13　基尔霍夫电压定律的推广应用

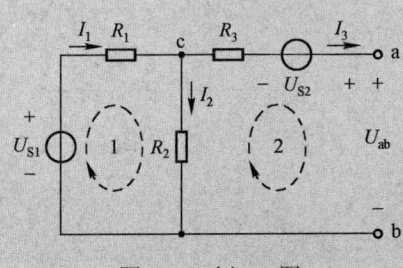

[例 1-2]　如图 1-14 所示，已知 $U_{S1}=12V$，$U_{S2}=3V$，$R_1=3Ω$，$R_2=9Ω$，$R_3=10Ω$，求 U_{ab}。

图 1-14　例 1-2 图

解：
$$I_3 = 0$$

对于节点c，由KCL可得
$$I_1 = I_2$$

对于回路1，由KVL可得
$$I_1 R_1 + I_2 R_2 = U_{S1}$$

解得
$$I_1 = I_2 = \frac{U_{S1}}{R_1 + R_2} = \frac{12}{9+3} = 1 \text{（A）}$$

对于回路2，由KVL可得
$$U_{ab} - I_2 R_2 + I_3 R_3 - U_{S_2} = 0$$

所以
$$U_{ab} = I_2 R_2 - I_3 R_3 + U_{S_2}$$
$$= 1 \times 9 - 0 \times 10 + 3$$
$$= 12 \text{（V）}$$

四、支路电流法

支路电流法以支路电流为待求变量，通过列写节点的KCL方程和回路的KVL方程，联立方程组，从而求解各支路电流。

对于有 n 个节点、b 条支路的电路，支路电流法的求解步骤如下：

（1）在电路图中标出各支路电流的参考方向和回路的绕行方向。

（2）列写独立节点的KCL方程。对于有 n 个节点的电路，只能列出 $(n-1)$ 个独立节点电流方程。

（3）列写独立回路的KVL方程。对于有 n 个节点、b 条支路的电路，可列出 $(b-n+1)$ 个独立回路电压方程，为了简便，通常选取网孔为独立回路。

（4）联立方程组，求解各支路电流。

[例1-3] 用支路电流法求解如图1-15所示电路中各支路电流及各电阻吸收的功率。

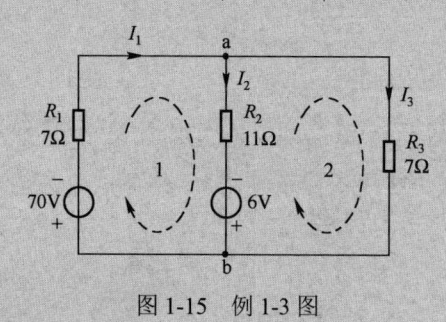

图1-15 例1-3图

解：（1）求各支路电流。

该电路有三条支路、两个节点。各支路电流的参考方向和回路的绕行方向如图1-15所示。

列写节点 a 的 KCL 方程：
$$I_1 - I_2 - I_3 = 0$$

列写独立回路的 KVL 方程：
回路 1　　　　$7I_1 + 11I_2 = 6 - 70 = -64$
回路 2　　　　$-11I_2 + 7I_3 = -6$

联立方程组，得到
$$I_1 = -6\text{A} \quad I_2 = -2\text{A} \quad I_3 = -4\text{A}$$

支路电流 I_1、I_2、I_3 的值为负，说明实际方向与参考方向相反。

（2）求各电阻上吸收的功率。

电阻 R_1 吸收的功率　　　$P_1 = (-6)^2 \times 7 = 252$（W）
电阻 R_2 吸收的功率　　　$P_2 = (-2)^2 \times 11 = 44$（W）
电阻 R_3 吸收的功率　　　$P_3 = (-4)^2 \times 7 = 112$（W）

能力训练

1. 填空题

（1）如图 1-16 所示，支路数为_____，节点数为_____，回路数为_____，网孔数为_____。

（2）对于有 n 个节点、b 条支路的电路，可列_____个独立的 KCL 方程，可列_____个独立的 KVL 方程。

（3）基尔霍夫电流定律的数学表达式为_____，基尔霍夫电压定律的数学表达式为_____。

图 1-16

2. 试说明什么是支路、节点、回路和网孔。

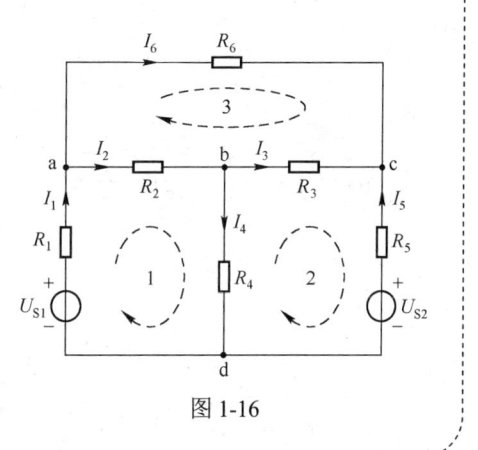

任务三　电阻电路的等效变换

能力目标

（1）熟悉电阻串联电路的特点。
（2）熟悉电阻并联电路的特点。
（3）能通过对电阻电路的化简求解电路。

一、电阻串联

电路中，若干个电阻依次首尾相连，各个电阻流过同一电流，这种连接方式称为电阻的串联，如图 1-17（a）所示。

串联电阻可用一个等效电阻 R 来表示，如图 1-17（b）所示。

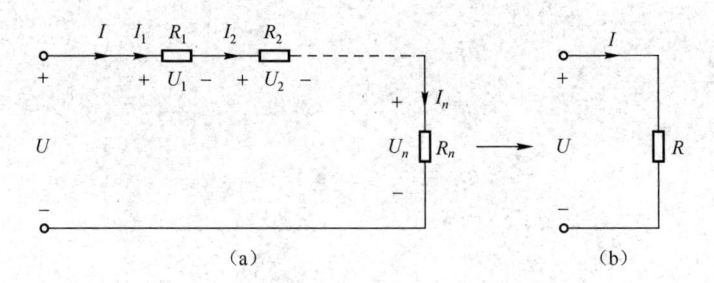

（a）　　　　　　　　　（b）

图 1-17　电阻串联电路

根据 KVL 有

$$\begin{aligned} U &= U_1 + U_2 + U_3 + \cdots + U_n \\ &= I_1 R_1 + I_2 R_2 + I_3 R_3 + \cdots + I_n R_n \\ &= I(R_1 + R_2 + R_3 + \cdots + R_n) \\ &= IR \end{aligned}$$

式中

$$R = \frac{U}{I} = (R_1 + R_2 + R_3 + \cdots + R_n) = \sum_{k=1}^{n} R_k \tag{1-13}$$

上式表明，n 个线性电阻串联，其等效电阻等于各个串联电阻之和。

电阻串联时，各电阻上的电压为

$$\begin{aligned} U_1 &= IR_1 = \frac{R_1}{R} U \\ U_2 &= IR_2 = \frac{R_2}{R} U \\ &\vdots \\ U_n &= IR_n = \frac{R_n}{R} U \end{aligned} \tag{1-14}$$

上式表明，总电压按各个串联电阻值进行分配，上式也称为分压公式。

$$U_1 : U_2 : \cdots : U_n = R_1 : R_2 : \cdots : R_n$$

即各个串联电阻上的电压与其电阻值成正比。

各电阻吸收的功率为

$$P_k = U_k I = I^2 R_k \tag{1-15}$$

$$P_1 : P_2 : \cdots : P_n = R_1 : R_2 : \cdots : R_n$$

即串联的每个电阻吸收的功率也与它们的阻值成正比。

对于两个线性电阻串联电路，可以得到

$$R = R_1 + R_2$$

$$U_1 = \frac{R_1}{R} U, \quad U_2 = \frac{R_2}{R} U$$

$$P_1 = I^2 R_1, \quad P_2 = I^2 R_2$$

[例1-4] 如图1-18所示，已知万用表表头额定电流（又称表头灵敏度，是指表头指针从标度尺零点偏转到满标度时所通过的电流）$I_a = 50\mu A$，万用表电阻为$3k\Omega$，问该万用表能否直接用来测量$U = 10V$的电压？若不能，应串联多大的电阻？

解：（1）表头能承受的电压
$$U_a = I_a R_a = 50 \times 10^{-6} \times 3 \times 10^3 = 0.15(V)$$

若将10V电压直接接入，表头会因电流过大而烧坏。
（2）在表头中串联电阻R_b，如图1-18所示。
$$U_b = U - U_a = 10 - 0.15 = 9.85(V)$$

因万用表满度偏转时，电流为$I_a = 50\mu A$，所以
$$R_b = \frac{U_b}{I_a} = \frac{9.85}{50 \times 10^{-6}} = 197(k\Omega)$$

图1-18 例1-4图

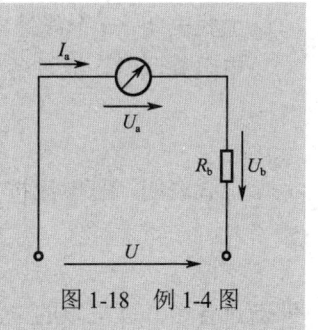

二、电阻并联

电路中，若干个电阻首尾分别相连，各个电阻承受同一电压，这种连接方式称为电阻的并联，如图1-19（a）所示。

并联电阻可用一个等效电阻R来表示，如图1-19（b）所示。

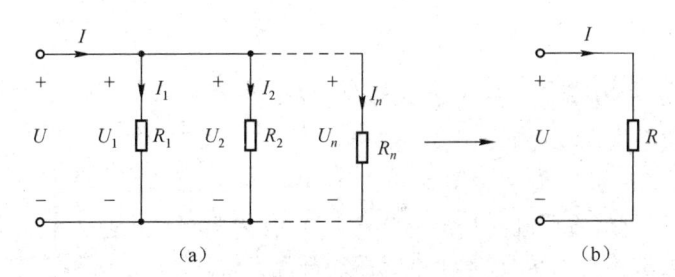

图1-19 电阻并联电路

根据KCL有
$$\begin{aligned}I &= I_1 + I_2 + I_3 + \cdots + I_n \\ &= \frac{U_1}{R_1} + \frac{U_2}{R_2} + \frac{U_3}{R_3} + \cdots + \frac{U_n}{R_n} \\ &= \left(\frac{1}{R_1} + \frac{1}{R_2} + \frac{1}{R_3} + \cdots + \frac{1}{R_n}\right)U \\ &= \frac{U}{R}\end{aligned}$$

式中
$$\frac{1}{R} = \left(\frac{1}{R_1} + \frac{1}{R_2} + \frac{1}{R_3} + \cdots + \frac{1}{R_n}\right) = \sum_{k=1}^{n}\frac{1}{R_k} \tag{1-16}$$

上式表明，n 个线性电阻并联，其等效电阻的倒数等于各个并联电阻的倒数之和。

电阻并联时，流过各电阻的电流为

$$I_k = \frac{U}{R_k} = \frac{R}{R_k} I \tag{1-17}$$

上式表明，总电流按各个并联电阻值进行分配，上式也称为分流公式。

$$I_1 : I_2 : \cdots : I_n = \frac{1}{R_1} : \frac{1}{R_2} : \cdots : \frac{1}{R_n}$$

即流过各个并联电阻的电流与其电阻值成反比。

各电阻吸收的功率为

$$P_k = U I_k = \frac{1}{R_k} U^2 \tag{1-18}$$

$$P_1 : P_2 : \cdots : P_n = \frac{1}{R_1} : \frac{1}{R_2} : \cdots : \frac{1}{R_n}$$

即并联的每个电阻吸收的功率也与它们的阻值成反比。

对于两个线性电阻并联电路，可以得到

$$R = \frac{R_1 R_2}{R_1 + R_2}$$

$$I_1 = \frac{R_2}{R_1 + R_2} I, \quad I_2 = \frac{R_1}{R_1 + R_2} I$$

$$P_1 = \frac{U^2}{R_1}, \quad P_2 = \frac{U^2}{R_2}$$

[例 1-5] 如图 1-20 所示，已知万用表表头额定电流 $I_a = 0.05\text{mA}$，万用表电阻为 $3\text{k}\Omega$，现欲测 $I = 10\text{mA}$ 的电流，应并联多大的电阻？

解：设表头并联电阻为 R_b，由图 1-20 可知

$$I_b = I - I_a = 10 - 0.05 = 9.95\,(\text{mA})$$

分流电阻 R_b 上承受的电压 U_b 等于表头承受的电压 U_a，即

$$U_b = U_a = I_a R_a = 0.05 \times 10^{-3} \times 3 \times 10^3 = 0.15\,(\text{V})$$

故

$$R_b = \frac{U_b}{I_b} = \frac{0.15}{9.95 \times 10^{-3}} \approx 15\,(\Omega)$$

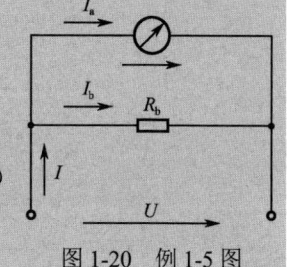

图 1-20 例 1-5 图

三、电阻混联

电路中，既有电阻的串联，又有电阻的并联，这种连接方式称为电阻的混联。

分析电阻混联电路的一般步骤如下：

（1）计算各串联和并联部分的等效电阻，再计算总的等效电阻。

（2）应用欧姆定律，由总电压和总等效电阻求得总电流。

（3）根据串联电阻的分压公式和并联电阻的分流公式，逐步求出各电阻的电流、电压及功率等。

[例1-6] 如图1-21(a)所示，试求ab两端的等效电阻。

解： 由a、b端向里看，R_2和R_3，R_4和R_5均连接在相同的两点之间，因此是并联关系，如图1-21(b)所示，把这4个电阻两两并联后，电路中除了a、b两点不再有节点，所以它们的等效电阻与R_1和R_6相串联。因此，

$$R_{ab}= R_1+ R_6+(R_2// R_3)+ (R_4// R_5)$$

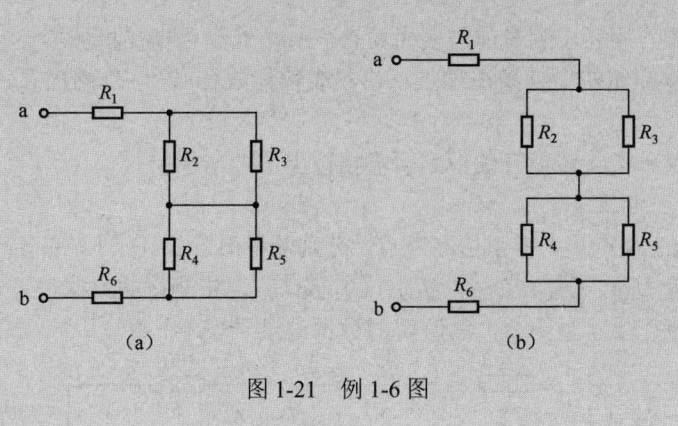

图1-21 例1-6图

能力训练

1. 填空题

(1) 若流经两电阻的电流是同一个电流，则电阻间是_____联；若两电阻上承受的是同一个电压，则电阻间是_____联。

(2) 串联电路具有_____作用（分压或分流）。

(3) 电阻并联电路中，每个电阻吸收的功率与它们的阻值成_____。

图1-22

2. 如图1-22所示，试求ab两端的等效电阻。

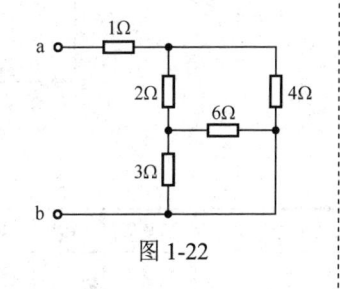

技能训练一 万用表的使用

1. 训练目的

(1) 了解万用表的结构。
(2) 掌握万用表的使用方法。
(3) 加深对电路中电位的相对性、电压的绝对性的理解。

2. 仪器、仪表

(1) 参考仪器：DGJ-2型电工技术实验装置。
(2) 参考仪表：数字万用表。

3. 训练内容

1）认识万用表

（1）了解仪表面板上转换开关、零欧姆调节旋钮、测量输出插孔的使用方法。

（2）掌握刻度盘上数据的读数方法。

2）使用万用表

（1）水平放置万用表，测量前需要先检查表头指针是否指在机械零点，若不在，则要调节表头下方的调零旋钮使指针指在零点，将红表棒插入标有"+"的插孔，黑表棒插入标有"-"的插孔。

（2）根据测量种类将转换开关拨到所需挡位上，严禁放错。

3）测量电位、电压

将图1-23中的A点作为零电位参考点，分别测量B、C、D、E、F各点的电位值及相邻两点之间的电压值 U_{AB}、U_{BC}、U_{CD}、U_{DE}、U_{EF} 及 U_{FA}，将测得的数据记录于表1-1中；以D点为参考点，重复以上实验内容，将测得的数据记录于表1-1中。

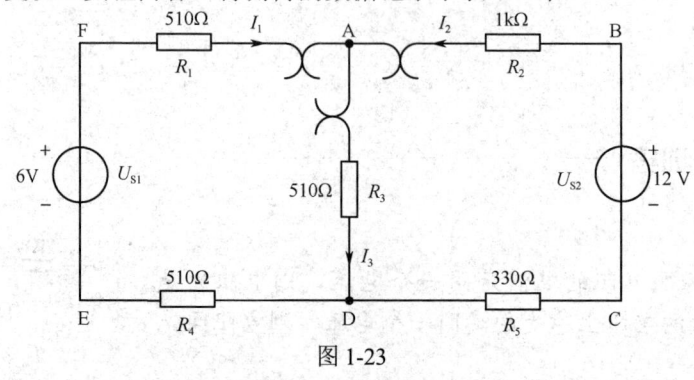

图 1-23

表 1-1　数据记录

零电位参考点	被测量	V_A	V_B	V_C	V_D	V_E	V_F	U_{AB}	U_{BC}	U_{CD}	U_{DE}	U_{EF}	U_{FA}
A	测量值												
	计算值												
D	测量值												
	计算值												

技能训练二　直流电路的测量

1. 训练目的

（1）熟悉实验台上仪器仪表和电路板的布局。

（2）学会用电流插头、插座测量各支路电流，用电压表测量各电阻上的电压。

（3）验证基尔霍夫定律的正确性，加深对基尔霍夫定律的理解。

2. 仪器、仪表

（1）参考仪器：DGJ-2型电工技术实验装置。

（2）参考仪表：直流数字电压表、直流数字毫安表。

3. 训练内容

基尔霍夫定律实验电路如图 1-24 所示，用 DGJ-3 挂箱的"基尔霍夫定律/叠加原理"线路。图 1-24 中的电源 U_{S1}、U_{S2} 分别用 0～+30V 可调稳压电源输出，实验前先设定三条支路电流的电流参考方向，如图中的 I_1、I_2、I_3 所示。

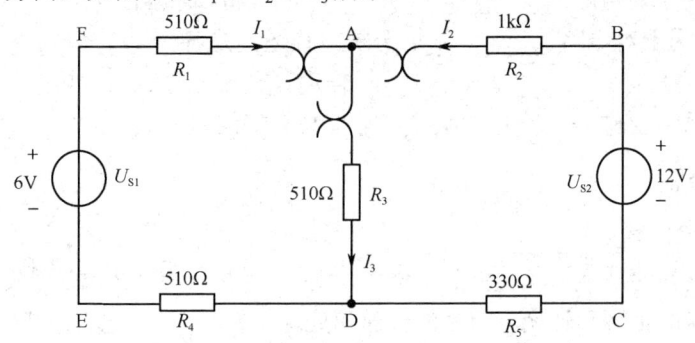

图 1-24 基尔霍夫定律实验电路

（1）分别将两路直流稳压源接入电路，令 $U_{S1} = 6V$、$U_{S2} = 12V$。

（2）熟悉电流插头的结构，将电流插头的两端分别接至数字毫安表的"+""–"两端。将电流插头分别插入三条支路的三个电流插座中，将测量的电流值记入表 1-2 中。

（3）用直流数字电压表分别测量两路电源及电阻元件上的电压值，记入表 1-2 中。

4. 理论计算

根据图 1-24 的电路参数，计算出各支路电流值和各电阻上的电压值，填入表 1-2 中。并计算相对误差，填入表 1-2 中。

$$绝对误差 = 测量值 - 计算值$$

$$相对误差 = \frac{测量值 - 计算值}{计算值} \times 100\%$$

表 1-2 数据记录

被测量	I_1	I_2	I_3	U_{AB}	U_{BC}	U_{CD}	U_{DE}	U_{EF}	U_{FA}	U_{AD}
测量值										
计算值										
相对误差										

能力测试

一、基本能力测试

1. 填空题

（1）在电路中要产生电流需具备两个条件：一是有_____；二是电路必须是_____。

(2)当电压的实际方向与参考方向一致时，电压为_____；当电压的实际方向与参考方向相反时，电压为_____。

(3)当功率 $P>0$ 时，说明该元件_____功率，具有负载特性；当功率 $P<0$ 时，说明该元件_____功率，具有电源特性。

(4)一个 40W 的灯泡持续照明_____h，消耗的电能为 1 度电。

(5)KCL 适用于对电路_____的分析，描述的是各_____的关系；KVL 适用于对电路_____的分析，描述的是各_____的关系。

(6)并联电路具有_____作用（分压或分流）。

(7)电阻串联电路中，每个电阻吸收的功率与它们的阻值成_____。

2．单项选择题

(1)电路的作用是_____。
A．把电能转换为热能、机械能、光能　　　　B．把电信号转换为语言和音乐
C．实现电能的传输和转换、信号的传递和处理　　D．把机械能转换为电能

(2)图 1-25 所示电路中，电流的实际方向为_____。
A．电流由 b 流向 a　　　　　　　　　　　　B．电流由 a 流向 b

(3)图 1-26 所示电路中，电压、电流参考方向已给定，电源是_____。
A．发出功率　　　　　　　　　　　　　　　B．吸收功率

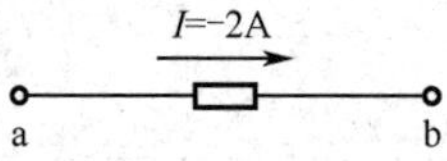

图 1-25

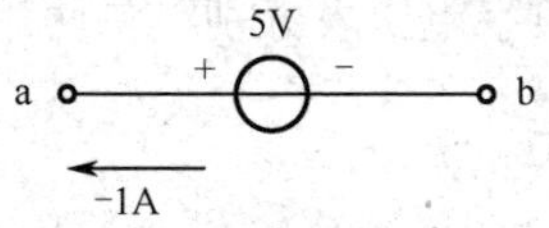

图 1-26

(4)电压与电位的相同之处是_____。
A．定义相同　　　　　B．单位相同　　　　　C．都与参考点有关

(5)电路中有 a、b 两点，已知 $U_{ab}=12$ V，a 点的电位 $V_a=8$V，则 b 点电位为_____V。
A．20V　　　　　　　B．4V　　　　　　　　C．-4V

(6)一度电可供"220V、100W"的灯泡正常工作的时间是_____。
A．1 小时　　　　　　B．10 小时　　　　　　C．24 小时

(7)对于有 n 个节点、b 条支路的电路，可以列出独立的 KVL 方程数为_____。
A．n　　　　　　　　B．$b-n+1$　　　　　　C．$n-1$

(8)如图 1-27 所示，回路电流 I 为（　　）。
A．2A　　　　　　　　B．4A　　　　　　　　C．-2A

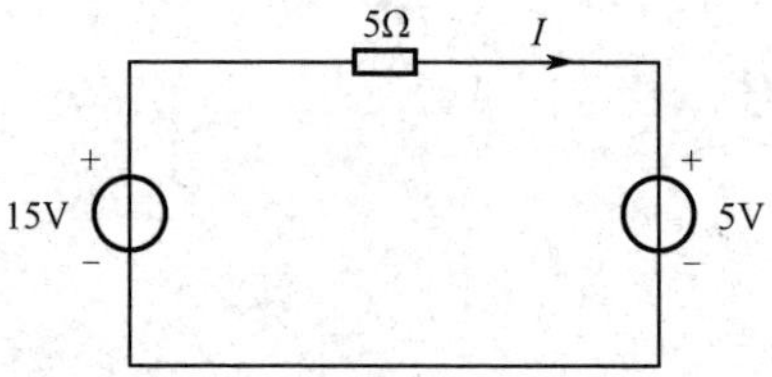

图 1-27

（9）两个电阻串联，$R_1:R_2=3:1$，总电压为80V，则R_1两端的电压U_1的大小为_____。
A．10V B．30V C．60V

（10）两个电阻并联，$R_1:R_2=3:2$，则流过两电阻的电流之比$I_1:I_2$（参考方向一致）为_____。
A．$3:2$ B．$2:3$ C．$6:2$ D．$2:6$

3．判断题（正确在括号里打"√"，错误在括号里打"×"）

（1）习惯上把负电荷的移动方向规定为电流的实际方向。（　）

（2）各点的电位与参考点的选择有关，而两点间的电压却与参考点的选择无关。（　）

（3）用双下标字母表示电压的参考方向时，其参考方向是由第一下标字母指向第二下标字母。（　）

（4）沿着电压的实际方向，电位是逐点升高的。（　）

（5）电动势的实际方向规定为由电源正极指向电源负极。（　）

（6）网孔是回路，回路不一定是网孔。（　）

（7）电阻并联越多，等效电阻越大。（　）

二、提升能力测试

（1）图1-28所示电路中给定了电压、电流参考方向。
① 试判断a、b两点电位的高低；
② 试求电流I，并指出电流的实际方向。

图1-28

（2）图1-29所示电路中，电压$U=10V$，求电流i。

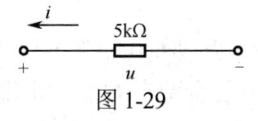

图1-29

（3）图1-30所示电路中给定了电压、电流参考方向，求元件端电压U。

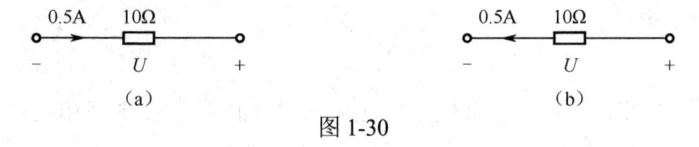

图1-30

（4）电路如图1-31所示，试分别求出元件A、B、C的功率，并指出功率的性质。

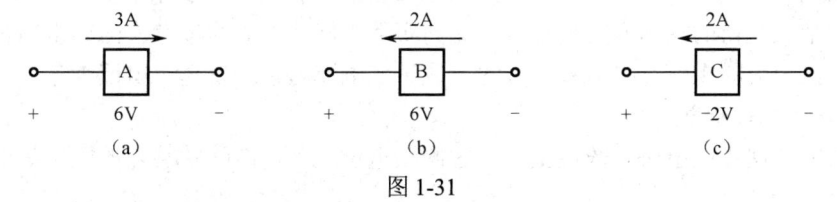

图1-31

(5) 在图 1-32 所示电路中，电流 I=10mA，I_1=6mA，R_1=3kΩ，R_2=1kΩ，R_3=2kΩ，求电流表 A_4 和 A_5 的读数各为多少？

(6) 在图 1-33 所示电路中，如果 I_3=2A，求 R_2。

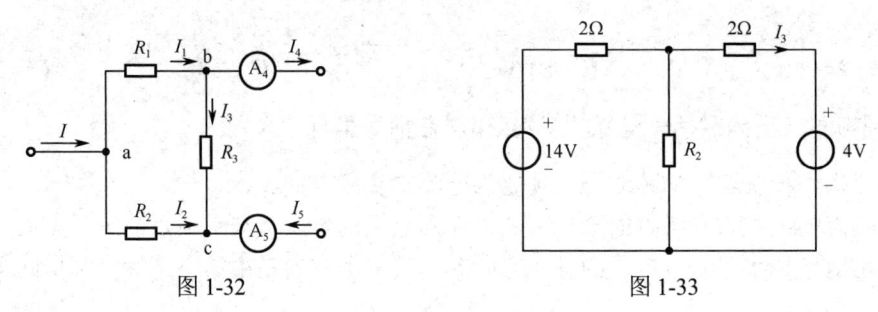

图 1-32　　　　　　　　　图 1-33

(7) 如图 1-34 所示，试用支路电流法求各支路电流。

(8) 如图 1-35 所示，试求 ab 两端的等效电阻。

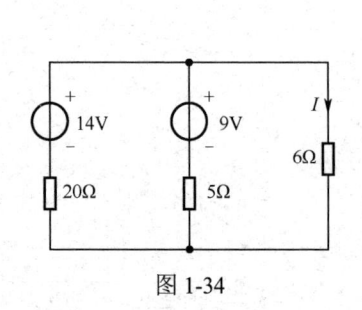

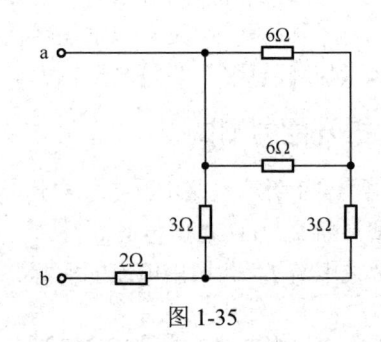

图 1-34　　　　　　　　　图 1-35

项目小结

1. 电路组成和作用

(1) 电路的组成。任何一个实际电路都是由电源、负载和中间环节三个基本部分组成的。

(2) 电路的作用。电路的作用主要有两个方面：实现能量的传输和转换；实现信号的传递和处理。

2. 电路基本物理量

1) 电流

电流是在电源作用下，电荷做有规则的定向移动形成的。在电路中要产生电流通常需具备两个条件：一是有电源供电；二是电路必须是闭合的。

电流的大小用电流强度表示，指单位时间内通过导体横截面的电荷量，基本单位是安培。

习惯上把正电荷的移动方向规定为电流的实际方向。电流的参考方向通常用带有箭头的线段表示。当电流的实际方向与参考方向一致时，电流为正；反之，电流为负。

2) 电压、电位和电动势

电路中任意两点间电压在数值上等于这两点电位之差。电路中某点的电位等于该点与零电位参考点之间的电压。电压和电位的基本单位都是伏特。

电压的实际方向规定为由高电位指向低电位。电压的参考方向常用"+""-"极性符号表示,"+"表示高电位,"-"表示低电位。电压的参考方向也可用箭头表示,箭头的方向为高电位端指向低电位端。电压的参考方向还可用双下标字母表示,参考方向由第一下标字母指向第二下标字母。一旦选定了电压参考方向,若电路计算结果是 $U>0$,则电压的实际方向与参考方向一致;若电路计算结果是 $U<0$,则电压的实际方向与参考方向相反。

电位的高低正负都是相对于参考点而言的,通常设参考点的电位为零,高于参考点的电位是正电位,低于参考点的电位是负电位。

习惯上把电流参考方向和电压的参考方向选为一致,称为关联参考方向。

电动势反映电源内部将非电能转换为电能的本领。电动势的基本单位是伏特。规定电动势的实际方向为由电源负极指向电源正极。

3)电能和电功率

电能是指电流所做的功。电能的基本单位是焦耳(J)。在工程和生活中,电能的常用单位是 kW·h(俗称"度")。

电功率是指电路中单位时间内产生或消耗的电能。电功率的基本单位是瓦特。

当电流、电压取关联参考方向时,电功率 $P=UI$;当电流、电压取非关联参考方向时,$P=-UI$。若 $P>0$,则说明该元件吸收(消耗)功率,具有负载特性;若 $P<0$,则说明该元件发出(产生)功率,具有电源特性。

4)电气设备的额定值

任何电气设备都规定了相应的额定值,其主要包括额定电压 U_N、额定电流 I_N 和额定功率 P_N 等。

当通过电气设备的电流等于额定电流时,电气设备为满载工作状态。当通过电气设备的电流小于额定电流时,电气设备为轻载工作状态。当通过电气设备的电流超过额定电流时,电气设备为过载工作状态。

3. 理想元件和电路模型

理想元件是将实际电路元件理想化,即在一定条件下突出其主要的电磁性质,忽略其次要因素的结果。

由理想电路元件组成的电路称为电路模型。

4. 基尔霍夫定律及应用

1)基尔霍夫电流定律

基尔霍夫电流定律描述的是同一节点上的各支路电流的关系,是电流连续性原理的体现,其数学表达式为 $\sum I=0$。

2)基尔霍夫电压定律

基尔霍夫电压定律描述的是同一回路中各段电压的关系,是能量守恒定律的体现,其数学表达式为 $\sum U=0$。

3)支路电流法

对于有 n 个节点、b 条支路的电路,支路电流法的求解步骤如下:

（1）在电路图中标出各支路电流的参考方向和回路的绕行方向。
（2）列写（$n-1$）个独立节点的 KCL 方程。
（3）列写（$b-n+1$）个独立回路的 KVL 方程。
（4）联立方程组，求解各支路电流。

5. 电阻电路的等效变换

1）电阻的串联

电阻串联电路的等效电阻等于各个串联电阻之和，即

$$R = \sum_{k=1}^{n} R_k$$

电阻串联电路具有分压的作用，各个串联电阻上的电压与其电阻值成正比。同时串联的每个电阻吸收的功率也与它们的阻值成正比。

2）电阻的并联

电阻并联电路的等效电阻的倒数等于各个并联电阻的倒数之和，即

$$\frac{1}{R} = \sum_{k=1}^{n} \frac{1}{R_k}$$

电阻并联电路具有分流的作用，流过各个并联电阻的电流与其电阻值成反比。同时并联的每个电阻吸收的功率也与它们的阻值成反比。

3）电阻的混联

分析电阻混联电路的一般步骤如下。
（1）计算各串联和并联部分的等效电阻，再计算总的等效电阻。
（2）应用欧姆定律，由总电压和总等效电阻求得总电流。
（3）根据串联电阻的分压公式和并联电阻的分流公式，逐步求出各电阻的电流、电压及功率等。

项目自评表

序号	自评项目	自评内容	项目配分	项目得分	自评成绩
1	电路基本概念及电路元件	电路的组成和作用	2分		
		电流及其产生条件	2分		
		电流的大小和方向	4分		
		电压的大小和方向	4分		
		电位及正负	2分		
		电压与电位的关系	2分		
		关联参考方向	4分		
		电动势的物理意义及单位	2分		
		电能及单位	2分		
		电功率的计算和正负	4分		
		电气设备的额定值	2分		
		理想元件和电路模型	2分		

续表

序 号	自评项目	自评内容	项目配分	项目得分	自评成绩
2	基尔霍夫定律及应用	电路的基本术语	5分		
		基尔霍夫电流定律	10分		
		基尔霍夫电压定律	10分		
		支路电流法	10分		
3	电阻电路的等效变换	电阻的串联	5分		
		电阻的并联	5分		
		电阻的混联	5分		
4	技能训练	电路的连接	5分		
		万用表的正确使用	5分		
		电流的测量	4分		
		电压的测量	4分		
能力缺失					
弥补办法					

项目二

正弦交流电路原理分析

学习指南

项目描述：交流电在人们的生产和生活中有着广泛的应用。在电网中由发电厂产生的电是交流电，输电线路上输送的电也是交流电，我们最熟悉和最常用的家用电器采用的也是交流电，如电视、电脑、照明灯、冰箱、空调等家用电器。即使是像收音机、复读机等采用直流电源的家用电器也是通过稳压电源将交流电转变为直流电后使用的。正弦交流电应用如此广泛，是因为正弦交流电在传输、变换和控制上有着直流电不可替代的优点，交流电路的电路分析、计算涉及控制方式、控制设备等的选择。因此，对交流电路进行正确的分析、计算是必须掌握的基本能力。

学习导航

任 务	重 点	难 点	关 键 能 力
交流电的特点及表示方法	正弦交流电的概念及其三要素；理解交流电有效值的概念及其与最大值的关系	交流电有效值计算；正弦量解析式与波形图	会分析交流电的三要素；会分析同频率交流电的相位关系；会正弦量的相量表示
正弦交流电路	R、L、C元件电压与电流相量关系	R、L、C元件电压与电流的相量关系与相量图，感抗、容抗计算	会分析纯电阻电路；会分析纯电容电路；会分析纯电感电路
交流电路的功率、功率因数	交流电路瞬时功率、有功功率、无功功率、视在功率、功率因数等概念；交流电路有功功率、无功功率、视在功率的计算方法；功率因数提高的意义和方法	提高功率因数的有关计算	会计算单相交流电路的功率；会提高功率因数的方法
三相交流电源	对称三相电压的特点；三相电源的相序；三相电源的Y形连接；Y形电源的相电压、线电压及其关系	三相电源的星形连接；三相电源的三角形连接	会三相电源的连接方法；会分析三相电源的相序
三相电路中负载的连接	三相对称星形负载电路的特点及计算；三相对称三角形负载电路的特点及计算	根据三相交流电源的参数正确选择三相负载的连接方式；三相对称负载电路的计算	会分析对称三相负载星形连接电路；会分析对称三相负载三角形连接电路
三相交流电路的功率	三相电路的功率计算公式	三相电路的功率因数	会计算对称三相电路的功率

任务四　正弦交流电路基本概念及正弦量相量表示

能力目标

（1）了解正弦交流电的周期、频率、角频率、幅值、初相位、相位差等特征量，理解正弦交流电的解析式、波形图、相量图、三要素等概念。

（2）掌握正弦交流电有效值、平均值与最大值之间的关系，以及同频率正弦量的相位差的计算。

一、正弦交流电路的基本概念

在项目一中我们所分析的电路的各个部分的电压和电流都不随时间而变化，称之为直流电压（或电流），如图 2-1（a）所示。交流电在人们的生产和生活中有着广泛的应用，在电网中由发电厂产生的电是交流电，输电线路上输送的也是交流电，各种交流电动机使用的仍然是交流电。交流电压、电流与直流电压、电流不同，它们的大小和方向随时间变化。常用的交流电是正弦交流电，即电压和电流的大小与方向按正弦规律变化。图 2-2（b）所示为正弦交流电及其电路。

（a）直流电　　　　　　　　　　（b）正弦交流电及其电路

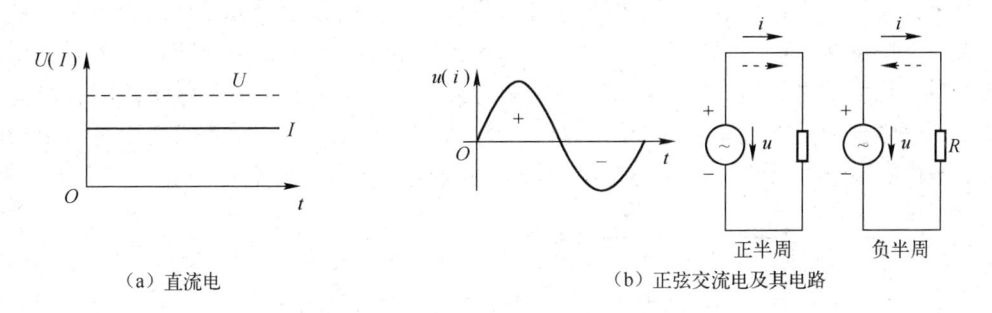

图 2-1　直流电和正弦交流电及其电路

在正弦交流电路中，电压和电流的大小和方向随时间按正弦规律变化。凡按照正弦规律变化的电压、电流等统称正弦量。

依据正弦量的概念，图 2-1（b）为一段正弦电流电路，正弦电流 i 图示参考方向下的瞬时值表达式为 $i=I_m\sin(\omega t+\phi_i)$，其波形如图 2-2 所示。式中，$I_m$ 为振幅，ω 为角频率，ϕ_i 为初相位。正弦量的变化取决于这三个量，因此振幅、角频率、初相位称为正弦量的三要素。

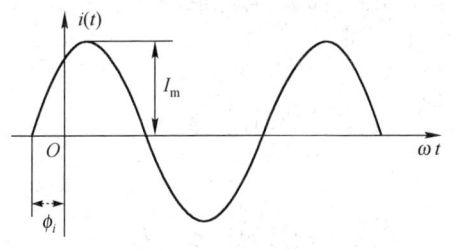

图 2-2　正弦交流电电流波形

1. 周期、频率与角频率

周期是指交流电重复一次所需的时间，用字母 T 表示，单位为秒（s）。

频率是交流电每秒钟重复变化的次数,用 f 表示。f 的单位是赫兹(Hz),频率反映了交流电变化的快慢。

周期和频率的关系是

$$f = \frac{1}{T} \tag{2-1}$$

交流电每完成一次变化,在时间上为一个周期,在正弦函数的角度上则为 2π 弧度(rad),单位时间内变化的角度称为角频率,用 ω 表示,单位为弧度/秒(rad/s)。角频率、周期、频率的关系为

$$\omega = \frac{2\pi}{T} = 2\pi f \tag{2-2}$$

我国供电电源频率为 50Hz,称为工频,世界上许多国家采用这一频率,少数国家如美国、日本等供电电源频率为 60Hz。在其他技术领域中,交流电的频率范围各不相同,如高频感应电炉的频率为 200~300kHz,有线通信的频率为 300~5000Hz,无线电工程的信号频率为 $10^4 \sim 30\times10^{10}$ Hz 等。

2. 振幅和有效值

交流电在变化过程中某一时刻的值称为瞬时值,用小写字母表示,如 i、u、e 分别表示瞬时电流、瞬时电压、瞬时电动势。正弦交流电在整个变化过程中所能达到的最大值称为振幅,也称最大值,用带下标 m 的大写字母表示,如 I_m、U_m、E_m 分别表示电流、电压、电动势的最大值。

在正弦交流电中,一般用有效值来描述各量的大小。有效值是通过电流的热效应来规定的,若周期性电流 i 在一个周期内流过电阻所产生的热量与另一个恒定的直流电流 I 流过相同的电阻在相同的时间里产生的热量相等,则经此直流电流的数值为交流电流的有效值。按照规定,有效值用英文大写字母表示,如 I、U、E 等。按此规定,在图 2-3 中有两个相同的电阻 R,其中一个电阻通以交流电流 i,另一个电阻通以直流电流 I。

(a)交流电路图　　　　　(b)直流电路图

图 2-3　交流和直流电路图

经数学推导有效值与最大值之间的关系如下。

正弦电流的有效值为

$$I = \frac{I_m}{\sqrt{2}} = 0.707 I_m \tag{2-3}$$

正弦电压的有效值为

$$U = \frac{U_m}{\sqrt{2}} = 0.707 U_m \tag{2-4}$$

正弦电动势的有效值为

$$E = \frac{E_m}{\sqrt{2}} = 0.707 E_m \tag{2-5}$$

正弦量的有效值等于它的最大值除以 $\sqrt{2}$,与其频率和初相无关。

在工程上凡是提到周期电流、电压或电动势的量值，若无特殊说明，都是指有效值。例如，铭牌所示的参数及交流测量仪表上指示的电流、电压都是有效值。

当采用有效值时，正弦电压、电流的瞬时值的表达式可表示为

$$u=\sqrt{2}U\sin(\omega t+\phi_u),\ i=\sqrt{2}I\sin(\omega t+\phi_i)$$

[例 2-1] 已知 $u=U_m\sin\omega t$，$U_m=310V$，$f=50Hz$，试求有效值 U 和 $t=0.1s$ 的瞬时值。

解：$U=\dfrac{U_m}{\sqrt{2}}=\dfrac{310}{\sqrt{2}}\approx 220(V)$

当 $t=0.1s$ 时，$U=U_m\sin\omega t=U_m\sin 2\pi ft$
$=310\sin(2\times\pi\times 50\times 0.1)=0$

3. 相位、初相、相位差

正弦电流一般表示为 $i=I_m\sin(\omega t+\phi_i)$。$(\omega t+\phi_i)$ 称为正弦电流的相位，表示正弦量在某时刻的状态。ϕ_i 称为正弦电流的初相位，简称初相，它是 $t=0$ 时刻正弦电流的相位。相位和初相位的单位都是弧度（rad）或度。

线性电路中，如果全部激励都是同一频率的正弦量，则电路中的响应一定是同一频率的正弦量。因此，在正弦交流电路中常常遇到同频率的正弦量，设任意两个同频率的正弦量分别为

$$u=U_m\sin(\omega t+\phi_u)$$
$$i=I_m\sin(\omega t+\phi_i)$$

可以看出，u 与 i 的频率相同而振幅、初相不同，反映了两个同频率正弦量到达正幅值或负幅值的时间差。一般用相位差表示这种"步调"不一致的情况。相位差即两正弦量间的相位之差。u 与 i 的相位差为

$$\varphi=(\omega t+\phi_u)-(\omega t+\phi_i)=\phi_u-\phi_i \tag{2-6}$$

可见，两个同频率正弦量的相位差在任何时刻都是常数，等于它们的初相之差。规定 φ 的取值范围是 $|\varphi|\leq\pi$。

(a) $\varphi<0$

(b) $\varphi=0$

(c) $\varphi=\pm\dfrac{\pi}{2}$

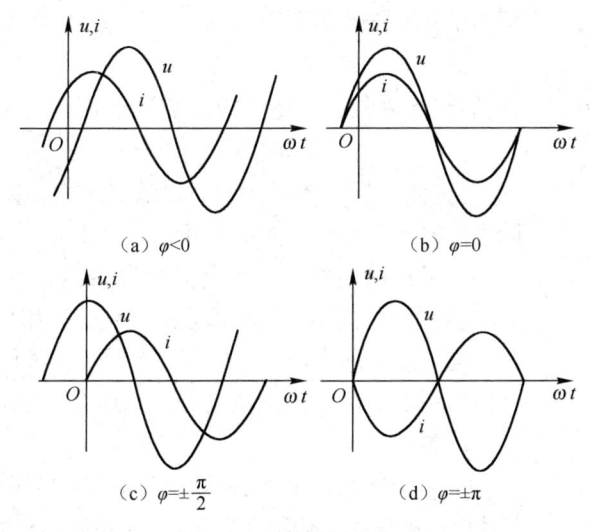

(d) $\varphi=\pm\pi$

图 2-4 正弦量的相位差

如果 $\varphi = \phi_u - \phi_i < 0$，如图 2-4（a）所示，则称 u 比 i 滞后 φ，或 i 比 u 超前 φ。

如果 $\varphi = \phi_u - \phi_i = 0$，如图 2-4（b）所示，则称 u 与 i 同相位，简称同相。其特点是两正弦量同时达到正最大值，或同时过零点。

如果 $\varphi = \phi_u - \phi_i = \pm\dfrac{\pi}{2}$，如图 2-4（c）所示，则称 u 与 i 正交。其特点是当一正弦量的值达到最大时，另一正弦量的值刚好是零。

如果 $\varphi = \phi_u - \phi_i = \pm\pi$，如图 2-4（d）所示，则称 u 与 i 反相。其特点是当一正弦量为正最大值时，另一正弦量刚好是负最大值。

[例 2-2] $i_1(t) = 10\sin(\omega t + 60°)$ A，$i_2(t) = 5\sin(\omega t - 150°)$ A，求：哪一个超前？超前多少度？

解：
$$\varphi_1 = 60°,\quad \phi_2 = -150°$$
$$\varphi = \phi_1 - \phi_2 = 60° - (-150°) = 210°$$

主值范围：
$$\varphi = 210° - 360° = -150°$$

∴ i_1 滞后 i_2 150°，即 i_2 超前 i_1 150°。

二、正弦量的相量表示

我们知道，一个正弦量是由它的振幅（或有效值）、频率及初相位三个要素决定的。然而，在线性正弦电流电路中，在相同频率的正弦电源激励下，电路各处的电流和电压响应的频率是相同的。这样，在求解正弦响应的三要素中，只需要知道它们的振幅（或有效值）和初相位，便可确定该正弦响应的值。

例如，对于正弦电流 $i = I_m\sin(\omega t + \phi_i)$，它可以用复数来表示。为了区别于一般的复数，我们称之为电流相量，用 $\dot{I}$ 表示，即

$$\dot{I} = I \angle \phi_i \tag{2-7}$$

式中，I 为正弦电流的有效值，ϕ_i 为正弦电流的初相位。式（2-7）称为正弦电流的相量表达式。

同理，对于正弦电压，我们也可以分别写出它的相量表达式，即

$$\dot{U} = U \angle \phi_u \tag{2-8}$$

需要指出的是，有一个正弦量便可唯一地写出它的相量表达式，也就是说正弦量与表示正弦量的相量是一一对应关系。

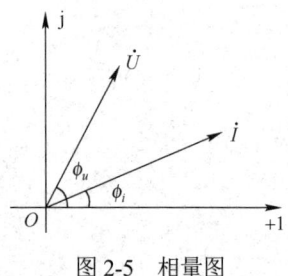

相量可以用复平面的有向线段表示，其长度表示正弦量的幅值，与实轴正方向的夹角等于正弦量的初相位。同一频率的相量可以在同一复平面内表示，如图 2-5 所示，我们称之为相量图。相量在相量图上也可以做加减运算，且运算方法相同。

注意：

（1）正弦量是时间的函数，而正弦量的相量并非时间的函数，所以只能说用相量可以表示正弦量，而不能说相量就等于正弦量。

图 2-5 相量图

（2）只有同频率的正弦量才能画在同一相量图上进行比较和计算。

（3）两相量相加减时，既可在相量图中用矢量的图解法求解，也可用相量的复数表达式运算。

[例2-3] 已知 $i_1 = 100\sqrt{2}\sin\omega t$ A，$i_2 = 100\sqrt{2}\sin(\omega t - 120°)$ A，试用相量法求 $i_1 + i_2$，并画出相量图。

解：
$$\dot{I}_1 = 100\angle 0° \text{ A} \qquad \dot{I}_2 = 100\angle -120° \text{ A}$$
$$\dot{I}_1 + \dot{I}_2 = 100\angle 0° + 100\angle -120° = 100\angle -60° \text{ A}$$
$$i_1 + i_2 = 100\sqrt{2}\sin(\omega t - 60°) \text{ A}$$

相量图如图2-6所示。

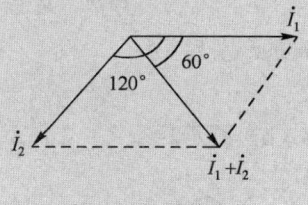

图2-6 相量法求值

能力训练

（1）从正弦交流电的瞬时表达式和波形图中，能获得交流电的三要素吗？

（2）交流电的值的意义是什么？

（3）两个相量式相同的交流电一定是同频率的交流电吗？

任务五 单一元件的正弦交流电路

能力目标

（1）掌握电阻、电感、电容等元件电路中电压、电流之间的各种关系。

（2）理解瞬时功率、平均功率、无功功率的概念。

（3）掌握感抗、容抗的概念。

一、纯电阻交流电路

交流电路中如果只有线性电阻，这种电路就叫作纯电阻电路。我们日常生活中接触到的白炽灯、电炉、电熨斗等都属于电阻性负载，在这类电路中影响电流大小的主要是负载的电阻 R。下面我们讨论正弦交流电压加在电阻两端时的情况。

1. 纯电阻元件电压、电流关系

将电阻 R 接入如图2-7所示的交流电路中。

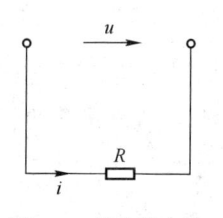

图2-7 纯电阻电路

设交流电压为 $u=U_m\sin\omega t$，则 R 中电流的瞬时值为

$$i = \frac{u}{R} = \frac{U_m}{R}\sin\omega t \tag{2-9}$$

这表明，在正弦电压作用下，电阻中通过的电流是一个相同频率的正弦电流，正弦电压和正弦电流的波形图如图 2-8（a）所示。

电流最大值为

$$I_m = \frac{U_m}{R} \tag{2-10}$$

电流有效值为

$$I = \frac{U_m}{\sqrt{2}R} = \frac{U}{R} \tag{2-11}$$

如用相量表示电压与电流的关系，则为

$$\dot{U} = \dot{I}R \tag{2-12}$$

电压、电流的相量图如图 2-8（b）所示。

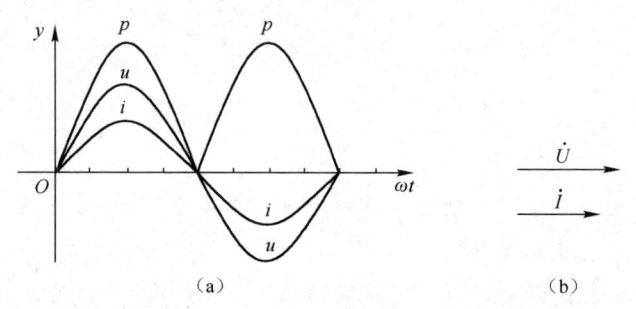

图 2-8 纯电阻元件电压、电流、功率的波形图及电压、电流的相量图

2. 纯电阻元件的功率

电阻在任一瞬时取用的功率，称为瞬时功率，按下式计算：

$$p = ui = U_m I_m \sin^2\omega t \tag{2-13}$$

$p \geq 0$，表明电阻任一时刻都在向电源取用功率，起负载作用。i、u、p 的波形图如图 2-8（a）所示。

电阻元件从电源取用能量后将其转换成了热能，这是一种不可逆的能量转换过程。我们通常这样计算电能：$W=Pt$。式中，P 是一个周期内电路消耗电能的平均功率，即瞬时功率的平均值，称为平均功率。在电阻元件电路中，平均功率为

$$P = \frac{U_m I_m}{2} = UI = I^2 R \tag{2-14}$$

这表明，平均功率等于电压、电流有效值的乘积。平均功率的单位是 W（瓦特）。

[例 2-4] 已知电阻 $R=440\Omega$，将其接在电压 $U=220V$、频率 $f=50Hz$ 的交流电路上，试求电流 I 和功率 P。如将电源的频率改为 $100Hz$，此时电流是否改变？

解：电流为

$$I = \frac{U}{R} = \frac{220}{440} = 0.5（A）$$

功率为
$$P=UI=220\times0.5=110（W）$$
因为电阻元件与频率无关，故电流不变。

二、纯电感交流电路

1. 纯电感元件电流与电压关系

假设线圈只有电感 L，其电阻 R 可以忽略不计，我们则称之为纯电感，下文我们所说的电感如无特殊说明就是指纯电感。当电感线圈中通过交流电流 i 时，将产生自感电动势 e_L，设电流 i、电动势 e_L 和电压 u 的正方向如图 2-9 所示，则有

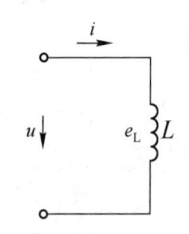

$$u=-e_L=L\frac{di}{dt} \qquad (2\text{-}15)$$

设有电流 $i=I_m\sin\omega t$ 流过电感，则根据式（2-15）得电感上的电压 u 为

图 2-9 电感元件交流电路

$$u=\omega L I_m\sin(\omega t+90°)=U_m\sin(\omega t+90°)$$

即 u 和 i 也是一个同频率的正弦量。表示电压 u 和电流 i 的正弦波形如图 2-10（b）所示。

比较以上两式可知，在电感元件电路中，电流在相位上比电压滞后 $90°$，且电压的有效值与电流的有效值符合下式：

$$U_m=I_m\omega L$$

或

$$\frac{U_m}{I_m}=\frac{U}{I}=\omega L \qquad (2\text{-}16)$$

即在电感元件电路中，电压的幅值（或有效值）与电流的幅值（或有效值）之比为 ωL。显然它的单位也为欧姆。当电压 U 一定时，ωL 愈大，电流 I 愈小。可见电感元件具有对电流起阻碍作用的物理性质，所以称为感抗，用 X_L 表示，即

$$X_L=\omega L=2\pi f L \qquad (2\text{-}17)$$

感抗 X_L 与电感 L、频率 f 成正比，因此电感线圈对高频电流的阻碍作用很大，而对直流则可视为短路。还应该注意，感抗只是电压与电流的幅值或有效值之比，不是它们的瞬时值之比。

若用相量表示电压与电流的关系，令 $\dot{U}=U\angle 90°$，$\dot{I}=I\angle 0°$，则

$$\frac{\dot{U}}{\dot{I}}=\frac{U}{I}\angle 90°-0°=\frac{U}{I}\angle 90°=jX_L=j\omega L$$

或

$$\dot{U}=j\omega L\cdot\dot{I} \qquad (2\text{-}18)$$

上式表示了电压与电流的有效值关系及相位关系，即电压与电流的有效值符合欧姆定理（$U=IX_L$），相位上电压超前电流 $90°$。电压和电流的相量图如图 2-10（a）所示。

2. 纯电感元件的功率与储能

知道了电压 u 和电流 i 的变化规律和相互关系后，便可找出瞬时功率的变化规律，即

$$p = u \cdot i = U_m \sin(\omega t + 90°) \cdot I_m \sin\omega t = UI\sin 2\omega t \tag{2-19}$$

可见，p 是一个幅值为 UI，以 2ω 角频率随时间而变化的交变量，如图 2-10（c）所示。当 u 和 i 正负相同时，p 为正值，电感处于受电状态，它从电源取用电能；当 u 和 i 正负相反时，p 为负值，电感处于供电状态，它把电能归还电源。电感元件电路的平均功率为零，即电感元件的交流电路中没有能量消耗，只有电源与电感元件间的能量互换。我们用无功功率 Q 来衡量这种能量互换的规模，规定无功功率等于瞬时功率 p_L 的幅值，即

$$Q = UI = I^2 X_L = \frac{U^2}{X_L} \tag{2-20}$$

无功功率的单位是乏（var）或千乏（kvar）。

电感元件在某时刻储存的磁场能量只与该时刻电感元件的电流有关。当电流增加时，电感元件从电源吸收能量，储存在磁场中的能量增加；当电流减小时，电感元件向外释放磁场能量。电感元件并不消耗能量，因此，电感元件是一种储能元件。

在选用电感器时，除了选择合适的电感量，还需注意实际的工作电流不能超过电感器的额定电流。否则由于电流过大，线圈会因发热而被烧毁。

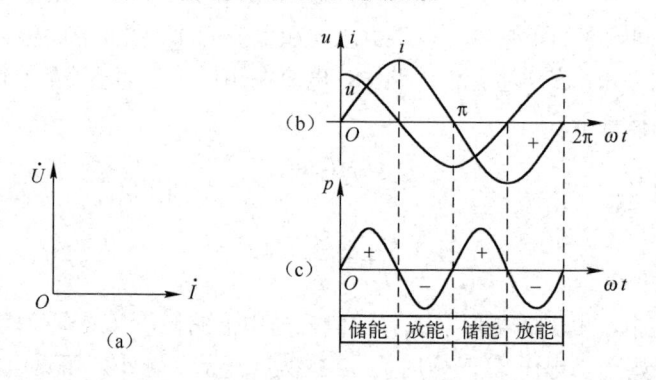

图 2-10 纯电感元件电压、电流相量图、波形图及功率波形图

三、纯电容交流电路

1. 电容元件电流与电压关系

线性电容元件与正弦电源连接的电路，如图 2-11 所示。

电容充放电电流 $i = \dfrac{dq}{dt} = \dfrac{dC \cdot u}{dt}$，故有 $i = C\dfrac{du}{dt}$，若在电容器两端加一正弦电压 $u = U_m \sin\omega t$，则代入 $i = C\dfrac{du}{dt}$ 中，有

$$i = \omega C U_m \sin(\omega t + 90°) = I_m \sin(\omega t + 90°) \tag{2-21}$$

图 2-11 纯电容电路

即 u 和 i 也是一个同频率的正弦量。表示电压 u 和电流 i 的正弦波形如图 2-12（b）所示。

比较以上两式可知，在电容元件电路中，电压在相位上比电流滞后 90°（电压与电流的相位差为-90°，在本教材中，为了便于说明电路的性质，我们规定：当电流比电压滞后时，其相位差 φ 为正值；当电流比电压超前时，其相位差 φ 为负值），且电压与电流的有效值符合下式：

$$I_m = U_m \omega C \tag{2-22}$$

或

$$\frac{U_m}{I_m} = \frac{U}{I} = \frac{1}{\omega C} \tag{2-23}$$

可见，在电容元件电路中，电压的幅值（或有效值）与电流的幅值（或有效值）之比为 $\frac{1}{\omega C}$，它的单位也为欧姆。当电压 U 一定时，$\frac{1}{\omega C}$ 愈大，电流 I 愈小。可见，它对电流具有阻碍作用，所以称为容抗，用 X_C 表示，即

$$X_C = \frac{1}{\omega C} = \frac{1}{2\pi f C} \tag{2-24}$$

容抗 X_C 与电容 C、频率 f 成反比。因此，电容对低频电流的阻碍作用很大。对直流（f=0）而言，$X_C \to \infty$，可视作开路。同样应该注意，容抗只是电压与电流的幅值或有效值之比，而不是它们的瞬时值之比。

若用相量表示电压与电流的关系，则 $\dot{U} = U \angle 0°$，$\dot{I} = I \angle 90°$，故有

$$\frac{\dot{U}}{\dot{I}} = \frac{U}{I} \angle 0° - 90° = \frac{U}{I} \angle -90° = -jX_C = -j\frac{1}{\omega C}$$

或

$$\dot{U} = -j\dot{I}X_C = -j\frac{1}{\omega C}\dot{I} \tag{2-25}$$

上式表示了电压与电流的有效值关系和相位关系，即电压与电流的有效值符合欧姆定理（$U=IX_C$），相位上电压滞后于电流 90°，如图 2-12（a）所示。

2. 电容元件上的功率

根据电压 u 和电流 i 的变化规律和相互关系，可找出瞬时功率的变化规律，即

$$p = ui = UI\sin 2\omega t \tag{2-26}$$

由上式可知，p 是一个幅值为 UI，并以 2ω 角频率随时间而变化的交变量，如图 2-12（c）所示。当 u 和 i 正负相同时，p 为正值，电容处于充电状态，从电源取用电能；当 u 和 i 正负相反时，p 为负值，电容处于放电状态，把电能归还电源。

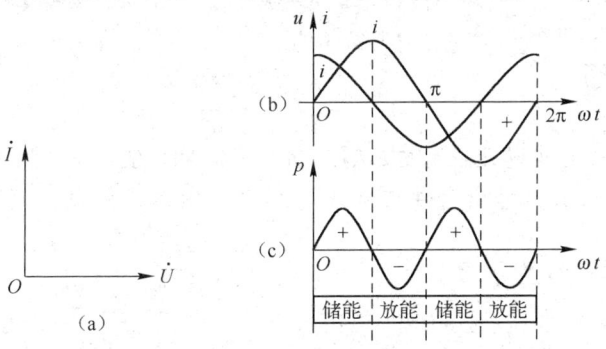

图 2-12 纯电容元件电压、电流相量图、波形图及功率波形图

电容元件电路的平均功率也为零,即电容元件的交流电路中没有能量消耗,只有电源与电容元件间的能量互换。这种能量互换的规模我们用无功功率 Q 来衡量,规定无功功率等于瞬时功率的幅值。

为了同电感元件电路的无功功率相比较,设电流 $i=I_m\sin\omega t$ 为参考正弦量,则得到电容元件的无功功率为

$$Q=-UI=-I^2X_C \tag{2-27}$$

即电容元件电路的无功功率取负值。

电容在某一时刻储存的电场能量与该时刻端电压的平方成正比。当电压增加时,电容从电源吸收能量,储存在电场中的能量增加,这个过程称为电容的充电过程;当电压减小时,电容向外电路释放电场能量,这个过程称为电容的放电过程。电容元件在充、放电过程中并不消耗能量,因此,电容元件与电阻元件不同,它是一种储能元件。

电容元件除了作为实际电容器的模型,还是电路中电容效应的模型。电容效应在许多场合存在,如在二极管和晶体管的电极之间,在电子仪器中的导线和金属外壳之间,甚至在一个线圈的匝与匝之间,等等,都存在着电容。虽然它们的数值都较小,但在工作频率很高时,不应忽略它们的作用。

电容器在工程中,特别是在电子电路中有着广泛的应用。在选用电容器时,除选择合适的电容外,还需注意实际工作电压与电容器的额定电压是否相等。如果实际工作电压过高,介质就会被击穿,电容器就会损坏。电容器上所标明的额定电压,通常指的是直流电压。如果电容器工作在交流电路中,应使交流电压的最大值不超过其额定电压。

[例 2-5] 一个线圈电阻很小,可忽略不计。电感 $L=35mH$,该线圈在 50Hz 和 1000Hz 的交流电路中的感抗各为多少?若接在 $U=220V$,$f=50Hz$ 的交流电路中,电流 I、有功功率 P、无功功率 Q 各是多少?

解:(1)当 $f=50Hz$ 时,$X_L=2\pi fL=2\pi\times50\times35\times10^{-3}\approx11(\Omega)$;

当 $f=1000Hz$ 时,$X_L=2\pi fL=2\pi\times1000\times35\times10^{-3}\approx220(\Omega)$。

(2)当 $U=220V$,$f=50Hz$ 时:

电流 $I=\dfrac{U}{X_L}=\dfrac{220}{11}=20(A)$;

有功功率 $P=0$;

无功功率 $Q_L=UI=220\times20=4400(V\cdot A)$。

能力训练

(1)R、L、C 三种电路元件的电压瞬时值、电流瞬时值均符合欧姆定律吗?

(2)为什么可以认为电感元件在直流电路中是短路,而电容元件在直流电路中是开路?

任务六 交流电路功率、功率因数

能力目标

（1）正确理解交流电路中各种功率的物理含义和提高功率因数的意义和原理。
（2）熟练应用 P、Q 及 S 的计算公式和各种计算方法，求出交流电路的功率。

一、正弦交流电路功率的基本概念

1. 瞬时功率

图 2-13 所示为任意一二端网络 N_O，在端口的电压 u 与电流 i 的关联参考方向下，设正弦交流电路的总电压 u 与总电流 i 分别为

$$u = \sqrt{2}\, U \sin(\omega t + \phi_u), \quad i = \sqrt{2}\, I \sin(\omega t + \phi_i)$$

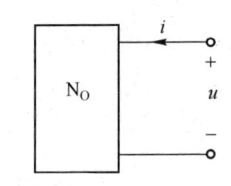

图 2-13 二端网络 N_O

则其吸收瞬时功率为

$$\begin{aligned} p &= ui \\ &= 2UI\sin(\omega t + \phi_u)\sin(\omega t + \phi_i) \\ &= UI\cos\varphi + UI\cos(2\omega t + \phi_u + \phi_i) \end{aligned} \qquad (2\text{-}28)$$

式中，φ 为电压与电流的相位差，$\varphi = \phi_u - \phi_i$。

上式表明，二端网络的瞬时功率由两部分组成，一部分是常量，另一部分是以两倍于电压频率而变化的正弦量。二端网络的瞬时功率波形如图 2-14 所示。

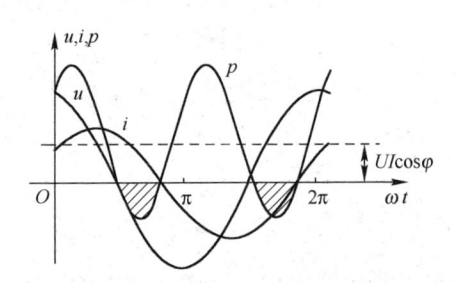

图 2-14 二端网络的瞬时功率波形

2. 平均功率

我们定义瞬时功率 p 在一个周期内的平均值为平均功率，它反映了交流电路中实际消耗的功率，所以又称有功功率，用 P 表示，单位是瓦特（W）。

瞬时功率 p 在一个周期内的平均值（有功功率）为

$$P = \frac{1}{T}\int_0^T p(t)\mathrm{d}t = \frac{1}{T}\int_0^T UI\cos\varphi\, \mathrm{d}t - \int_0^T UI\cos(2\omega t + \varphi_u + \varphi_i)\mathrm{d}t = UI\cos\varphi \qquad (2\text{-}29)$$

式中，$\cos\varphi$ 为正弦交流电路的功率因数。

3. 无功功率

我们把 $UI\sin\varphi$ 称为交流电路的无功功率，用 Q 表示，其单位是乏（var）。它表示交流电路与电源之间进行能量交换的最大功率，并不代表电路实际消耗的功率，即

$$Q = UI\sin\varphi \tag{2-30}$$

4. 视在功率

在交流电路中，电源电压有效值与总电流有效值的乘积（UI）称为视在功率，用 S 表示，单位是伏安（V·A），即

$$S = UI \tag{2-31}$$

视在功率反映了交流电源可以向电路提供的最大功率，又称电源的功率容量。于是交流电路的功率因数等于有功功率与视在功率的比值，即

$$\cos\varphi = \frac{P}{S} \tag{2-32}$$

所以电路的功率因数能够表示出电路实际消耗功率占电源功率容量的百分比。

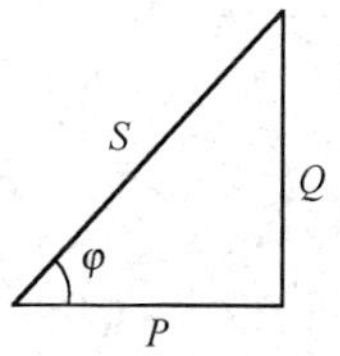

当 $\varphi > 0$ 时，$Q > 0$，电路呈感性；当 $\varphi < 0$ 时，$Q < 0$，电路呈容性；当 $\varphi = 0$ 时，$Q = 0$，电路呈电阻性。显然，有功功率 P、无功功率 Q 和视在功率 S 三者之间呈三角形关系，这一关系称为功率三角形，如图 2-15 所示。

图 2-15 功率三角形

P、Q 和 S 之间满足下列关系：

$$S = \sqrt{P^2 + Q^2}$$

$$\tan\varphi = \frac{Q}{P}$$

$$P = UI\cos\varphi = S\cos\varphi$$

$$Q = S\sin\varphi$$

二、功率因数的提高

1. 提高功率因数的意义

在交流电力系统中，负载多为感性负载。例如，常用的感应电动机，接上电源时要建立磁场，所以它除了需要从电源取得有功功率，还要通过电源取得磁场的能量，并与电源进行周期性的能量交换。在交流电路中，负载从电源接收的有功功率 $P = UI\cos\varphi$ 显然与功率因数有关。功率因数低会引起下列不良后果。

负载的功率因数低，使电源设备的容量不能充分利用。因为电源设备（发电机、变压器等）是依照其额定电压与额定电流设计的。例如，一台视在功率为 100kV·A 的变压器，若负载的功率因数为 1，则此变压器能输出 100kW 的有功功率；若功率因数为 0.6，则此变压器只能输出 60kW 的有功功率，也就是说，变压器的容量未能充分利用。

在一定的电压 U 下，向负载输送一定的有功功率 P 时，负载的功率因数越低，输电线路

的电压降和功率损失越大。这是因为输电线路电流 $I = P/(U\cos\varphi)$，当 $\cos\varphi$ 较小时，I 必然较大。从而输电线路上的电压降也要增加，因电源电压一定，所以负载的端电压将减少，这要影响负载的正常工作。从另一方面看，电流 I 增加，输电线路中的功率损耗也会增加。因此，提高负载的功率因数对合理科学地使用电能及国民经济都有重要的意义。

2. 提高功率因数的方法

提高感性负载功率因数的最简便的方法，是用适当容量的电容器与感性负载并联，如图 2-16 所示。

这样就可以使电感中的磁场能量与电容器的电场能量进行交换，从而减少电源与负载间能量的互换。在感性负载两端并联一个适当的电容后，对提高电路的功率因数十分有效。设原负载为感性负载，其功率因数为 $\cos\varphi$，电流为 I_1，在其两端并联电容器 C，电路图如图 2-16（a）所示，并联电容以后，并不影响原负载的工作状态。从图 2-16（b）可知，由于电容电流补偿了负载中的无功电流，总电流减小，电路的总功率因数提高了。

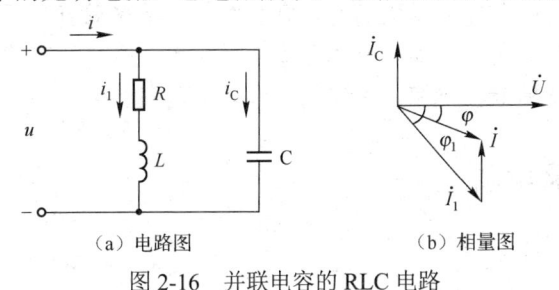

图 2-16 并联电容的 RLC 电路

3. 电容量计算

有一感性负载的端电压为 U，功率为 P，功率因数为 $\cos\varphi_1$，为了使功率因数提高到 $\cos\varphi$，可推导所需并联电容的计算公式：

流过电容的电流为

$$I_C = I_1\sin\varphi_1 - I\sin\varphi_2 = \frac{P}{U}(\tan\varphi_1 - \tan\varphi) = \omega C U$$

所以

$$C = \frac{P}{\omega U^2}(\tan\varphi_1 - \tan\varphi) \qquad (2\text{-}33)$$

[例 2-6] 已知：$f=50\text{Hz}$，$U=380\text{V}$，$P=20\text{kW}$，$\cos\varphi_1 = 0.6$（滞后）。要使功率因数提高到 0.9，求并联电容 C。

解：如图 2-17 所示，由 $\cos\varphi_1 = 0.6$ 得 $\varphi_1 = 53.13°$；由 $\cos\varphi_2 = 0.9$ 得 $\varphi_2 = 25.84°$。

$$C = \frac{P}{\omega U^2}(\tan\varphi_1 - \tan\varphi_2)$$

$$= \frac{20\times 10^3}{314\times 380^2}(\tan 53.13° - \tan 25.84°)$$

$$\approx 375\,(\mu\text{F})$$

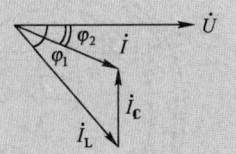

图 2-17 例 2-6 图

注意：

（1）并联电容器后，对原感性负载的工作情况没有任何影响，即流过感性负载的电流和它的功率因数均未改变。所谓功率因数提高了，是指包括电容在内的整个电路的功率因数比单独的感性负载的功率因数提高了。

（2）线路电流的减小，是电流的无功分量减小的结果，而电流的有功分量并未改变，这从相量图上可以清楚地看出。在实际生产中，并不要求把功率因数提高到 1，即补偿后仍使整个电路呈感性，感性电路功率因数习惯上称滞后功率因数。若将功率因数提高到 1，则需要并联的电容较大，会增加设备投资。

（3）功率因数提高到什么程度为宜，只有在完成具体的技术、经济指标比较之后，才能确定。

能力训练

（1）并联一个合适的电容可以提高感性负载电路的功率因数。那么并联电容后，电路的有功功率、感性负载的电流及电路的总电流怎样变化？

（2）为了提高功率因数，是不是并联的电容越大越好？

任务七　三相交流电源

能力目标

（1）深刻理解对称三相正弦量的瞬时表达式、波形、相量表达式及相量图。

（2）理解对称三相电源的连接及线电压与相电压的关系，线电流与相电流的关系。

一、三相交流电动势的产生

三相交流电动势是由三相交流发电机产生的。图 2-18 所示是三相交流发电机的原理示意图。三相发电机主要由定子和转子组成。三组完全相同的定子电枢绕组放置在彼此间隔 120° 的发电机定子铁芯凹槽里固定不动，三相绕组的始端分别用 U_1、V_1、W_1 表示，末端分别用 U_2、V_2、W_2 表示。转子铁芯上绕有励磁绕组，通入直流电后产生磁场，该磁场磁感应强度在定子与转子之间的气隙中按正弦规律分布。当转子由原动机带动，并以角速度 ω 匀速顺时针旋转时，每个定子绕组（称相）依次切割磁力线产生频率相同、幅值相同、相位角依次相差 120° 的正弦电动势 e_U、e_V、e_W。

若以 e_U 为参考正弦量，则对称三相电动势的瞬时值表达式为

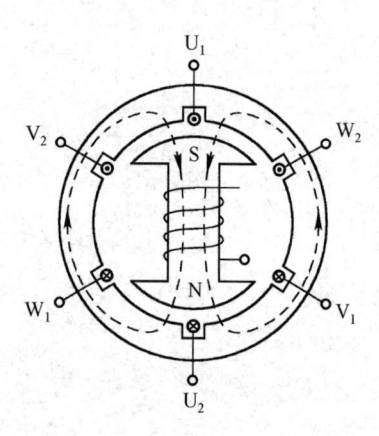

图 2-18　三相发电机的原理示意图

$$\left. \begin{array}{l} e_{U} = E_{m}\sin\omega t \\ e_{V} = E_{m}\sin(\omega t - 120°) \\ e_{W} = E_{m}\sin(\omega t + 120°) \end{array} \right\} \quad (2\text{-}34)$$

用相量形式表示为

$$\left. \begin{array}{l} \dot{E}_{U} = E\angle 0° \\ \dot{E}_{V} = E\angle -120° = \left(-\dfrac{1}{2} - j\dfrac{\sqrt{3}}{2}\right)\dot{E}_{U} \\ \dot{E}_{W} = E\angle 120° = \left(-\dfrac{1}{2} + j\dfrac{\sqrt{3}}{2}\right)\dot{E}_{U} \end{array} \right\} \quad (2\text{-}35)$$

三相交流电动势的波形图和相量图如图 2-19 所示。三相交流电达到最大值的先后顺序称为相序，图 2-19 中的相序为 U—V—W。

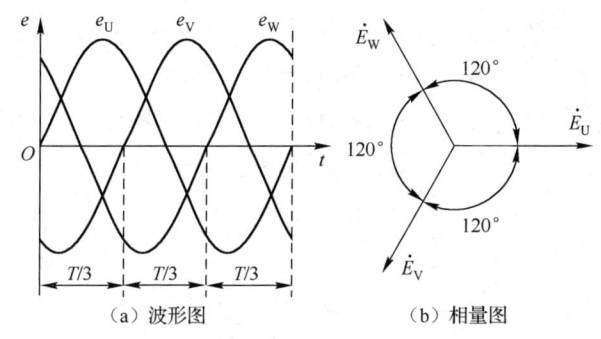

（a）波形图　　　（b）相量图

图 2-19　三相交流电的波形图和相量图

由图 2-19 可知，三相电动势的幅值相等，频率相同，彼此间的相位差也相等，这种电动势称为对称电动势。显然对称三相电动势的瞬时值或相量之和都为零，即

$$e_{U} + e_{V} + e_{W} = 0 \quad (2\text{-}36)$$

$$\dot{E}_{U} + \dot{E}_{V} + \dot{E}_{W} = 0 \quad (2\text{-}37)$$

二、三相交流电源的连接

三相发电机有三个电源绕组。每个绕组分别接一个负载，即可得到三个独立的单相电路，构成三相六线制。用三相六线制来输电需要六根输电线，很不经济，没有实用价值。在现代供电系统中，对称三相电源的连接方式有两种：星形连接和三角形连接。

1. 三相电源星形（Y）连接

将发电机三相绕组的末端 U_2、V_2、W_2 连接在一点，始端 U_1、V_1、W_1 分别接负载，这种连接方式称为星形连接，如图 2-20 所示。图 2-20 中三个末端相连接的点称为电源中点或零点，用 N 表示，从此端引出的线称为中线。从始端 U_1、V_1、W_1 引出的三根线称为相线或端线，俗称火线。

由三根相线和一根中线组成的输电方式称为三相四线制；无中线的则称为三相三线制。

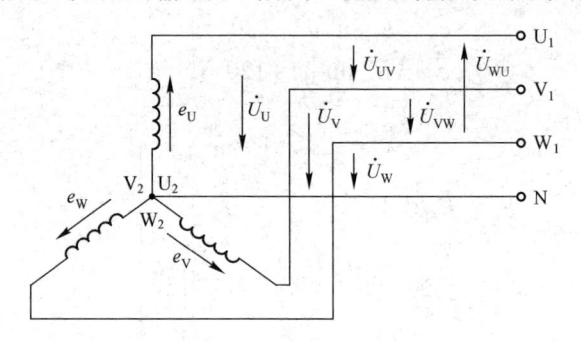

图 2-20　三相电源的星形连接

三相四线制可输送两种电压：一种是相线与中线之间的电压，称为相电压，分别用 $\dot{U}_U$、$\dot{U}_V$、$\dot{U}_W$ 表示，对称的三相相电压的有效值常用 U_P 表示；另一种是相线与相线之间的电压，称为线电压，分别用 $\dot{U}_{UV}$、$\dot{U}_{VW}$、$\dot{U}_{WU}$ 表示，对称的三相线电压的有效值常用 U_L 表示。

通常规定各相电动势的参考方向为从绕组的末端指向始端，相电压的参考方向为从相线指向中线，线电压的参考方向为由第一下标的相线指向第二下标的相线，如 $\dot{U}_{UV}$ 则由 U 相线指向 V 相线。由如图 2-20 所示的电压参考方向，可得到线电压与相电压的关系为

$$\left.\begin{aligned} \dot{U}_{UV} &= \dot{U}_U - \dot{U}_V \\ \dot{U}_{VW} &= \dot{U}_V - \dot{U}_W \\ \dot{U}_{WU} &= \dot{U}_W - \dot{U}_U \end{aligned}\right\} \quad (2\text{-}38)$$

在对称三相电源中，有

$$\left.\begin{aligned} \dot{U}_{UV} &= U\angle 0° - U\angle -120° = \sqrt{3}\dot{U}_U\angle 30° \\ \dot{U}_{VW} &= U\angle -120° - U\angle 120° = \sqrt{3}\dot{U}_V\angle 30° \\ \dot{U}_{WU} &= U\angle 120° - U\angle 0° = \sqrt{3}\dot{U}_W\angle 30° \end{aligned}\right\} \quad (2\text{-}39)$$

上式表明，对称三相电源是星形连接时，线电压与相电压的有效值关系为 $U_L = \sqrt{3}U_P$；相位关系为线电压超前对应的相电压 30°。

线电压与相电压的数量关系及相位关系，也可通过作相量图的方法得出，如图 2-21 所示。

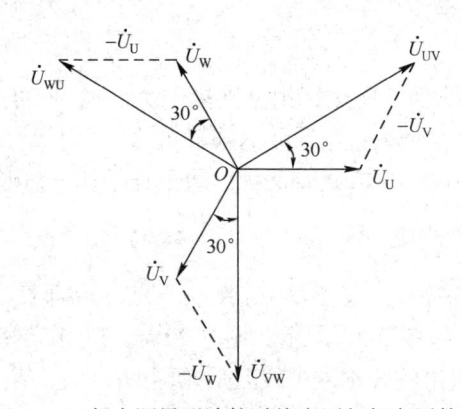

图 2-21　三相电源星形连接时线电压与相电压的关系

一般低压供电的线电压是 380V，它的相电压是 220V。负载可根据额定电压决定其接法：若负载额定电压为 380V，就接在两根相线之间；若负载额定电压为 220V，就接在相线和中线之间。必须注意：没有特殊说明的三相电源和三相负载的额定电压都是指线电压。

2. 三相电源三角形（△）连接

将三相发电机每一相绕组的末端与另一相绕组的始端依次连接，从三个连接点引出三根相线，这种连接方式称为三角形连接，如图 2-22 所示。

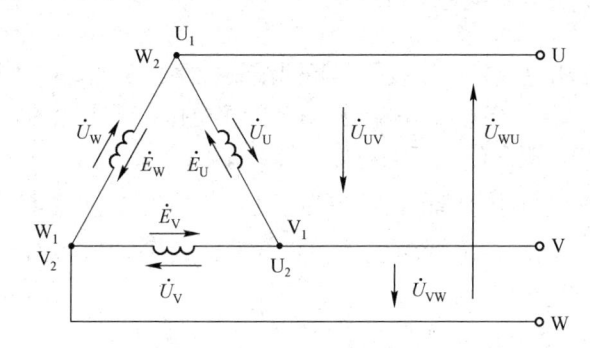

图 2-22 三相电源的三角形连接

由图 2-22 可知，三相电源是三角形连接时，线电压等于相电压，即

$$\begin{cases} \dot{U}_{UV} = \dot{U}_{U} \\ \dot{U}_{VW} = \dot{U}_{V} \\ \dot{U}_{WU} = \dot{U}_{W} \end{cases} \quad (2\text{-}40)$$

当对称三相电源三角形正确连接时，由于 $\dot{U}_{U} + \dot{U}_{V} + \dot{U}_{W} = 0$，所以电源内部无环流。若接错，则可能形成很大的环流，以致烧坏绕组，这是不允许的。发电机绕组一般不采用三角形连接而采用星形连接。

> **能力训练**
>
> （1）对称三相电源有什么特点？有几种连接方法？各有什么特点？
> （2）对称三相电源三角形连接时，若其中一相接反，会发生什么情况？

任务八　三相电路中负载连接

> **能力目标**
>
> （1）熟练掌握负载的连接方式。
> （2）掌握对称三相负载的线电压与相电压的关系，线电流与相电流的关系。

日常使用的各种电器根据其特点可分为单相负载和三相负载两大类。只取用单相交流电的用电设备，如电灯、电炉、电烙铁等，称为单相负载。需同时取用三相交流电的用电设备，如三相异步电动机、大功率电炉及作一定连接的三组单相用电设备等，称为三相负载。各相阻抗均相同的三相负载称为对称三相负载，否则称为不对称三相负载。三相负载有星形（Y）和三角形（△）两种连接方法，二者各有特点，适用于不同的场合，应注意不要弄错，否则会酿成事故。

一、三相负载星形（Y）连接

图 2-23 所示为三相负载星形连接的三相四线制电路。若忽略中线阻抗，则电源中点 N 与负载中点 N′ 等电位；若忽略相线阻抗，则负载的相电压等于电源的相电压，负载的线电压等于电源的线电压。相电压与线电压的有效值关系为 $U_L = \sqrt{3} U_P$。

在三相电路中，流过每相负载的电流称为相电流，用 $\dot{I}_{UV}$、$\dot{I}_{VW}$、$\dot{I}_{WU}$ 表示；流过相线的电流称为线电流，用 $\dot{I}_U$、$\dot{I}_V$、$\dot{I}_W$ 表示；流过中线的电流称为中线电流，用 $\dot{I}_N$ 表示。各电流的参考方向如图 2-23 所示。

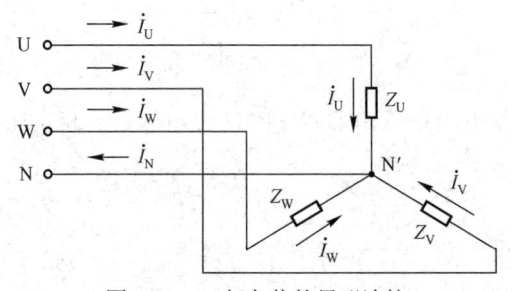

图 2-23　三相负载的星形连接

从图 2-23 可见，线电流等于相电流。中线电流为 $\dot{I}_N = \dot{I}_U + \dot{I}_V + \dot{I}_W$。

对于对称三相负载，因线电流 $\dot{I}_U$、$\dot{I}_V$、$\dot{I}_W$ 对称，故中线电流 $\dot{I}_N = 0$。此时可省略中线而构成三相三线制星形连接。

假设三相负载为对称负载，则有 $|Z_P| = |Z_U| = |Z_V| = |Z_W|$，式中，$|Z_P|$ 为每相负载阻抗，各相负载的线电流 I_L 与相电流 I_P 相等，即

$$I_L = I_P = \frac{U_P}{|Z_P|} \tag{2-41}$$

二、三相负载三角形（△）连接

图 2-24 所示为三相负载的三角形连接电路，各电流的参考方向如图所示。从图 2-24 中可看出，无论负载对称与否，各相负载所承受的电压均为对称的电源线电压。线电流与相电流的关系可由 KCL 得到。

如果三相负载对称，则三个相电流对称，设

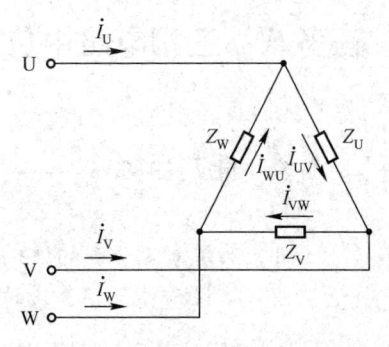

图 2-24　三相负载的三角形连接

项目二　正弦交流电路原理分析

$$\dot{I}_{UV} = I_P \angle 0°$$
$$\dot{I}_{VW} = I_P \angle -120°$$
$$\dot{I}_{WU} = I_P \angle 120°$$

由以上关系式与 KCL 可得

$$\left.\begin{aligned}\dot{I}_U &= \dot{I}_{UV} - \dot{I}_{WU} = I_P \angle 0° - I_P \angle 120° = \sqrt{3}\dot{I}_U \angle -30°\\ \dot{I}_V &= \dot{I}_{VW} - \dot{I}_{UV} = I_P \angle -120° - I_P \angle 0° = \sqrt{3}\dot{I}_V \angle -30°\\ \dot{I}_W &= \dot{I}_{WU} - \dot{I}_{VW} = I_P \angle 120° - I_P \angle -120° = \sqrt{3}\dot{I}_W \angle -30°\end{aligned}\right\} \quad (2\text{-}42)$$

上式表明，对称三相负载是三角形连接时，三个线电流也对称，线电流与相电流的有效值关系为 $I_L = \sqrt{3}I_P$；相位关系为线电流滞后对应的相电流 $30°$。线电流与相电流的数量关系及相位关系，也可通过作相量图的方法得出，如图 2-25 所示。

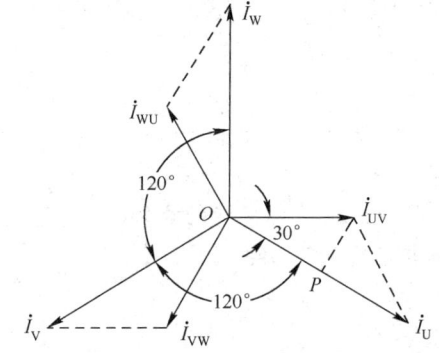

图 2-25　三相负载三角形连接时的线电流与相电流

[**例 2-7**]　大功率三相异步电动机在启动时，由于启动电流较大而采用降压启动，其方法之一是启动时将三相定子绕组接成星形连接，而在正常运行时改接为三角形连接。试比较当绕组作星形连接和作三角形连接时相电流的比值及线电流的比值。

解：当绕组作星形连接时，有

$$U_{YP} = \frac{U_L}{\sqrt{3}}$$

$$I_{YL} = I_{YP} = \frac{U_{YP}}{|Z|} = \frac{U_L}{\sqrt{3}|Z|}$$

当绕组作三角形连接时，有

$$U_{\triangle P} = U_L$$

$$I_{\triangle P} = \frac{U_{\triangle P}}{|Z|} = \frac{U_L}{|Z|}$$

$$I_{\triangle L} = \sqrt{3}I_{\triangle P} = \frac{\sqrt{3}U_L}{|Z|}$$

因此，两种连接时相电流的比值为

$$\frac{I_{YP}}{I_{\triangle P}} = \frac{U_L/\sqrt{3}|Z|}{U_L/|Z|} = \frac{1}{\sqrt{3}}$$

线电流的比值为

$$\frac{I_{\text{YL}}}{I_{\triangle\text{L}}} = \frac{U_\text{L}/\sqrt{3}|Z|}{\sqrt{3}U_\text{L}/|Z|} = \frac{1}{3}$$

可见，三相异步电动机采用星形-三角形（Y-△）降压启动时的线电流仅是直接采用三角形连接启动时的线电流的1/3。

能力训练

（1）在三相四线制中，若负载不对称，为了保证负载正常工作，保险能否安装在中线中？

（2）三相负载星形连接时，测出三相电流相等，能否认为三相负载是对称的？

任务九 三相交流电路功率

能力目标

（1）理解对称三相电路的特点及各种功率的意义。
（2）熟练掌握对称三相电路的计算方法。

一、有功功率

在三相交流电路中，无论三相负载是星形连接，还是三角形连接，三相负载消耗的总的有功功率必等于各相负载消耗的有功功率之和，即

$$P = P_\text{U} + P_\text{V} + P_\text{W} = U_\text{U}I_\text{U}\cos\varphi_\text{U} + U_\text{V}I_\text{V}\cos\varphi_\text{V} + U_\text{W}I_\text{W}\cos\varphi_\text{W} \tag{2-43}$$

式中，U_U、U_V、U_W 为各相电压；I_U、I_V、I_W 为各相电流；$\cos\varphi_\text{U}$、$\cos\varphi_\text{V}$、$\cos\varphi_\text{W}$ 为各相负载的功率因数。

在对称三相电路中，每相有功功率相等，因此，三相总的有功功率为

$$P = 3P_\text{P} = 3U_\text{P}I_\text{P}\cos\varphi_\text{P} \tag{2-44}$$

由于在三相电路中，测量线电压和线电流往往比较方便，因此三相功率的计算公式常用线电压和线电流来表示。

当对称负载作星形连接时，$U_\text{L} = \sqrt{3}U_\text{P}$，$I_\text{P} = I_\text{L}$，于是三相总的有功功率为

$$P_\text{Y} = 3U_\text{P}I_\text{P}\cos\varphi_\text{P} = 3\frac{U_\text{L}}{\sqrt{3}}I_\text{L}\cos\varphi_\text{P} = \sqrt{3}U_\text{L}I_\text{L}\cos\varphi_\text{P}$$

当对称负载作三角形连接时，$U_\text{L} = U_\text{P}$，$I_\text{L} = \sqrt{3}I_\text{P}$，于是三相总的有功功率为

$$P_\text{Y} = 3U_\text{P}I_\text{P}\cos\varphi_\text{P} = 3U_\text{L}\frac{I_\text{L}}{\sqrt{3}}\cos\varphi_\text{P} = \sqrt{3}U_\text{L}I_\text{L}\cos\varphi_\text{P}$$

可见，在对称电路中，无论负载是星形连接，还是三角形连接，三相总的有功功率的计算公式均为

$$P_Y = \sqrt{3}U_L I_L \cos\varphi_P \qquad (2\text{-}45)$$

注意：式中的 φ_P 为相电压与相电流之间的相位差。

二、无功功率

在对称三相电路中，与三相有功功率类似，三相总的无功功率为

$$Q = 3Q_P = 3U_P I_P \sin\varphi_P = \sqrt{3}U_L I_L \sin\varphi_P \qquad (2\text{-}46)$$

三、视在功率

三相视在功率为

$$S = \sqrt{P^2 + Q^2} \qquad (2\text{-}47)$$

在对称三相电路中，三相视在功率为

$$S = 3S_P = 3U_P I_P = \sqrt{3}U_L I_L \qquad (2\text{-}48)$$

[例 2-8] 三相负载 $Z = 8 + 6j\,\Omega$，接于线电压为 380V 的电源上，试求分别作星形连接和三角形连接时三相电路总的有功功率。

解：每相阻抗 $Z = 8 + 6j = 10\angle 36.9°\,\Omega$。作星形连接时，线电流 $I_L = 22\,A$，故三相总的有功功率为

$$P_Y = \sqrt{3}U_L I_L \cos\varphi_P = \sqrt{3} \times 380 \times 22 \times \cos 36.9° \approx 11.58\,(\text{kW})$$

作三角形连接时，线电流 $I_L = 66\,A$，故三相总的有功功率为

$$P_Y = \sqrt{3}U_L I_L \cos\varphi_P = \sqrt{3} \times 380 \times 66 \times \cos 36.9° \approx 34.74\,(\text{kW})$$

计算表明，在电源电压不变时，同一负载由星形连接改为三角形连接时，其功率增加到原来的三倍。因此，若要使负载正常工作，则负载的连接必须正确。若正常工作是星形连接的负载，误作三角形连接，则将因功率过大而被烧毁；若正常工作是三角形连接的负载，误作星形连接，则将因功率过小而不能正常工作。

能力训练

在电源不变的情况下，三相对称负载由星形连接变为三角形连接，消耗的功率是否相等？

技能训练三　日光灯电路的安装

1. 训练目的

（1）探究正弦稳态交流电路中电压电流相量之间的关系。
（2）学会日光灯线路的连接。
（3）理解提高电路功率因数的意义和方法。

(4)熟悉功率表的使用方法。

2. 仪器、设备及元器件

(1)自耦调压器一台,交流电压表(0~500V)、交流电流表(0~5A)、功率表各一只,电流插座三个。

(2)日光灯灯管(40W)一只,镇流器、启辉器(与40W灯管配用)各一只,电容器(1μF、2.2μF、4.7μF)。

3. 训练内容

1)日光灯线路连接与测量

日光灯安装电路如图 2-26 所示,图中标记着 W 的表为功率表,电流、电压参考方向如图所示。

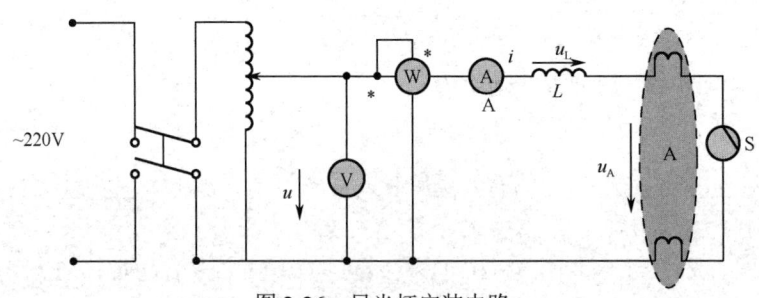

图 2-26 日光灯安装电路

(1)按如图 2-26 所示电路接线。经指导教师检查后接通实验台电源,调节自耦调压器的输出,使其输出电压缓慢增大,直到日光灯点亮为止,记下三表的指示值。

(2)将电压调至 220V,测量功率 P,电流 I,电压 U、U_L、U_A 的值并填入表 2-1 中,验证电压、电流相量之间的关系。

表 2-1 测量数据

项 目	测量数值					计算值	
	P/W	$\cos\varphi$	I/A	U/V	U_L/V	U_A/V	R/Ω	$\cos\varphi$
启动值								
正常工作值								

2)日光灯电路功率因数提高

(1)按如图 2-27 所示电路连接实验线路。经指导教师检查后,接通实验台电源,将自耦调压器的输出调至 220V,记录功率表、电压表读数。

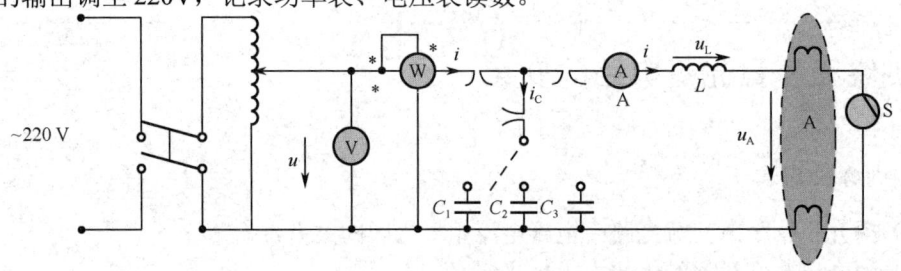

图 2-27 日光灯测试电路

(2) 通过一只电流表和三个电流插座分别测得三条支路的电流,改变电容值,进行三次重复测量。将测量数据记入表 2-2 中。

表 2-2 测量数据

项 目	测量数值					计算值		
	P/W	$\cos\varphi$	U/V	I/A	I_L/A	I_A/A	I'/A	$\cos\varphi$
C_1								
C_2								
C_3								

技能训练四 照明电路配电板的安装

1. 训练目的

(1) 掌握导线正确、可靠的连接方法。
(2) 了解照明电路的原理、构成和接线方法。
(3) 会使用常见电工工具。

2. 仪器、工具

导线、灯座、插座、灯泡、剥线钳、尖嘴钳、电工锤、布线木板、开关、线卡。

3. 训练方法

1) 照明开关和插座接线

(1) 照明开关的接线。照明开关是控制灯具的电气元件,起控制照明电灯的亮与灭的作用(接通或断开照明线路)。开关有明装和暗装之分,现家庭一般是暗装开关。开关的接线如图 2-28 所示。注意:相线(火线)进开关。

(2) 插座接线。根据电源电压的不同,插座可分为三相四孔插座和单相三孔或二孔插座;家庭用的插座一般都是单相插座,实验室一般要安装三相插座。根据安装形式不同,插座又可分为明装式和暗装式,现家庭一般都是暗装插座。单相二孔插座有横装和竖装两种。横装时,接线原则是左零右相;竖装时,接线原则是上相下零;单相三孔插座的接线原则是左零右相上接地,如图 2-29 所示。另外,在接线时也可根据插座后面的标识,L 端接相线,N 端接零线,E 端接地线。

注意: 根据标准规定,相线(火线)是红色线,零线(中性线)是黑色线,接地线是黄绿双色线。

2) 照明开关和插座的安装

首先在准备安装开关和插座的地方钻孔,然后按照开关和插座的尺寸安装线盒,接着按接线要求,将盒内甩出的导线与开关、插座的面板连接好,将开关或插座推入盒内对正盒眼,用螺丝固定。固定时要使面板端正,并与墙面平齐。安装好的开关和插座如图 2-30 和图 2-31 所示。

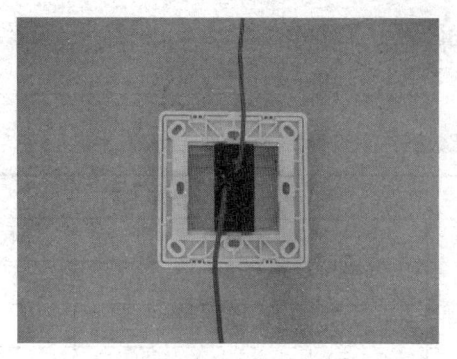

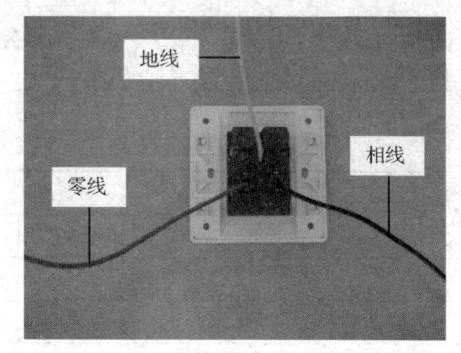

图 2-28　开关的接线　　　　　　　　　图 2-29　单相三孔插座的接线

图 2-30　安装好的开关　　　　　　　　图 2-31　安装好的插座

3）灯座（灯头）的安装

插口灯座上的两个接线端子，可任意连接零线和来自开关的相线；但是螺口灯座上的接线端子，必须把零线连接在连通螺纹圈的接线端子上，把来自开关的相线连接在连通中心铜簧片的接线端子上，如图 2-32 和图 2-33 所示。

图 2-32　灯座的接线　　　　　　　　　图 2-33　灯座的固定

4）漏电保护器（漏电断路器）的接线与安装

漏电保护器对电气设备的漏电电流极为敏感。人体接触漏电的用电器，产生的漏电电流只要达到 10～30mA，就能使漏电保护器在极短的时间（如 0.1s）内跳闸，切断电源，有效地防止触电事故的发生。漏电保护器还有断路器的功能，它可以在交、直流低压电路中手动或电动分合电路。

（1）漏电保护器接线。

电源进线必须接在漏电保护器的正上方，即外壳上标有"电源"或"进线"的端；出线均接在下方，即标有"负载"或"出线"的端。倘若把进线、出线接反了，将会导致保护器动作后烧毁线圈或影响保护器的接通、分断能力，具体如图2-34所示。

（2）漏电保护器安装。

① 漏电保护器应安装在进户线截面较小的配电盘上或照明配电箱内，如图2-35所示，安装在电度表之后，熔断器之前。

② 所有照明线路导线（包括中性线在内），均必须通过漏电保护器，且中性线必须与地绝缘。

③ 应垂直安装，倾斜度不得超过5°。

④ 安装漏电保护器后，不能拆除单相闸刀开关或熔断器等。这样做有两个好处：一是维修设备时有一个明显的断开点；二是闸刀或熔断器起着短路或过负荷保护作用。

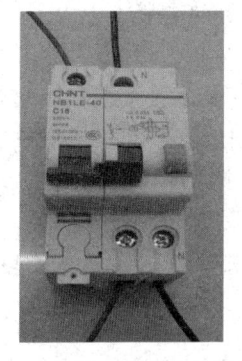

图2-34　漏电保护器的接线　　　　图2-35　配电盘上的漏电保护器

5）熔断器的安装

低压熔断器广泛用于低压供配电系统和控制系统中，主要用作电路的短路保护，有时也可用于过负载保护。常用的熔断器有瓷插式、螺旋式、无填料封闭式和有填料封闭式。使用时熔断器串联在被保护的电路中，当电路发生短路故障，通过熔断器的电流达到或超过某一规定值时，熔断器以其自身产生的热量使熔体熔断，从而自动分断电路，起到保护作用。低压熔断器及接线如图2-36所示。

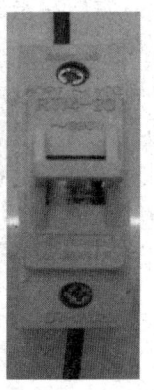

图2-36　低压熔断器及接线

熔断器的安装要点：
（1）安装熔断器时必须在断电情况下操作。
（2）安装位置及相互间距应便于更换熔件。
（3）应垂直安装，并应能防止电弧飞溅至临近带电体。
（4）螺旋式熔断器在接线时，为了更换熔断管时保障人体安全，下接线端应接电源，而连螺口的上接线端应接负载。
（5）瓷插式熔断器安装熔丝时，熔丝应顺着螺钉旋紧方向绕过去，同时注意不要划伤熔丝，也不要把熔丝绷紧，以免减小熔丝截面尺寸或拉断熔丝。
（6）有熔断指示的熔管，其指示器方向应装在便于观察侧。
（7）更换熔体时应切断电源，并应换上相同额定电流的熔体，不能随意加大熔体。
（8）熔断器应安装在线路的各相线（火线）上，在三相四线制的中性线上严禁安装熔断器；单相二线制的中性线上应安装熔断器。

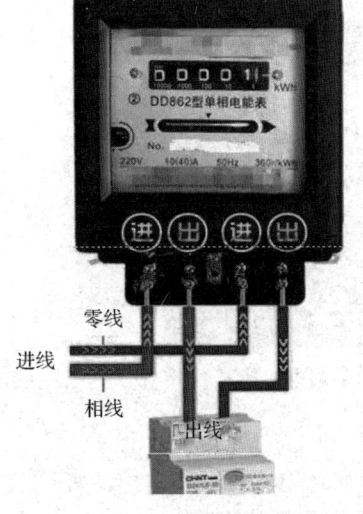

6）单相电能表（电度表）的安装
（1）单相电能表接线。
单相电能表接线盒里共有四个接线桩，从左至右按1、2、3、4编号。直接接线方法是按编号1、3接进线（1接相线，3接零线），2、4接出线（2接相线，4接零线），如图2-37所示。

注意：在具体接线时，应以电能表接线盒盖内侧的线路图为准。

（2）电能表的安装要点。
① 电能表应安装在箱体内或涂有防潮漆的木制底盘、塑料底盘上。
② 为确保电能表的精度，安装时表的位置必须与地面保持垂直，其垂直方向的偏移不大于1°。表箱的下沿离地高度应为1.7～2m，暗式表箱下沿离地1.5m左右。

图2-37 单相电能表的接线

③ 单相电能表一般应装在配电盘的左边或上方，而开关应装在配电盘的右边或下方。与上、下进线间的距离大约为80mm，与其他仪表的左右距离大约为60mm。
④ 电能表一般应安装在走廊、门厅、屋檐下，切忌安装在厨房、厕所等潮湿或有腐蚀性气体的地方。现住宅多采用集表箱安装在走廊。
⑤ 电能表的进线出线应使用铜芯绝缘线，线芯截面不得小于1.5mm。接线要牢固，不可焊接，裸露的线头部分不可露出接线盒。
⑥ 由供电部门直接收取电费的电能表，一般先由指定部门验表，然后由验表部门在表头盒上封铅封或塑料封，安装完后，再由供电局直接在接线桩头盖上或计量柜门封铅封或塑料封。未经允许，不得拆掉铅封。

4．训练内容

1）配电板的安装
按如图2-38所示实物图，在配电板上按预先的设计进行元器件的安装，其安装要求如下：

（1）元器件的安装位置必须正确，倾斜度要在 1.5～5mm 的范围内。
（2）同类元器件的安装方向必须保持一致。
（3）元器件安装要牢固，用手摇晃无松动感。
（4）文明安装，小心谨慎，不得损坏器材。

图 2-38　实验接线

2）通电前检查

通电前应先检查整个电路是否符合工艺要求，接线是否正确，是否美观牢固。然后用万用表的电阻挡测量是否有短路故障。测量方法：将万用表转到电阻挡，两个表笔接到电能表的 2、4 端子，在螺口灯座和插座没有接负载的情况下，电路应是不通的。如果万用表导通，则相线和中性线短路，在拉线开关或螺口灯座处可能存在错接。

3）通电测试

经检查无误后通电，观察漏电保护器和电能表的工作情况。按下漏电保护器的试跳按钮，保护器应动作，否则保护器有问题。电能表应正转，如果反转，则应为进线和出线接错。拉线开关、螺口灯座、插座等，通电后检查其功能是否正常，如不正常查找原因。

技能训练五　三相交流电路电压、电流和功率的测量

1．训练目的

（1）掌握三相负载的星形连接和三角形连接方法。
（2）掌握三相交流电压、电流的测量方法。
（3）理解相电压、相电流和线电压、线电流之间的关系，以及三相四线制供电系统中中线的作用。
（4）掌握三相交流电路功率、功率因数和相序的测量方法。
（5）熟悉功率表、功率因数表的使用方法，了解负载性质对功率因数的影响。

2．仪器、仪表及工具

三相交流电源、三相自耦调压器、交流电压表、交流电流表、功率表、三相灯组负载、电门插座等部件。

3．训练方法

（1）三相负载有三角形连接和星形连接两种方式。在对称三相电路中，若负载作星形连接，其线电压 U_L 与相电压 U_P 之间的关系为 $U_L = \sqrt{3}U_P$；若负载作三角形连接，其线电流 I_L 与相电流 I_P 之间的关系为 $I_L = \sqrt{3}I_P$。

负载不对称的星形连接的三相电路一般都采用三相四线制。因为如果不接中线，则中性点的位移会造成各相电压不对称，会使负载不能正常工作，甚至遭受损坏。接中线可以保证各相负载电压对称和各相负载间互不影响。

（2）三相负载所吸收的功率等于各相负载之和。在对称三相电路中，因各相负载所吸收的功率相等，故用一只功率表测出任一相的功率，乘以 3，即得三相负载的功率。在不对称三相四线制电路中，各相负载功率不等，可用三只功率表同时测出各相功率，然后相加，即得三相负载的功率。这种测量法称为三表法。

在不对称的三相三线制电路中，可使用两只功率表来测量三相功率，称为两表法。两表法测量的接线图如图 2-39 所示。两只功率表的电流线圈分别串入任意两相线（图示为 U、V 相），它们的电压线圈中的非同名端共同接至余下的一条相线上（图示为 W 相）。两只功率表读数的代数和等于待测的三相功率。

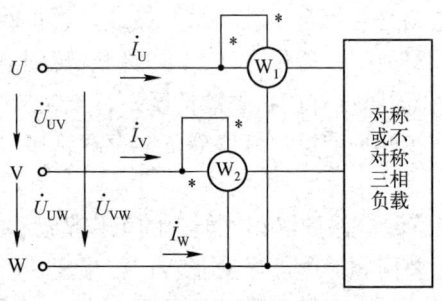

图 2-39　两表法测量的接线图

4．训练内容

1）完成负载作星形连接电路的参数的测量

（1）本实验用三组灯泡作为三相负载，每组有三个灯泡，每个灯泡都可由开关控制，按图 2-40 接线（负载尾部相连）。经检查无误方可通电。将三相调压器同轴旋钮调至电源线电压 U_{UV} 为 220V。设每相亮三盏灯作为负载对称的状况，将测量结果记入表 2-3 中。

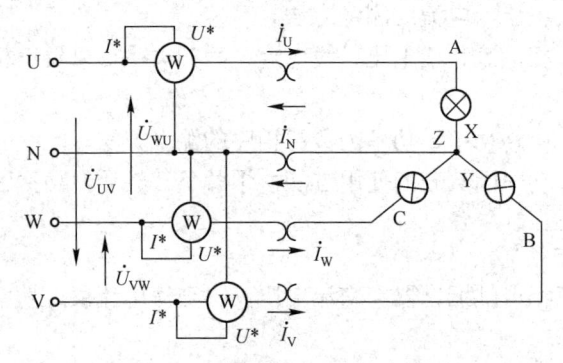

图 2-40　负载作星形连接实验图

（2）设三相分别亮一盏灯、亮两盏灯、亮三盏灯作为负载不对称的状况，将测量结果记入表 2-3 中。

表 2-3 测量结果

状态		线电压/V			相电压/V			线（相）电流/A			中线电流/A	三相功率/W			
		U_{UV}	U_{VW}	U_{WU}	U_U	U_V	U_W	I_U	I_V	I_W	I_N	P_U	P_V	P_W	P
负载对称	有中线												\	\	
	无中线												\	\	
负载不对称	有中线												\	\	
	无中线												\	\	

2）完成负载作三角形连接电路的参数的测量

按图 2-41 接线（负载首尾相连），经检查无误方可通电。操作同上。

将负载对称与负载不对称情况的测量结果记入表 2-4 中。

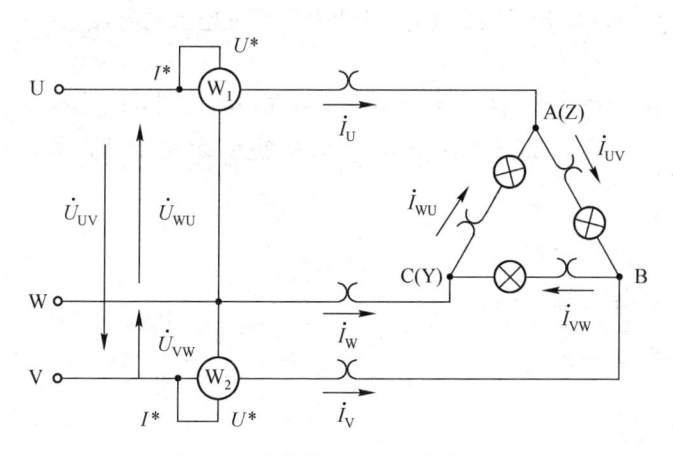

图 2-41 负载作三角形连接实验图

表 2-4 测量结果

状态	线（相）电压/V			线电流/A			相电流/A			三相功率/W		
	U_{UV}	U_{VW}	U_{WU}	I_U	I_V	I_W	I_{UV}	I_{VW}	I_{WU}	P_1	P_2	P
负载对称												
负载不对称												

能力测试

一、基本能力测试

（1）某正弦量为 $5\sqrt{2}\sin(20t+45°)$，其中响应的相量为（　　）。

A．$-5\sqrt{2}\angle 45°$　　　　B．$5\angle 45°$　　　　C．$5\sqrt{2}\angle 45°$　　　　D．$5\angle 135°$

（2）如图 2-42 所示，正弦稳态电路，已知电源 U_s 的频率为 f 时，电流表 A 和 A_1 的读数分别为 0A 和 1A；若 U_s 的频率变为 $\dfrac{f}{2}$，而幅值不变，则电流表 A 的读数为（　　）。

A．0A　　　　B．0.5A　　　　C．1.5A　　　　D．2A

（3）对称三相电路中，三相正弦电压 Y 形连接，已知 $\dot{U}_{UV}=380\angle 0°$，则 $\dot{U}_U$ 应为（　　）。

A．$380\angle -30°$ V　　　B．$220\angle 30°$ V　　　C．$220\angle -30°$ V　　　D．$380\angle 30°$ V

（4）对称三相正弦电源接△形对称负载，线电流有效值为 10A，则相电流有效值为（　　）。

A．10A　　　　B．$10\sqrt{3}$A　　　　C．$\dfrac{10}{\sqrt{3}}$A　　　　D．30A

（5）正弦量的三要素是_____、_____、_____。

（6）已知 $\dot{I}_1=8-\text{j}6$A，$\dot{I}_2=-8+\text{j}6$A，其代表的正弦电流的时域表达式为 i_1=_____A，i_2=_____A。

（7）已知 $i_1=10\sin(\omega t+30°)$A，$i_2=6\sin(\omega t-60°)$A，则 i_1+i_2=_____A。

（8）如图 2-43 所示，已知电流表 A_1、A_2 的数值均为 10A，求电流表 A 的数值为_____A。

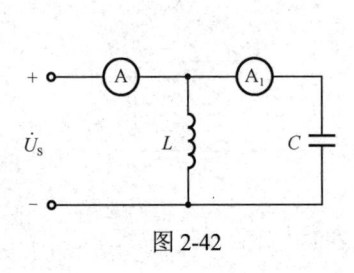

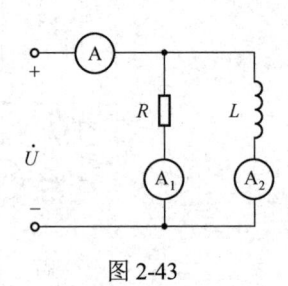

图 2-42　　　　　　　　　　图 2-43

（9）对称三相正弦电压，已知线电压 $\dot{U}_{UV}=380\angle 0°$ V，Y 形连接，则相电压 $\dot{U}_U=$_____。

（10）三相对称正弦电源，在任何瞬间总有 $u_U+u_V+u_W=$_____。

（11）某正弦电流的频率为 20Hz，有效值为 $5\sqrt{2}$ A，在 t=0 时，电流的瞬时值为 5A，此时刻电流在增加，求该电流的瞬时值表达式。

（12）已知正弦交流电压和电流分别为 $u=110\sin(\omega t+45°)$V，$i=7.07\sin(\omega t-45°)$A，试求它们的相位差，并画出它们的相量图。

（13）有一个电感为 25.5mH 的电感线圈，接在电压为 220V、频率为 50Hz 的电源上，试求：电感的感抗、通过电感线圈的电流有效值及电路的无功功率。

（14）有一个电容为 318μF 的电容器，接在电压为 220V、频率为 50Hz 的电源上，试求：电容的容抗、通过电容器的电流有效值及电路的无功功率。

（15）日光灯管和镇流器串联接在 220V、50Hz 的交流电源上，灯管可以看作 280Ω 的电阻，镇流器可以看作 20Ω 的电阻和 1.65H 的电感串联，试求电路的电流及灯管两端与镇流器两端的电压。

（16）电阻、电感、电容串联的正弦交流电路如图 2-44 所示，$R=30Ω$、$L=127$mH、$C=40μF$，电源电压 $u=220\sqrt{2}\sin(314t-53°)$。计算：（1）感抗 X_L、容抗 X_C；（2）计算 U_R、U_L、U_C；（3）画相量图。

图 2-44

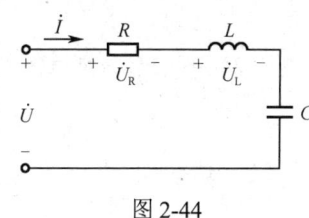

二、提升能力测试

（1）某单相 50Hz 的交流电源，其额定容量 $S_N = 40$kV·A，额定电压 $U_N = 220$V，供给照明电路，各负载都是 40W 的日光灯（可认为与 R_L 组成串联电路），其功率因数为 0.5。试求：
① 日光灯最多可点多少盏？
② 用补偿电容将功率因数提高到 1，这时电路的总电流是多少？需用多大的补偿电容？
③ 功率因数提高到 1 以后，除供给以上日光灯外，各保持电源在额定情况下工作，还可多点 40W 的白炽灯多少盏？

（2）有 20 只 220V、40W 的日光灯和 100 只 220V、40W 的白炽灯并联接在 220V、频率为 50Hz 的交流电源上，已知日光灯的功率因数为 0.5，求电路的有功功率、无功功率、视在功率和功率因数。

（3）一台单相电动机接在 220V、频率为 50Hz 的交流电源上，吸收 1.4kW 的功率，功率因数为 0.7，欲将功率因数提高到 0.9，需并联多大的电容？补偿的无功功率为多少？

（4）三相对称负载接在线电压为 380V 的三相电源上，每相负载的电阻为 8Ω，感抗为 6Ω。试求：①采用星形连接时负载的相电流和线电流；②采用三角形连接时负载的相电流和线电流。

（5）某三相对称负载作三角形连接，已知电源的线电压为 380V，测得线电流为 15A，三相功率 $P=8.5$kW，则三相对称负载的功率因数为多少？

（6）三相对称负载接在线电压为 230V 的三相电源上，每相负载的电阻为 12Ω，感抗为 16Ω。试求：①采用星形连接时负载的相电流和有功功率；②采用三角形连接时负载的相电流、线电流和有功功率。

项目小结

1. 正弦交流电的三要素及其表示

以电流为例，在确定参考方向下的解析式为
$$i(t) = I_m \sin(\omega t + \varphi_i) = \sqrt{2} I \sin(2\pi f t + \varphi_i)$$
式中，振幅值 I_m（有效值 I）、角频率 ω（或频率 f、周期 T）、初相 φ_i 是决定正弦交流电变化范围、变化快慢及其初始状态的三个因素，称为正弦交流电的三要素。

正弦交流电可以用波形图表示，也可以用相量表示为 $\dot{I} = I \angle \varphi_i$。

2．单一元件和连接约束的相量形式

（1）在关联参考方向下有

$$\dot{U} = \dot{I}R，\dot{U}_\mathrm{L} = \mathrm{j}\dot{I}X_\mathrm{L}，\dot{U}_\mathrm{C} = -\mathrm{j}\dot{I}X_\mathrm{C}$$

（2）基尔霍夫定律的相量形式为

$$\mathrm{KCL}：\sum \dot{I} = 0，\mathrm{KVL}：\sum \dot{U} = 0$$

3．功率

有功功率：

$$P = IU\cos\varphi$$

无功功率：

$$Q = IU\sin\varphi$$

视在功率：

$$S = IU$$

功率因素：

$$\cos\varphi = \frac{P}{S}$$

4．对称三相电压

对称三相电压的幅值相同，频率相同，彼此相位差为120°，即

$$\left.\begin{array}{l}\dot{U}_\mathrm{U} = U_\mathrm{P}\angle 0° \\ \dot{U}_\mathrm{V} = U_\mathrm{P}\angle -120° \\ \dot{U}_\mathrm{W} = U_\mathrm{P}\angle 120°\end{array}\right\}$$

$$\dot{U}_\mathrm{U} + \dot{U}_\mathrm{V} + \dot{U}_\mathrm{W} = 0$$

三相电压依次出现正的最大值（或零值）的先后次序，称为三相电源的相序。相序 U—V—W 称为正相序。

5．对称三相电源的连接

Y 形连接：三相四线制，有中线，提供两组电压，分别为线电压和相电压，线电压比相应相电压超前 120°，其值是相电压的 $\sqrt{3}$ 倍；三相三线制，无中线，提供线电压。

△形连接：只能是三相三线制，提供一组电压，电源线电压即电源的相电压。

6．三相负载的连接

Y 形连接：对称三相负载接成 Y 形，供电电路只需为三相三线制；不对称三相负载接成 Y 形，供电电路必须为三相四线制。

负载 Y 形连接时，负载的线电压就是电源的线电压；负载的相电压就是电源的相电压，每相负载相电压对称且为线电压的 $1/\sqrt{3}$；流过每相负载的电流称为相电流，通过每根相线上的电流称为线电流，线电流等于相电流。流过中性线的电流称为中性线电流，对于对称三相负载，中性线电流为零，可以把中性线去掉构成三相三线制电路。对于不对称三相负载，中性线电流不为零，必须采用有中线的三相四线制电路。中性线的作用就是保证负载相电压

对称。为了防止中性线突然断开，在中性线上不准安装开关或熔断器。

△形连接：三相负载接成△形，供电电路只需三相三线制。

负载△形连接时，负载的相电压等于电源的线电压，无论负载对称与否，负载的相电压是对称的。对于三相对称负载，线电流的相位滞后于相应的相电流 30°，线电流的值是相电流的 $\sqrt{3}$ 倍。

7. 三相电路的功率

对于对称三相电路，三相电路的功率为

$$P = \sqrt{3}I_L U_L \cos\varphi$$
$$Q = \sqrt{3}I_L U_L \sin\varphi$$
$$S = \sqrt{3}I_L U_L$$
$$\cos\varphi = \frac{P}{S}$$

项目自评表

序号	自评项目	自评内容	项目配分	项目得分	自评成绩
1	正弦交流电路的基础知识	正弦交流电路的产生过程	2分		
		正弦交流电的概念	2分		
		正弦交流电的三要素	4分		
		有效值概念	2分		
		正弦交流电的相量表示法	4分		
		正弦交流电表示法间的转换	4分		
2	纯元件电路的分析、计算	纯电阻电路的分析与计算	4分		
		纯电感电路的分析与计算	4分		
		纯电容电路的分析与计算	4分		
		相量图的绘制	4分		
3	交流电路的功率	有功功率及其计算	6分		
		无功功率及其计算	6分		
		视在功率及其计算	6分		
		功率因数提高的意义	2分		
		功率因数提高的方法	3分		
4	三相交流电源	三相电源连接方式	4分		
		三相电源的线电压与相电压	6分		
		三相电源两种连接方式线电压与相电压的关系	4分		
5	三相电路中负载的连接	三相负载连接方式	2分		
		三相负载星形或三角形连接时,线电压与相电压、线电流与相电流的关系	4分		
		中性线的作用	3分		
		负载接线方式的选择	6分		

续表

序号	自评项目	自评内容	项目配分	项目得分	自评成绩
6	三相交流电路的有用功率、无功功率及视在功率	三相交流电路的功率计算	10 分		
		三相交流电路的有功功率的测量方法	4 分		
能力缺失					
弥补办法					

项目三

三相异步电动机电气控制

➡ 学习指南

项目描述： 生产机械的工作几乎都是由电动机来拖动的，因此电动机的工作必须满足生产过程的控制要求，这种采用电动机作为原动机拖动生产机械工作的方式称为电力拖动。电气控制就是对拖动系统实施控制，电气控制最简单、最基本、最常用的控制方式是继-接控制，采用接触器、继电器、按钮、行程开关等电气元件组成控制电路，实现对电动机的启动、正反转、调速、顺序等控制。

电气控制系统中需要使用一些低压电器，组成一个较为完善、合适的电气控制系统，以实现拖动生产机械工作来满足生产任务的要求。只有掌握电气控制系统的工作原理，了解常用低压电器的作用和使用方法，学会和应用电动机进行电气控制相关的知识和技能，才能很好地操控生产机械，更好地满足生产需求。

学习导航

任 务	重 点	难 点	关 键 能 力
常用低压电器	常用低压电器的用途； 常用低压电器的分类； 常用低压电器的结构； 常用低压电器的技术参数	常用低压电器的工作原理； 常用低压电器的选用	常用低压电器的安装
三相异步电动机启动控制	三相异步电动机的结构； 三相异步电动机直接启动方法； 三相异步电动机降压启动方法	控制电路原理分析； 控制电路保护设置； 自锁、互锁的作用	常用电工工具的使用； 控制电路安装工艺； 三相异步电动机控制电器的选用
三相异步电动机电气制动控制	制动控制的目的和实现方法； 制动控制的注意事项	控制电路原理分析； 控制电路的绘制	控制电路安装工艺
三相异步电动机条件控制	顺序控制的实现方法； 多地控制的实现方法	控制电路原理分析； 简单控制电路设计	控制电路维修、维护； 三相异步电动机控制电路设计

任务十　常用低压电器使用分析

能力目标

（1）掌握常用低压电器的结构、工作原理和用途。
（2）了解常用低压电器的主要技术参数。
（3）掌握常用低压电器的选用方法。

一、低压电器分类

低压电器是指在交流电压为1200V及以下、直流电压为1500V及以下的电路中，对电路起控制、保护等作用的电器。

低压电器按结构、用途和控制对象不同有不同的分类方式，常用的分类方式有以下三种。

1．按用途和控制对象分类

低压电器按用途和控制对象不同可分为低压配电电器和低压控制电器两类，如低压断路器、熔断器、接触器、继电器等。

2．按工作原理分类

低压电器按工作原理不同可分为电磁式电器和非电量控制电器，如电磁式继电器、速度继电器等。

3．按动作方式分类

低压电器按动作方式不同可分为手动控制电器和自动控制电器，如刀开关、按钮、继电器等。

二、常用低压电器

1．刀开关

1）刀开关的用途

刀开关是低压配电电器中最简单的一种手动控制电器，用途非常广泛，品种也较多。其主要作用是隔离电源，故也称隔离开关。刀开关也可用于不频繁地接通、断开小容量负载。

刀开关分单极、双极和三极三种，常用产品有 HD11-HD14、HS11-HS13 单、双投刀开关系列，HK1、HK2 开启式负荷开关系列，HH3、HH4 封闭式负荷开关系列和 HR3 刀熔开关系列，HH3、HH4 铁壳开关系列等。

2）刀开关的结构及分类

HK 系列刀开关和铁壳开关的外形及结构分别如图 3-1、图 3-2 所示，刀开关的图形符号如图 3-3 所示。刀开关的基本结构由手柄、刀片（动触点）、触点座（静触点）和底座组成。

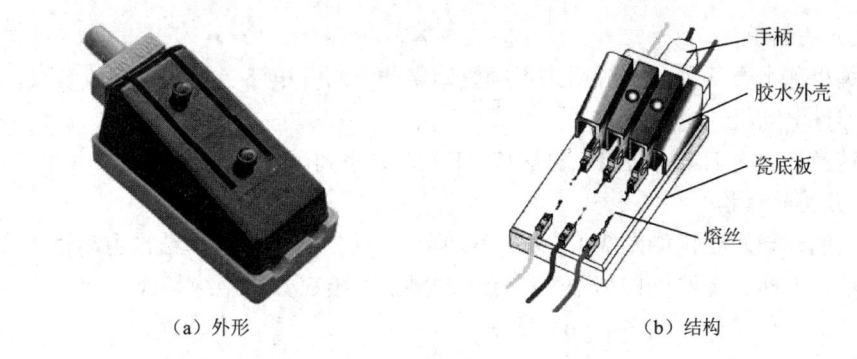

（a）外形　　　　　　（b）结构

图 3-1　HK 系列刀开关的外形及结构

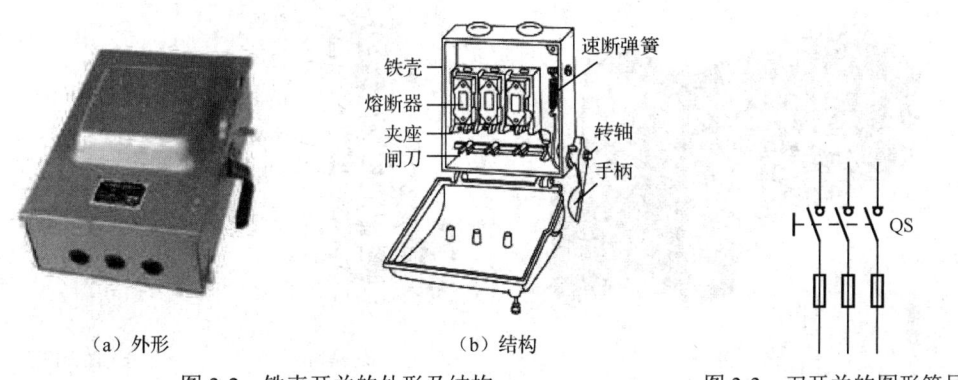

（a）外形　　　　　　（b）结构

图 3-2　铁壳开关的外形及结构　　　　图 3-3　刀开关的图形符号

3）刀开关的主要技术参数
（1）额定电压：在长期工作时承受的最大电压。
（2）额定电流：长期通过的最大允许电流。
（3）分断能力：刀开关断开电路的最大容量。

4）刀开关的安装
在安装刀开关时，应注意：
（1）手柄不能倒装。手柄一定要向上，防止倒装后手柄意外落下而接通电源，出现安全事故。
（2）电源接线在上端，负载接线在下端，保证断开后起到隔离电源的作用。
（3）不能将铁壳开关放置在地面上进行操作，也不能面对开关进行操作。
（4）开关的安装位置要有一定的高度。

5）刀开关的选用
（1）根据适用条件，选择合理的类型、极数和操作方式。
（2）刀开关额定电压应大于或等于线路电压。
（3）刀开关额定电流应大于或等于线路的工作电流。
对电动机负载，开启式负荷开关额定电流可取为电动机额定电流的 3 倍，封闭式负荷开关额定电流可取为电动机额定电流的 1.5 倍。

2. 转换开关

1) 转换开关的用途

转换开关也称组合开关，一般用来不频繁地接通或断开电路、换接电源或负载，也可以用来控制小容量电动机。

常用的转换开关有 HZ5、HZ10、HZ12、HZ15 等系列。

2) 转换开关的结构

转换开关的外形及结构如图 3-4（a）、(b) 所示。转换开关的基本结构由动触点（刀片）、静触点、转轴、手柄、定位机构和外壳组成，动触点叠装在数层绝缘垫板之间。

转换开关的图形符号如图 3-4（c）所示。

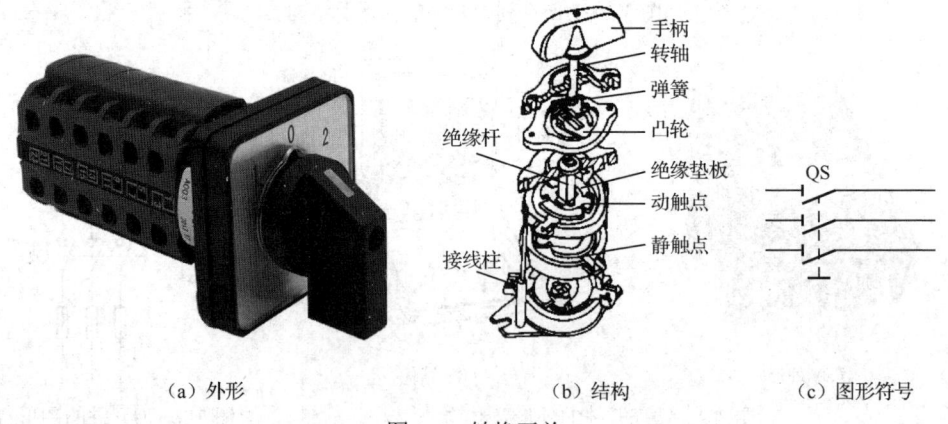

(a) 外形　　　　　　(b) 结构　　　　　　(c) 图形符号

图 3-4　转换开关

3) 转换开关的主要技术参数

转换开关的主要技术参数有额定电压、额定电流和极数等。

4) 转换开关的选用

转换开关的选用方法与刀开关相同。

3. 控制按钮

1) 控制按钮的用途及分类

控制按钮属于主令电器，在控制电路中，用于接通或断开小电流电路。控制按钮按功能分为自动复位按钮和带锁定功能的按钮；按结构分为单个按钮、双位按钮和三位按钮；按操作方式分为一般式按钮、蘑菇头急停式按钮、旋转式按钮和钥匙式按钮等。其颜色有红、绿、黑、黄、蓝、白、灰等，通常用红色按钮作为停止按钮，绿色按钮作为启动按钮，黑色按钮作为点动按钮。

常用的控制按钮有 LA2、LA4、LA10、LA18、LA19、LA20、LA25 等系列，引进国外技术的有 LAY3、LAY5、LAY8、LAY9 系列和 NP2、NP3、NP4、NP5、NP6 等系列。LA19 系列按钮与指示灯组合，可用于工作状态、预警、故障及其他信号指示。

2) 控制按钮的结构及工作原理

控制按钮的外形及结构如图 3-5（a）、(b) 所示。控制按钮的基本结构一般由按钮帽、桥式动触点、静触点、复位弹簧和外壳组成，触点分为动合触点和动断触点。

控制按钮的图形符号如图 3-5（c）所示。

工作原理：对自复式按钮，按下按钮，动断触点先断开，动合触点后闭合；松开按钮，在复位弹簧的作用下按钮自动复位，即动合触点先断开，动断触点后闭合。对带自保持机构的按钮，第一次按下后，机械结构锁定，松手后不能自动复位，必须第二次按下后，锁定机构脱扣，再松手才能自动复位。

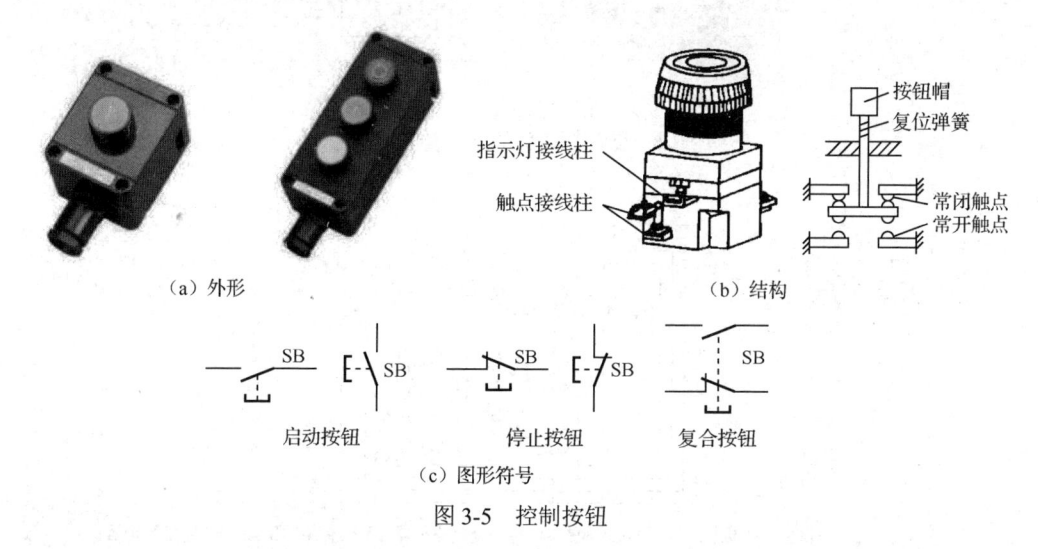

（a）外形　　　　　　　　　　（b）结构

启动按钮　　停止按钮　　复合按钮

（c）图形符号

图 3-5　控制按钮

3）控制按钮的主要技术参数

控制按钮的主要技术参数有额定电压、额定电流等。

4）控制按钮的选用

控制按钮的选用主要依据控制电路需要的触点数、动作要求、是否需要指示灯、使用场所和颜色等。

4. 空气开关

1）空气开关的用途

空气开关也称断路器，其利用空气熄灭开关过程中的电弧，因此称为空气开关。空气开关可接通、断开电路和承载额定工作电流，并能在线路和电动机发生过载、短路、欠压的情况下进行可靠的保护，它的功能相当于闸刀开关、过电流继电器、失压继电器、热继电器及漏电保护器等电器部分或全部功能的总和。

空气开关具有多种保护功能，同时具有动作值可调、分段能力高、操作方便、安全可靠等优点，在低压电路中被广泛使用。

常用的低压断路器有塑壳式（装置式）断路器和万能式（框架式）断路器两类。常用的产品有 DW15、DW16、DW17、DW15HH 等系列万能式断路器及 DZ5、DZ10、DZX10、DZ15、DZ20 等系列塑壳式断路器。

2）低压断路器的结构及工作原理

低压断路器主要由触点系统、灭弧装置、脱扣机构、传动机构等部分构成。低压断路器的外形及图形符号如图 3-6 所示。低压断路器的内部结构如图 3-7 所示。

(a) 外形　　(b) 图形符号

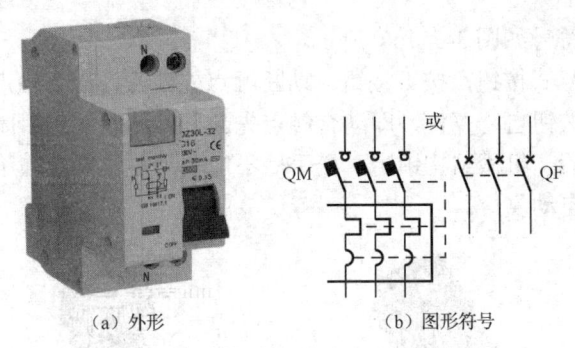

图 3-6　低压断路器的外形及图形符号

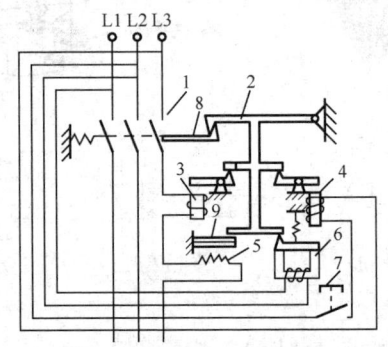

1—主触点；2—自由脱扣机构；3—过电流脱扣器；4—分励脱扣器；5—加热电阻丝；6—欠压脱扣器；
7—脱扣按钮；8—跳钩；9—热脱扣器

图 3-7　低压断路器的内部结构

当线路短路或严重过载时，静触点周围的芳香族绝缘物气化，起到冷却灭弧作用，因此低压断路器具有很强的分断能力和限流能力；当短路电流超过瞬时脱扣整定电流时，电磁脱扣器产生足够大的吸力，将衔铁吸合并撞击杠杆，使搭钩绕转轴座向上转动与锁扣脱开，锁扣在反力弹簧的作用下将三副主触点分断，切断电源。

当线路一般性过载时，过载电流虽然不能使电磁脱扣器动作，但能使热元件产生一定热量，促使双金属片受热向上弯曲，推动杠杆使搭钩与锁扣脱开，将主触点分断，切断电源。

当线路电压正常时，欠压脱扣器产生电磁吸力吸住衔铁，主触点闭合。电路电压严重下降或断电后，衔铁释放，主触点断开，起到失压和欠压保护作用。

3）低压断路器的安装

(1) 在安装前应擦净脱扣器电磁铁工作面上的防锈漆脂。

(2) 当低压断路器与熔断器配合使用时，为保证使用的安全，熔断器应尽可能装在低压断路器之前。

(3) 不允许随意调整电磁脱扣器的整定值。

(4) 使用一段时间后，应检查弹簧是否生锈、卡住，以防弹簧不能正常动作。

(5) 如有严重的电灼伤痕迹，可用干布擦去；如触点烧毛，可用砂纸或细锉修整，主触点一般不允许用锉刀修整。

(6) 应经常清除灰尘，防止绝缘水平降低。

4）低压断路器的选用

(1) 低压断路器的额定电压应不低于线路的额定电压。

(2) 低压断路器的额定电流应不小于负载电流。
(3) 脱扣器的额定电流应不小于负载电流。
(4) 极限分断能力应不小于线路中最大短路电流。
(5) 线路末端单相对地短路电流与瞬时脱扣器整定电流之比应不小于 1.25。
(6) 欠压脱扣器额定电压应等于线路额定电压。

5. 交流接触器

1) 交流接触器的用途

交流接触器用于远距离通、断交流电路或控制交流电动机的频繁起停,属于遥控电器。

常用的交流接触器有 CJ20、CJ24、CJ40 等系列,还有西门子 3TB、3TF 系列和 TE 公司 LC1、LC2 系列等。

2) 交流接触器的结构

交流接触器的外形及内部结构如图 3-8 所示,其图形符号如图 3-9 所示。

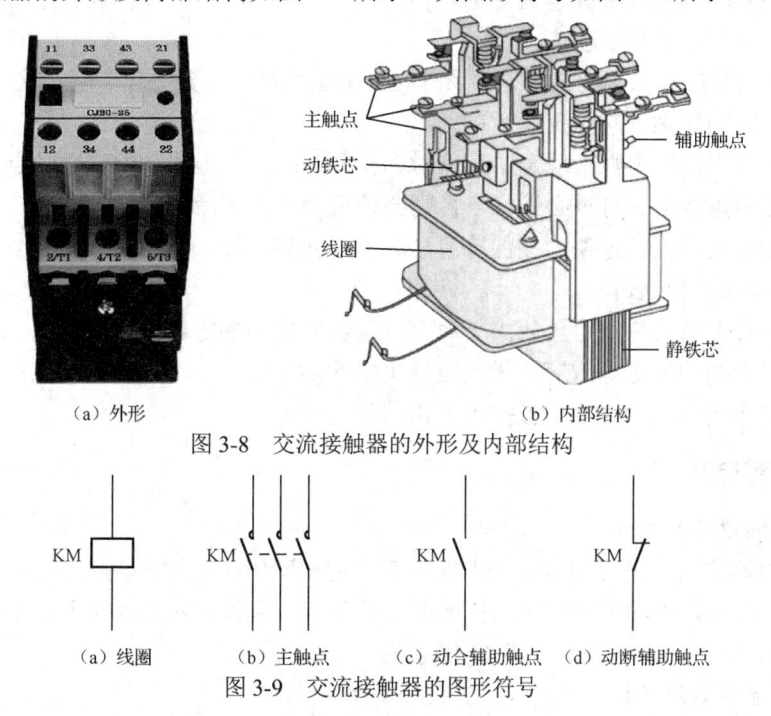

图 3-8 交流接触器的外形及内部结构

图 3-9 交流接触器的图形符号

(1) 电磁系统。

电磁系统由线圈、动铁芯、静铁芯和短路环等组成。线圈通电后,在铁芯中产生电磁力,吸引动铁芯动作,带动触点系统动作。短路环的作用是减小电磁噪音和振动,也称减振环。

(2) 触点系统。

触点系统包括主触点和辅助触点,一般有三对常开主触点。主触点接在主电路中,用来接通或断开主电路;辅助触点分为常开和常闭两种,辅助触点多用在控制电路中,用来实现各种控制。主触点相对于辅助触点体积更大一些。

常闭辅助触点是指在电磁系统未通电或触点不受外力的情况下为闭合状态的触点;如果在这种情况下触点为断开状态,则称为常开辅助触点。

(3）灭弧装置。

灭弧装置用来熄灭电弧。

（4）其他部分。

其他部分包括复位弹簧、缓冲弹簧、触点压力弹簧片和接线端子等。

3）交流接触器的工作原理

当线圈通电时，静铁芯产生电磁吸力，吸合动铁芯，交流接触器触点系统是与动铁芯联动的，所以动铁芯带动动触点同时动作，主触点闭合，常闭辅助触点断开，常开辅助触点闭合，从而接通电源。当线圈断电时，电磁吸力消失，动铁芯联动部分在弹簧的反作用力下分离，主触点断开，常闭辅助触点闭合，常开辅助触点断开，从而切断电源。

4）交流接触器的安装

（1）在安装前应先检查线圈的额定电压、额定电流等技术参数是否符合要求；检查接触器触点接触是否良好，有无卡阻现象；对新安装的接触器应擦净铁芯表面的防锈油。

（2）接触器一般应安装在垂直面上，倾斜度不得超过 5°。对有散热孔的接触器，散热孔应放在上下位置，以利于散热。

（3）在安装与接线时，切勿把零件遗落在接触器内部，以免引起卡阻，或引起短路故障。

（4）应拧紧固定螺钉，防止运行振动。

（5）当触点表面因电弧出现金属小珠时，应及时锉修，但银及银合金触点表面产生的氧化膜由于接触电阻很小，可不必锉修，否则会缩短触点的寿命。

（6）接触器的触点应定期清扫保持清洁，但不允许涂油。

5）交流接触器的选用

（1）交流接触器的额定电压应大于或等于负载回路的额定电压。

（2）吸引线圈的额定电压应与所接控制电路的额定电压等级一致。

（3）额定电流应大于或等于被控主回路的额定电流。

6. 中间继电器

1）中间继电器的用途

中间继电器实质上是一种电压继电器，其结构和工作原理与交流接触器相同，但它的触点数量较多，在电路中的主要作用是扩展触点的数量。另外，其触点的额定电流较小（5A）。常用的中间继电器有 JZ7、JZ15、JZ17 等系列。

2）中间继电器的结构

中间继电器的基本结构和交流接触器类似，但它没有主触点、辅助触点之分，且触点数量较多。中间继电器也是由线圈、静铁芯、动铁芯、触点系统和复位弹簧等组成的。中间继电器的外形、内部结构及图形符号如图 3-10 所示。

3）中间继电器的安装

中间继电器的安装方法和交流接触器类似，但由于中间继电器触点容量较小，一般不能接到主电路中。

4）中间继电器的选用

中间继电器的选用主要考虑触点的类型和数量，以及线圈额定电压的类型和数值。

（a）外形及内部结构

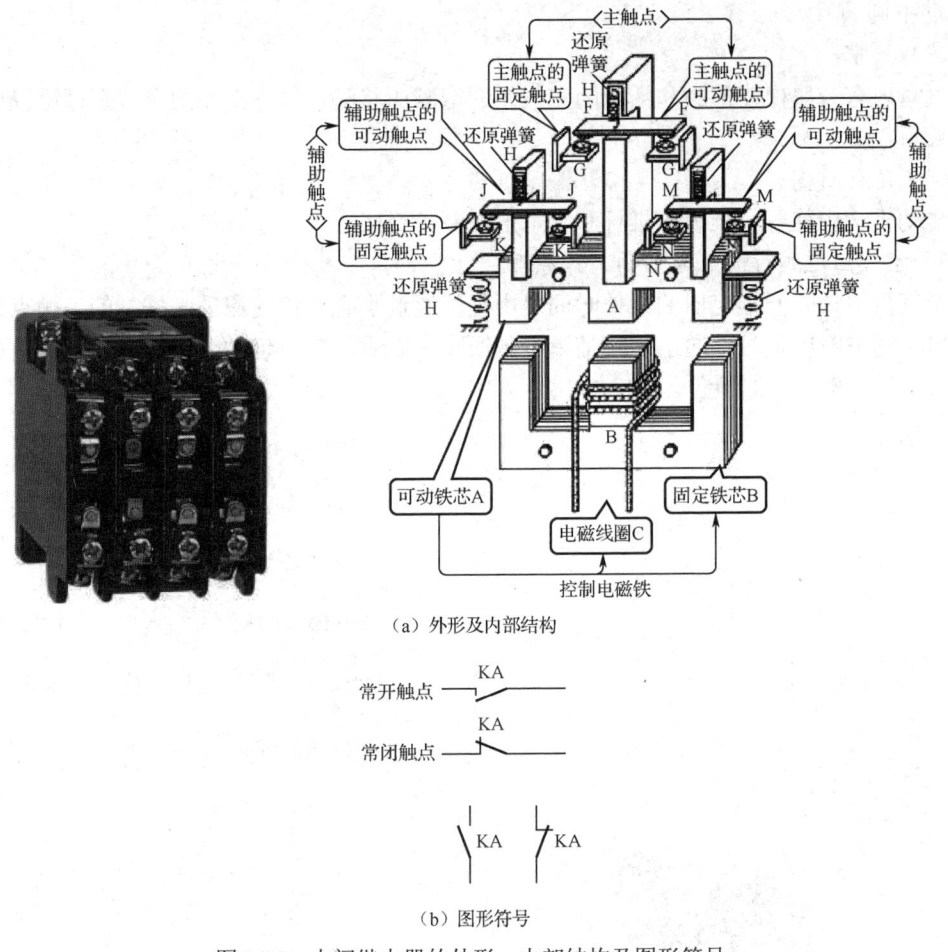

（b）图形符号

图 3-10 中间继电器的外形、内部结构及图形符号

7．时间继电器

1）时间继电器的用途

时间继电器是利用电磁原理和机械动作来使其触点获得延迟动作时间的。常用的时间继电器有 JS7、JS10、JS11、JSJ、JS14、JSS14、JSS20 等系列。

2）时间继电器的结构

按照动作原理来分，时间继电器有电磁式、电动式、空气阻尼式、晶体管式和数字式等类型。空气阻尼式时间继电器具有结构简单、工作可靠、价格低廉、寿命长等优点，是机床控制电路中常用的时间继电器。现以空气阻尼式时间继电器为例介绍其结构。

空气阻尼式时间继电器由电磁系统、触点、气室及传动机构等组成。JS7 系列时间继电器如图 3-11 所示。

（1）电磁系统。

电磁系统由线圈、动铁芯（衔铁）、静铁芯和反力弹簧等组成。

（2）触点。

触点分为瞬时触点和延时触点两种。不同型号的空气阻尼式时间继电器中两种触点的数量不同。

（3）气室。

气室内有一块橡皮薄膜和活塞随空气量的增减而移动，气室上面的调节螺钉可以调节延时的长短。

（4）传动机构。

传动机构由杠杆、推板、推杆和宝塔形弹簧等组成。

3）空气阻尼式时间继电器的工作原理

空气阻尼式时间继电器的动作时间是由空气通过小孔节流的原理来控制的。触点延时分为通电延时与断电延时。通电延时是指电磁线圈通电后，触点延时动作；断电延时是指电磁线圈断电后，触点延时复位。

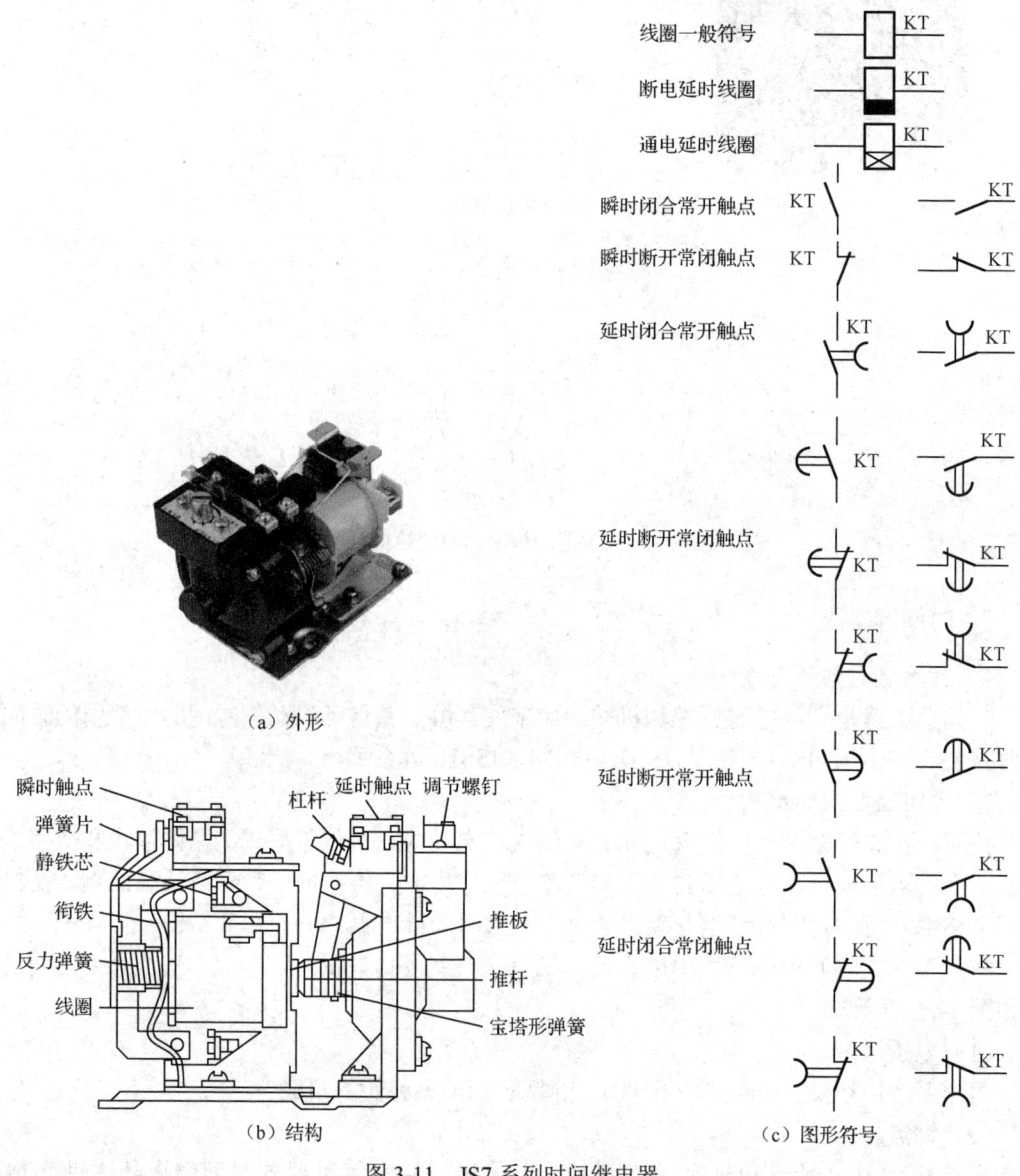

图3-11 JS7系列时间继电器

如图3-11（b）所示，当线圈通电后，衔铁克服反力弹簧的作用，与静铁芯吸合，活塞杆在宝塔形弹簧作用下向右移动，空气由进气孔进入气囊。经过一段时间后，活塞杆完成全部行程，通过杠杆压动微动开关，使常闭触点延时断开，常开触点延时闭合。

当线圈失电后，衔铁在反力弹簧作用下压缩宝塔形弹簧，同时推动活塞杆向左移动至左限位，杠杆随之运动，使微动开关瞬时复位，常闭触点瞬时闭合，常开触点瞬时断开。

当线圈通电后，衔铁克服反力弹簧的作用，与静铁芯吸合，衔铁推动推杆压缩宝塔形弹簧，推动活塞杆向左移动至左限位，杠杆随之运动，使微动开关动作，常闭触点瞬时断开，常开触点瞬时闭合。

当线圈断电后，衔铁在反力弹簧作用下与静铁芯分开，释放空间，活塞杆在宝塔形弹簧作用下向右移动，空气由进气孔进入气囊，经过一段时间后，活塞杆完成全部行程，通过杠杆压动微动开关，使常闭触点延时闭合，常开触点延时断开。

4）时间继电器的安装

（1）经常清除时间继电器上面的灰尘和油污，防止延时误差的增加。

（2）将线圈转180°就能将通电延时改为断电延时。同理也可将断电延时改为通电延时。

5）时间继电器的选用

（1）根据使用场合、工作环境选择时间继电器类型。

（2）根据控制电路中对延时触点的要求选择延时方式。

（3）根据线路工作电压选择电磁系统线圈的额定电压。

8．熔断器

1）熔断器的用途

熔断器是一种在电路中起短路保护（有时也起过载保护）作用的保护电器，以金属导体作为熔体串联在电路中，当过载或短路电流通过时，金属导体因自身发热而熔断，从而分断电路。熔断器结构简单，使用方便，广泛用于电力系统、各种电工设备和家用电器中。常用的熔断器有瓷插式、螺旋式、无填料封闭管式和有填料封闭管式等类型。

2）熔断器的结构

RC1A系列瓷插式熔断器的外形及结构如图3-12所示。

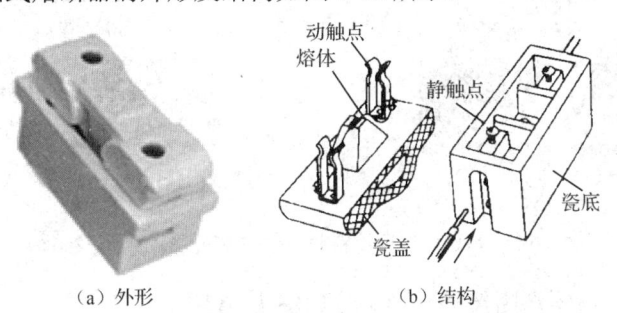

图3-12　RC1A系列瓷插式熔断器的外形及结构

RL1系列螺旋式熔断器的外形及结构如图3-13所示。

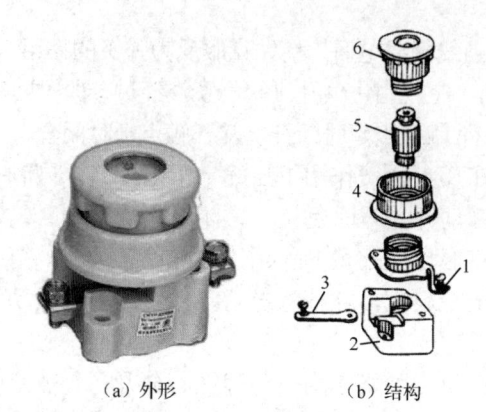

(a) 外形　　(b) 结构

1—上接线端；2—瓷底座；3—下接线端；4—瓷套；5—熔断管；6—瓷帽

图 3-13　RL1 系列螺旋式熔断器的外形及结构

RM10 系列无填料封闭管式熔断器的外形及结构如图 3-14 所示。

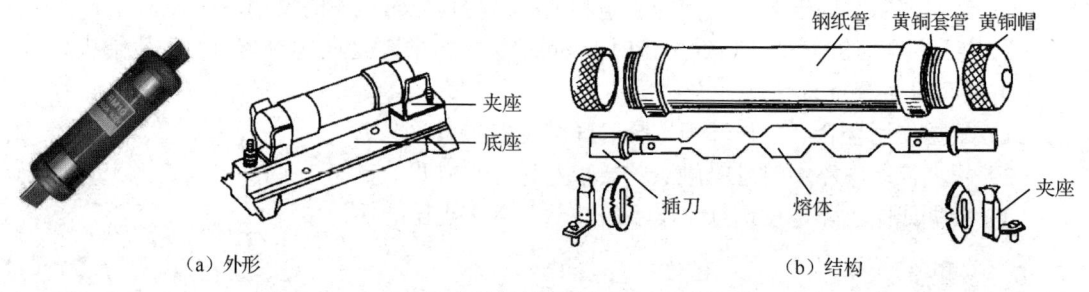

(a) 外形　　(b) 结构

图 3-14　RM10 系列无填料封闭管式熔断器的外形及结构

RT0 系列有填料封闭管式熔断器的外形及结构如图 3-15 所示。

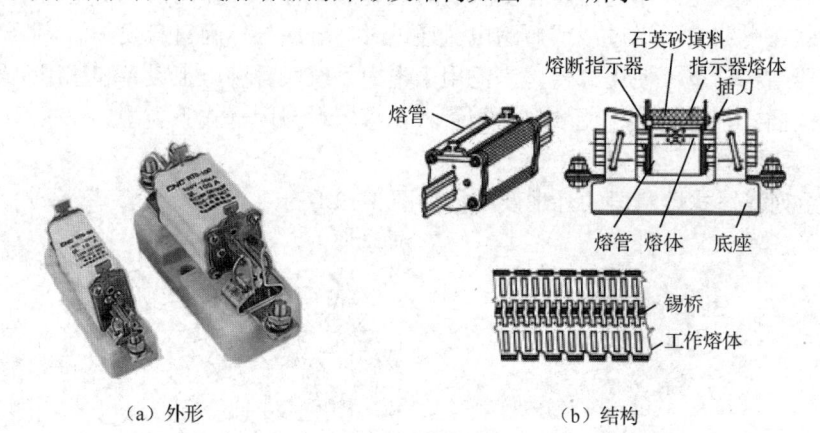

(a) 外形　　(b) 结构

图 3-15　RT0 系列有填料封闭管式熔断器的外形及结构

熔断器的图形符号如图 3-16 所示。

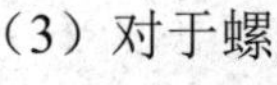

图 3-16　熔断器的图形符号

3）熔断器的安装

（1）熔体的额定电流只能小于或等于熔管的额定电流。

（2）瓷插式熔断器的熔体应顺着螺钉旋紧方向绕过去；不要把熔体绷紧，以免减小熔体截面尺寸。

（3）对于螺旋式熔断器，电源线必须与瓷底座的下接线端连接，防止在更换熔体时发生触电事故。

(4) 应保证熔体与刀座接触良好,以免接触电阻过大使熔体温度升高而熔断。

(5) 更换熔体应在停电的状态下进行。

4) 熔断器的选用

(1) 熔断器类型应满足使用环境的要求。

(2) 熔断器额定电压应大于或等于线路工作电压。

(3) 熔体额定电流应满足如下要求。

① 对电热或照明电路,熔体额定电流应大于或等于线路工作电流。

② 对单台电动机,熔体额定电流应为电动机额定电流的 1.5~2.5 倍;对多台电动机,$I_{RN}=(1.5\sim2.5)I_{Nmax}+\sum I_N S$。

(4) 熔断器额定电流应大于或等于熔体额定电流。

9. 热继电器

1) 热继电器的用途

热继电器是利用电流的热效应动作的一种保护电器,主要用于电动机的过载保护、断相保护、电流不平衡运行的保护及其他电气设备发热状态的控制。常用的热继电器有 JR20、JRS1、JR16、JR10、JR0 等系列。

2) 热继电器的结构

热继电器由热元件、触点、动作机构、手动复位按钮和电流调节装置等组成,其外形、结构及图形符号如图 3-17 所示。

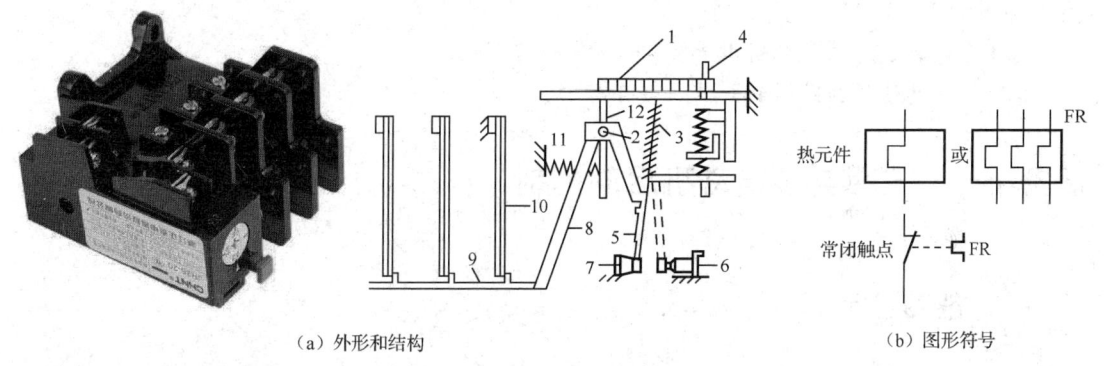

(a) 外形和结构　　　　　　　　　　　(b) 图形符号

1—电流调节装置;2—推杆;3—拉簧;4—手动复位按钮;5—动触点;6—调节螺钉;
7—常闭静触点;8—温度补偿双金属片;9—导板;10—主双金属片;11—压簧;12—支撑杆

图 3-17　热继电器的外形、结构及图形符号

3) 热继电器的工作原理

串联在主电路中的热元件中通过的电流超过热继电器额定电流后产生热量,使具有不同膨胀系数的双金属片发生形变,当形变达到一定程度时,就会推动连杆动作,使控制电路断开,从而使接触器失电,主电路断开,实现对主电路的过载保护。

4) 热继电器的安装

(1) 在安装热继电器时,应先清除触点表面污垢,以免接线后电路不通或因接触电阻太大而影响其动作性能。

（2）热继电器应安装在其他电器的下方，以防止其他电器发热而影响其动作的准确性。

（3）热继电器出线端的连接导线不宜太粗，也不宜太细。一般规定：额定电流为 10A 的热继电器，宜选用横截面积为 2.5mm^2 的单股铜芯塑料导线；额定电流为 20A 的热继电器，宜选用横截面积为 4mm^2 的单股铜芯塑料导线；额定电流为 60A 的热继电器，宜选用横截面积为 16mm^2 的多股铜芯塑料导线；额定电流为 150A 的热继电器，宜选用横截面积为 35mm^2 的多股铜芯塑料导线。

5）热继电器的选用

一般根据电动机的工作环境、启动情况、负载性质等因素来选用热继电器。

能力训练

（1）什么是低压电器？按用途分为哪些类型？
（2）在交流接触器的线圈已通电而衔铁尚未闭合的瞬间，为什么会出现很大的冲击电流？
（3）线圈电压为 220V 的交流接触器误接到 220V 直流电源上会出现什么问题？为什么？
（4）线圈电压为 220V 的直流接触器误接到 220V 交流电源上会出现什么问题？为什么？
（5）熔断器额定电流与熔体额定电流有何区别？
（6）热继电器能否用来进行短路保护？为什么？
（7）比较刀开关与铁壳开关的差异并说明其用途。
（8）在选择接触器时，主要考虑交流接触器的哪些技术参数？
（9）中间继电器与交流接触器有什么差异？在什么条件下中间继电器也可以用来直接控制电动机？
（10）电动机过载，热继电器立即动作吗？为什么？
（11）叙述低压断路器的功能、使用场合。

任务十一　三相异步电动机启动控制

能力目标

（1）掌握电气原理图绘制方法。
（2）掌握三相异步电动机启动控制系统的组成及各组成部分的作用。
（3）学会分析电动机启动控制的电气原理图。
（4）熟悉控制电路安装工艺。

一、电气原理图绘制方法

电气控制线路是将各种电气设备按一定的控制要求连接而成的，实现对某种设备的电气自动化控制的线路。为了表示电气控制线路的原理、组成及功能，以及方便安装、调试、维修等，必须按照国家标准统一规定的电气设备图形符号和文字符号及技术规范要求来绘制电气控制系统图。

电气控制系统图，简称电气图，主要表达的是电气设备之间的连接关系，一般分为电气原理图、电气元件布置图、电气安装图三种。本教材主要介绍电气原理图。

电气原理图一般分为主电路和辅助电路两部分。辅助电路分为控制电路和照明、指示电路等，主要由继电器的线圈和触点、接触器的线圈和触点、按钮、控制变压器等组成，辅助电路中通过的电流相对较小；主电路是指为电动机提供动力的电路，主电路中通过的电流相对较大。

电气原理图绘制的基本原则如下。

（1）主电路绘制在图纸的左侧或上方，线条用粗实线；辅助电路绘制在图纸的右侧或下方，线条用细实线。主电路和辅助电路可以绘制在一起，也可以分开绘制。

（2）电气原理图中的电气设备一律用国家标准统一规定的图形符号和文字符号表示，文字符号一般标注在触点的侧面或线圈的下方。电气元件的电气符号应按功能布置、按动作顺序排列，布置的顺序应为从左到右或从上到下，不考虑电气元件的实际安装位置，同一元件的各个部件根据作用可以画在图纸中的不同位置，但应标以相同的文字符号。

（3）电气设备的可动部件保持没有通电或不加外力时的自然状态。

（4）电气原理图应布局合理、排列均匀，可以水平布置，也可以垂直布置。在垂直布置时，类似的项目应横向对齐；在水平布置时，类似的项目应纵向对齐。

（5）对于有直接电气联系的导线，接点处用实心圆点标明，对于无直接电气联系的导线则不画实心圆点。

二、三相异步电动机结构及工作原理

1. 结构

三相异步电动机主要由定子和转子两大部分组成，定子和转子之间存在很小的气隙，此外还包括端盖、轴承、风扇等部件，三相笼型异步电动机的外形及结构如图3-18所示。

（1）定子。三相异步电动机的定子由定子铁芯、定子绕组和机座三部分组成。

① 定子铁芯。定子铁芯是电动机磁路的一部分，为了减少电动机的铁芯损耗，定子铁芯采用0.5mm厚的硅钢片叠成，叠好后压装在机座的内腔中。

② 定子绕组。定子绕组是电动机电路的一部分，其主要作用是产生感应电动势，通过电流实现电能与机械能的转换。它由嵌在定子铁芯槽内的线圈按一定规律组成，根据定子绕组线圈在槽内的布置可分为单层绕组和双层绕组。

③ 机座。机座的作用是支撑定子铁芯和固定端盖，机座必须具有足够的机械强度和刚度。

（2）转子。转子部分由转子铁芯、转子绕组和转轴等构成。

① 转子铁芯。转子铁芯是电动机磁路的一部分，由0.5mm厚的硅钢片叠压而成。硅钢片外圆周上冲有槽，以便浇铸或嵌放转子绕组。

② 转子绕组。转子绕组的作用是产生感应电动势和电流，并产生电磁转矩。其结构有笼型和绕线型两种。

(3)气隙。三相异步电动机定子铁芯与转子铁芯之间存在气隙,气隙的大小对三相异步电动机的运行性能影响极大。如果气隙过大,则磁阻大,由电网提供的励磁电流也大,会使电动机的功率因数降低;如果气隙过小,则电动机装配困难,运行时可能会发生定子铁芯、转子铁芯摩擦,并且当气隙过小时高次谐波磁场的影响增大,会对电动机产生不良影响。一般情况下,三相异步电动机的气隙应为 0.2~1.6mm。

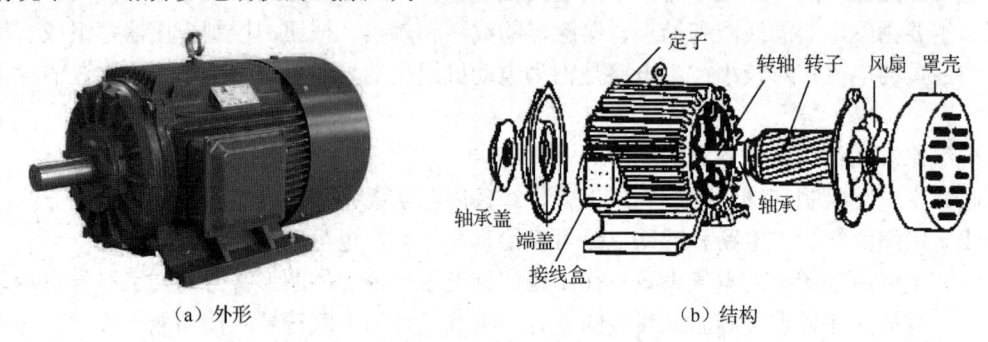

图 3-18 三相笼型异步电动机的外形及结构

2. 工作原理

三相对称定子绕组接到对称的三相交流电源上后,在定子绕组中就会通过对称三相电流,电流流过定子绕组时产生的磁场为旋转磁场,旋转磁场是三相异步电动机转动的关键。该磁场的磁力线通过定子铁芯、气隙和转子铁芯而闭合。

由于静止的转子绕组与旋转磁场存在相对运动,转子铁芯槽内的导体要切割旋转磁场而产生感应电动势。由于转子绕组为闭合回路,在转子电动势的作用下,转子绕组中有电流通过。根据电磁力定律,载流的转子导体在旋转磁场中必然会受到电磁力。所有转子导体受到的电磁力便对转轴形成电磁转矩。转子在电磁转矩的作用下沿着旋转磁场的方向旋转。如果转子与生产机械连接,则转子受到的电磁转矩将克服负载转矩而做功,从而实现电能与机械能的转换。

三、三相异步电动机直接启动控制

如果三相异步电动机的启动电流过大,则电源电压下降较大,影响其他设备的正常工作等。因此,三相异步电动机的启动电流一定要在允许的范围内。现在电源容量一般都比较大,通常,10kW 以下的三相异步电动机都可以直接启动,也可用下面的经验公式进行判断,即当电源容量满足下式时也可以直接启动:

$$\frac{I_{st}}{I_N} \leq \frac{3}{4} + \frac{S_N}{4P_N}$$

式中,I_{st} 为三相异步电动机的启动电流(A);I_N 为三相异步电动机的额定电流(A);S_N 为电源容量,一般指变压器容量(kV·A);P_N 为三相异步电动机的额定功率(kW)。

直接启动也称全压启动,是指将电源电压直接加在三相异步电动机的定子绕组上,使三相异步电动机得电启动。

1. 手动控制

图 3-19 所示为手动控制电路图。工作原理：合上电源开关 QS，电动机得电启动；断开电源开关 QS，电动机失电停止。电源开关一般采用负荷开关或胶盖开关，用于小容量电动机的控制，熔断器起断路保护作用。

2. 点动控制

图 3-20 所示为点动控制电路图。工作原理：首先合上电源开关 QS，再按下按钮 SB，接触器 KM 的线圈得电，其主触点闭合，电动机得电启动；松开按钮 SB，接触器 KM 的线圈失电，其主触点断开，电动机失电停止。

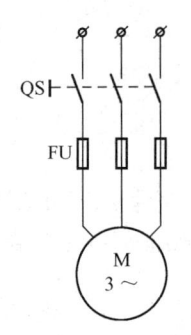

图 3-19 手动控制电路图

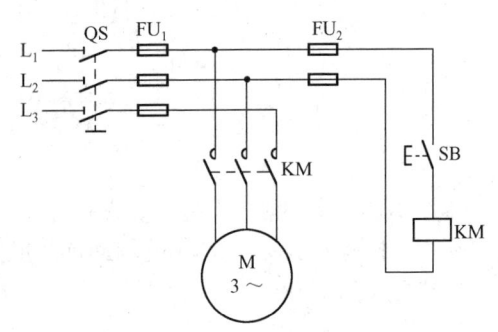

图 3-20 点动控制电路图

3. 长动控制

图 3-21 所示为长动控制电路图。工作原理：合上电源开关 QS，按下启动按钮 SB_2，接触器 KM 的线圈得电，其主触点闭合，电动机得电启动，同时其动合触点闭合，使接触器 KM 的线圈保持通电状态。这种依靠接触器自身辅助触点使线圈保持通电状态的现象称为自锁，也称自保持，起自锁作用的辅助触点称为自锁触点。自锁电路还具有欠压和失压保护功能。

电路中的热继电器 FR 起过载保护作用。

4. 正反转控制线路

电动机在实际拖动负载工作时，可能需要实现相反方向的旋转，即需要正反转运行，图 3-22 所示为正反转控制电路图。

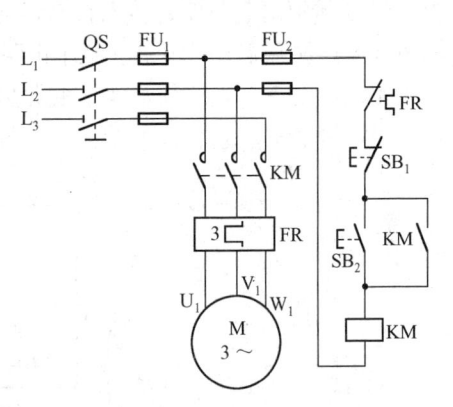

图 3-21 长动控制电路图

工作原理：合上电源开关 QS，按下启动按钮 SB_1，接触器 KM_1 的线圈得电，其主触点闭合，电动机 M 得电正向旋转，同时 KM_1 的动合触点闭合自锁；当需要电动机反转时，按下停止按钮 SB_3，接触器 KM_1 的线圈失电，主触点断开使电动机停止，同时动合触点断开，自锁解除；再按下启动按钮 SB_2，接触器 KM_2 的线圈得电，其主触点闭合，使接入电动机绕组的电源相线有两相换接，实现电动机反转，同样 KM_2 动合触点自锁。按下按钮 SB_1，电动机失电停止。

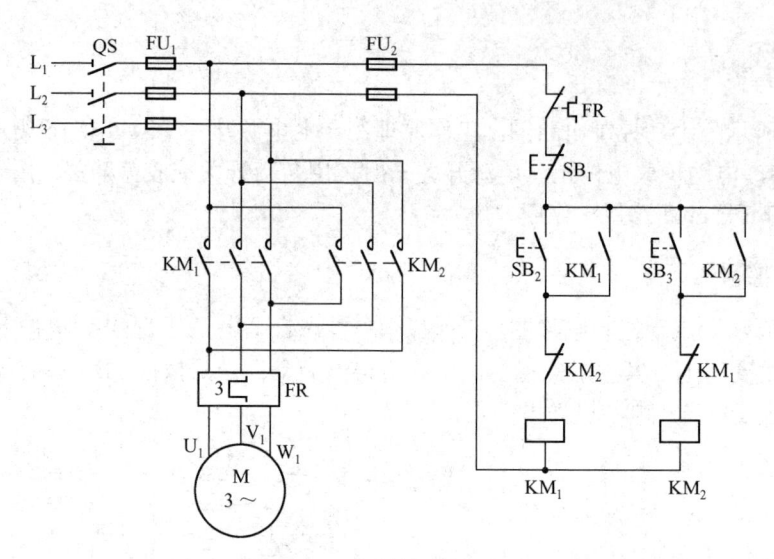

图 3-22　正反转控制电路图

电路中的热继电器 FR 起过载保护作用，FU_1 对电源进行短路保护，FU_2 对辅助电路进行短路保护，接触器 KM_1、KM_2 的辅助常闭触点作为联锁触点，保证只有一个旋转方向的电路接通，避免电源短路。

四、三相异步电动机降压启动控制

降压启动是在启动时降低加在电动机定子绕组上的电压，以减小启动电流，启动后再将电压恢复到额定值，使之转入正常运行的启动方法。三相笼型异步电动机常用的降压启动方法有 Y—△降压启动、定子绕组串电阻启动、自耦变压器降压启动和延边三角形降压启动等，其中常用的是 Y—△降压启动，它是以改变定子绕组的连接方式来实现降压启动的。本教材以 Y—△降压启动为例，介绍其工作原理，其电路图如图 3-23 所示。

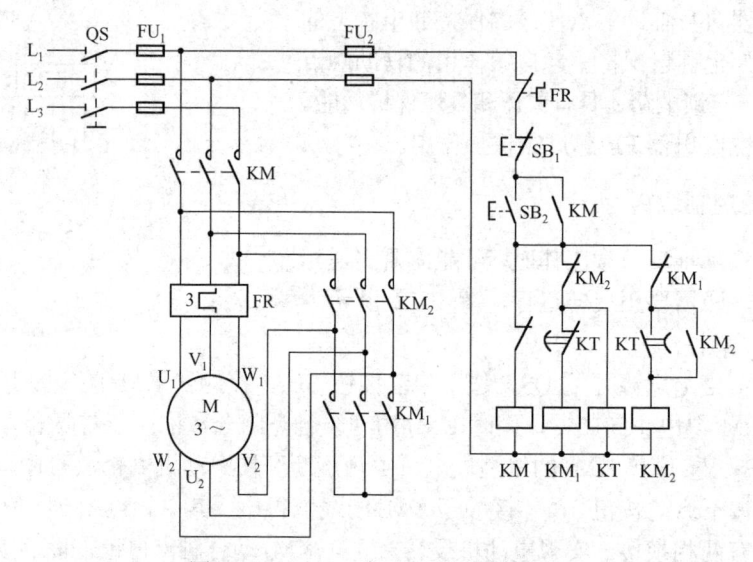

图 3-23　Y—△降压启动控制电路图

工作原理：合上电源开关 QS，按下 SB_2，KM、KM_1 和 KT 的吸引线圈同时得电。KM_1 的常开主触点闭合，电动机定子绕组呈 Y 形连接；KM 的常开主触点闭合，电动机定子绕组接通电源，电动机降压启动。KM 的常开辅助触点闭合，形成自锁，保证启动过程的延续；KT 开始延时，为从启动转换到运行做好准备；KM_1 的常闭触点断开，防止 KM_2 的吸引线圈同时得电，避免电源短路。KT 延时时间到，KT 的通电延时断开常闭触点断开，KM_1 的吸引线圈失电，KM_1 的常开主触点复位，电动机定子绕组 Y 形连接断开，然后 KM_1 的常闭辅助触点复位，同时 KT 的通电延时闭合常开触点闭合，KM_2 的吸引线圈得电。KM_2 的常开主触点闭合，电动机定子绕组呈△形连接，电动机转入运行状态，同时 KM_2 的常开辅助触点闭合，形成自锁，保证运行状态的延续；然后 KM_2 的常闭辅助触点断开，KT 的吸引线圈失电，KT 完成线路状态转换。KM_2 的常闭辅助触点的断开，防止了 KM_1 和 KT 的吸引线圈在电动机运行时再次得电，避免了电源短路。按下 SB_1，KM、KM_2 的吸引线圈失电，电动机断电停止。

电路中的热继电器 FR 起过载保护作用，FU_1 对电源进行短路保护，FU_2 对辅助电路进行短路保护，接触器 KM_1、KM_2 的辅助常闭触点作为联锁触点。由于降压启动会造成启动转矩的下降，所以该方法适用于空载、轻载启动，且定子绕组在运行时呈△形连接的电动机。

能力训练

（1）电气原理图由几部分组成？辅助电路又由几部分组成？
（2）在什么条件下可以全压启动？在不能全压启动时，应该用什么方法？
（3）常用的降压启动方法有哪些？Y—△降压启动方法适用于什么电动机启动？
（4）自锁触点用接触器的什么元件来实现？怎样与线路连接？
（5）联锁触点用接触器的什么元件来实现？怎样与线路连接？
（6）联锁触点的作用是什么？
（7）在三相异步电动机单向旋转长动控制电路中，有失压和欠压保护吗？分别是怎样实现的？
（8）联锁有几种形式？各有什么特点？
（9）什么是过载、短路、失压和欠压保护？分别用什么低压电器来实现？

技能训练六　兆欧表的使用

1. 训练目的

（1）会兆欧表的使用方法。
（2）会测量线路和电动机的绝缘电阻。

2. 仪器、仪表及工具

低压照明电路、三相异步电动机、兆欧表、常用电工工具。

3. 相关知识

兆欧表俗称摇表，是用来测量大电阻和绝缘电阻的，它的计量单位是兆欧（MΩ），故称兆欧表。兆欧表的种类有很多，但其作用大致相同，其外形如图 3-24 所示。

1）兆欧表的选用

规定兆欧表的电压等级应高于被测物的绝缘电压等级。所以在测量额定电压在 500V 以下的设备或线路的绝缘电阻时，可选用 500V 或 1000V 兆欧表；在测量额定电压在 500V 以上的设备或线路的绝缘电阻时，应选用 1000～2500V 兆欧表；在测量绝缘子的绝缘电阻时，应选用 2500～5000V 兆欧表。一般情况下，测量低压电器的绝缘电阻可选用 0～200MΩ 兆欧表。

2）绝缘电阻的测量方法

图 3-24　兆欧表的外形

兆欧表上有三个接线柱，上方较大的两个接线柱上分别标有"E"（接地）和"L"（线路），下方较小的一个接线柱上标有"G"（保护环或屏蔽）。

（1）线路对地的绝缘电阻。

将兆欧表的 E 接线柱可靠地接地（一般接到某一接地体上），L 接线柱接到被测线路上，如图 3-25（a）所示。连接好后，顺时针摇动兆欧表的手柄，转速逐渐加快，保持在约 120r/min 后匀速摇动，当转速稳定，兆欧表的指针也稳定后，指针所指示的数值即线路对地的绝缘电阻值。

在实际使用中，E、L 两个接线柱可以任意连接，即 E 接线柱可以与被测物连接，L 接线柱可以与接地体连接（接地），但 G 接线柱绝不能接错。

（2）测量电动机的绝缘电阻。

将兆欧表的 E 接线柱接机壳（接地），L 接线柱接到电动机某一相的绕组上，如图 3-25（b）所示，测出的绝缘电阻值就是某一相的对地绝缘电阻值。

（3）测量电缆的绝缘电阻。

在测量电缆的绝缘电阻时，将 E 接线柱与电缆外壳连接，L 接线柱与线芯连接，同时将 G 接线柱与电缆外壳、线芯之间的绝缘层连接，如图 3-25（c）所示。

（a）测量线路的绝缘电阻

（b）测量电动机绝缘电阻　　（c）测量电缆绝缘电阻

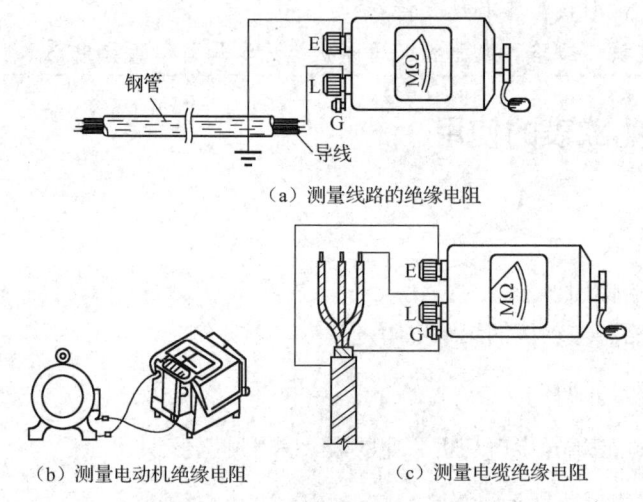

图 3-25　兆欧表的接线方法

3）使用注意事项

（1）使用前应做开路和短路试验。将兆欧表放在水平位置，使 L、E 两个接线柱处于断开状态。左手按住表身，右手摇动兆欧表手柄，转速约为 120r/min，指针应指向无穷大（∞），将 L 和 E 两个接线柱短接，慢慢地摇动手柄，指针应指向"0"。若这两项都满足要求，则说明兆欧表是好的。

（2）测量时必须正确接线。兆欧表共有三个接线柱（L、E、G）。在测量回路对地电阻时，L 接线柱与回路的裸露导体连接，E 接线柱连接接地线或金属外壳；在测量回路的绝缘电阻时，回路的首端与尾端分别与 L、E 接线柱连接；在测量电缆的绝缘电阻时，为防止电缆表面泄漏电流对测量精度产生影响，应将电缆的屏蔽层接至 G 接线柱。

（3）在测量电气设备的绝缘电阻时，必须先切断电源，然后对设备进行放电，以保证人身安全和测量准确。

（4）在测量时兆欧表应放在水平位置，并用力按住兆欧表，防止其在摇动手柄时晃动，摇动手柄的转速为 120r/min。

（5）引接线应采用多股软线，且要有良好的绝缘性能，两根导线之间、导线与地之间应保持适当距离，切忌绞在一起，以免造成测量数据的不准确。

（6）在摇动手柄时，不能用手接触兆欧表的接线柱和被测回路，以防触电。摇动手柄后，各接线柱之间不能短接，以免兆欧表损坏。

（7）测量完后应立即对被测物进行放电，在兆欧表的手柄停止转动和对被测物进行放电前，不可用手触及被测物的测量部分或拆除导线，以防触电。

4．训练内容

内 容	技 能 点	训练步骤及内容	训练要求
电动机绝缘电阻测量	（1）兆欧表的使用方法。 （2）电动机绝缘电阻测量方法	（1）兆欧表的选择。 （2）兆欧表的检查。 （3）应用兆欧表测量电动机的绝缘电阻。 （4）根据测量值判断电动机绝缘性能	（1）能正确选择和检查兆欧表。 （2）能应用兆欧表测量电动机的绝缘电阻。 （3）能根据测量值从绝缘方面判断电动机是否还能使用
低压线路绝缘电阻测量	低压线路绝缘电阻测量方法	（1）兆欧表的选择。 （2）兆欧表的检查。 （3）应用兆欧表测量低压线路的绝缘电阻。 （4）根据测量值判断低压线路绝缘性能	（1）能正确选择和检查兆欧表。 （2）能应用兆欧表测量低压线路的绝缘电阻。 （3）能根据测量值从绝缘方面判断低压线路是否还能使用

技能训练七　三相异步电动机单向旋转控制线路的安装

1．训练目的

（1）会电气原理图的识图方法。

（2）会低压电器的选择和安装方法。

(3) 会电气控制线路的安装工艺和方法。

2. 仪器、仪表及工具

万用表、剥线钳、电笔、电气控制训练板（板内应有交流接触器 1 个、二点按钮盒 1 个、热继电器 1 个、三相电源开关 1 个、低压熔断器 5 个、接线端子等）、导线、三相异步电动机等。

3. 训练内容

内 容	技 能 点	训练步骤及内容	训练要求
三相异步电动机单向旋转控制线路安装	(1) 识图能力。 (2) 低压电器选择、安装能力。 (3) 线路安装能力。	(1) 分析电气原理图工作原理。 (2) 选择线路安装所需的低压电器和相关元件。 (3) 检查低压电器和相关元件。 (4) 安装低压电器和相关元件。 (5) 按照工艺要求安装控制线路。 (6) 检查线路。 (7) 通电试车	(1) 会电气原理图的识图方法。 (2) 会选择、安装低压电器和相关元件。 (3) 会检查低压电器和相关元件。 (4) 会按工艺要求安装控制线路。 (5) 会检查线路

技能训练八　三相异步电动机正反转控制线路的安装

1. 训练目的

(1) 会电气原理图的识图方法。
(2) 会低压电器的选择和安装方法。
(3) 会电气控制线路的安装工艺和方法。

2. 仪器、仪表及工具

万用表、剥线钳、电笔、电气控制训练板（板内应有交流接触器 2 个、三点按钮盒 1 个、热继电器 1 个、三相电源开关 1 个、低压熔断器 5 个、接线端子等）、导线、三相异步电动机等。

3. 训练内容

内 容	技 能 点	训练步骤及内容	训练要求
三相异步电动机正反转控制线路安装	(1) 识图能力。 (2) 低压电器选择、安装能力。 (3) 线路安装能力。	(1) 分析电气原理图工作原理。 (2) 选择线路安装所需的低压电器和相关元件。 (3) 检查低压电器和相关元件。 (4) 安装低压电器和相关元件。 (5) 按照工艺要求安装控制线路。 (6) 检查线路。 (7) 通电试车	(1) 会电气原理图的识图方法。 (2) 会选择、安装低压电器和相关元件。 (3) 会检查低压电器和相关元件。 (4) 会按工艺要求安装控制线路。 (5) 会检查线路

任务十二　三相异步电动机电气制动控制

能力目标

（1）掌握三相异步电动机电气制动控制系统的组成及各组成部分的作用。
（2）会分析三相异步电动机电气制动控制的电气原理图。

电动机在断开电源后，由于惯性的作用，转轴的旋转要经过一定时间才能停止，这样就不能满足某些生产机械的工艺要求。为了使电动机的控制满足生产机械的工艺要求，应采用能使电动机迅速停止的制动措施。制动方法有两种：机械制动和电气制动。机械制动是利用电磁铁操纵机械装置使电动机在断开电源后迅速停止的方法；电气制动是在电动机需要迅速停止时产生一个和实际旋转方向相反的电磁转矩使电动机迅速停止的方法。由于机械制动较简单，下面着重介绍电气制动。电气制动常用的方法有反接制动和能耗制动两种。

一、反接制动

1. 速度继电器

速度继电器又称反接制动继电器，主要用于在电动机反接制动时防止电动机反转。速度继电器由转子、定子、触点系统、胶木摆杆等部分组成。JY1 系列速度继电器如图 3-26 所示。

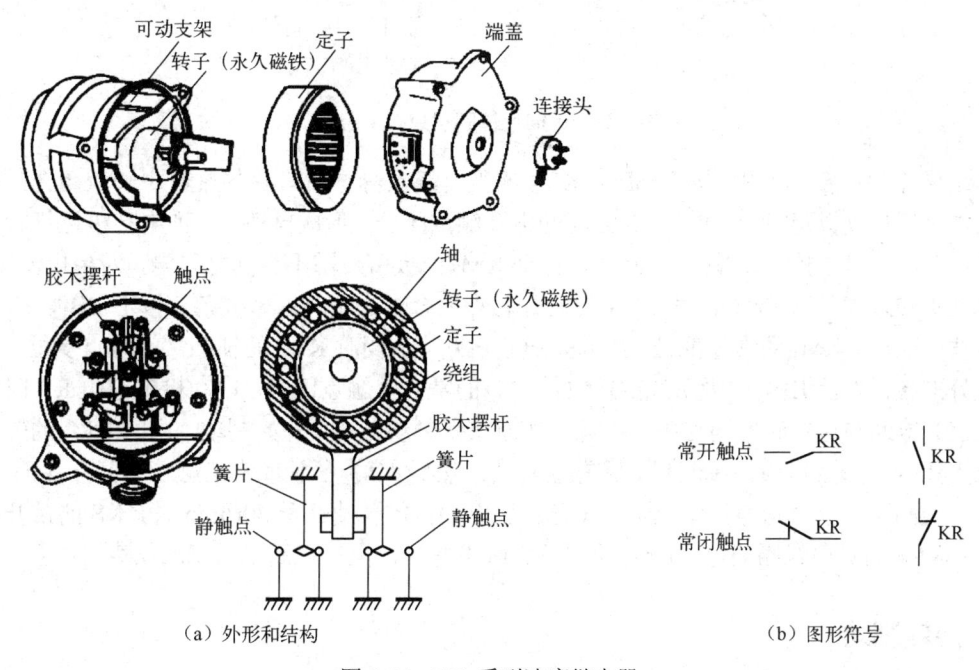

(a) 外形和结构　　　　　　　　　　　(b) 图形符号

图 3-26　JY1 系列速度继电器

速度继电器的安装方法如下。

（1）速度继电器的转轴应与电动机同轴连接，其常开触点串联在控制电路中，通过控制接触器来进行反接制动。

（2）在安装速度继电器时，正、反向的触点不能接错，否则不能起到反接制动的作用。

2. 反接制动控制电路

反接制动是通过改变电动机定子电路的电源相序，产生与原来旋转方向相反的旋转磁场和电磁转矩，使电动机迅速停转的方法。这种方法制动快，制动转矩大，但制动电流冲击大，适用范围小。由于制动开始时转子与反向旋转的相对速度接近两倍同步转速，定子绕组中电流很大。为了减小制动电流冲击和防止电动机过热，应在电动机定子电路中串联反接制动电阻。同时，应在电动机转速接近零时，及时切断电源，避免电动机反向启动。通常用速度继电器来实现上述功能。下面以单向反接制动控制电路为例，分析其工作原理。单向反接制动控制电路图如图 3-27 所示。

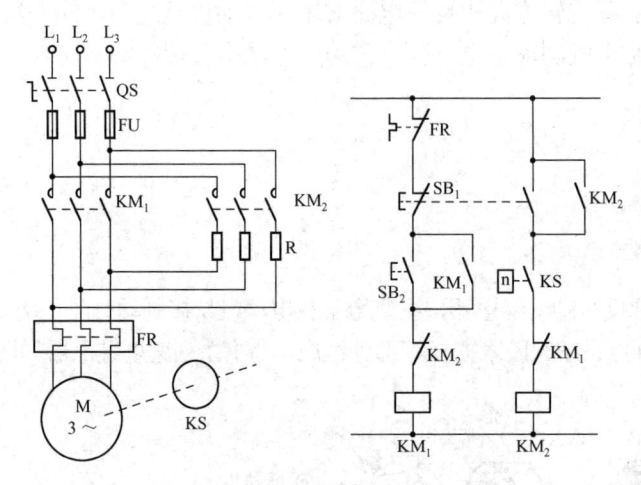

图 3-27 单向反接制动控制电路图

工作原理：合上 QS，按下 SB_2，KM_1 的吸引线圈得电，KM_1 的常开主触点闭合，电动机通电全压启动并运行，同时 KM_1 的辅助常开触点闭合，形成自锁，保证电动机运行状态的延续；然后 KM_1 的辅助常闭触点断开，保证 KM_2 的吸引线圈不会同时得电，避免电源短路；当电动机转速高于 120r/min 时，KS 的常开触点闭合，为制动做好准备。按下 SB_1，KM_1 的吸引线圈断电，KM_1 的常开主触点复位，电动机断电，同时 KM_1 的辅助常闭触点复位，为制动做好准备；然后 KM_2 的吸引线圈得电，KM_2 的常开主触点闭合，电动机串电阻 R（限制制动电流）接通与运行时不同相序的电源，从而获得制动转矩，开始制动，同时 KM_2 的辅助常开触点闭合，形成自锁，保证制动状态的延续；然后 KM_2 的辅助常闭触点断开，保证 KM_1 的吸引线圈不会同时得电，避免电源短路；当电动机的转速低于 40r/min 时，KS 的常开触点复位，KM_2 的吸引线圈失电，KM_2 的常开主触点复位，电动机断电，制动结束。

二、能耗制动

所谓能耗制动，是指在正常运行的电动机脱离三相交流电源后，给定子绕组及时接通直流电源,以产生静止磁场,利用转子感应电流和静止磁场相互作用产生的与转子惯性转动方向相反的电磁转矩对电动机进行制动。现以按时间原则控制的单向能耗制动控制电路为例,分析其工作原理。单向能耗制动控制电路图如图 3-28 所示。

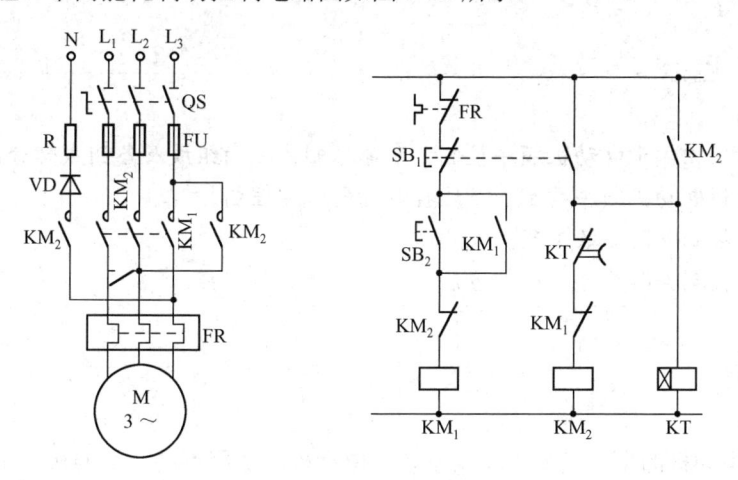

图 3-28 单向能耗制动控制电路图

工作原理:合上 QS,按下 SB_2,KM_1 的吸引线圈得电,KM_1 的常开主触点闭合,电动机通电全压启动并运行,同时 KM_1 的辅助常开触点闭合,形成自锁,保证电动机运行状态的延续;然后 KM_1 的辅助常闭触点断开,保证 KM_2 的吸引线圈不会同时得电,避免电源短路。按下 SB_1,KM_1 的吸引线圈断电,KM_1 的常开主触点复位,电动机断电,同时 KM_1 的辅助常闭触点复位,为制动做好准备;然后 KM_2、KT 的吸引线圈同时得电,时间继电器开始延时,为结束制动做好准备,同时 KM_2 的常开主触点闭合,电动机的两相定子绕组串电阻 R 和二极管 VD 接通直流电源,其中 R 限制制动电流,VD 将交流电转换为直流电,从而电动机产生制动转矩,制动开始,同时 KM_2 的辅助常开触点闭合,形成自锁,保证制动状态的延续;然后 KM_2 的辅助常闭触点断开,保证 KM_1 的吸引线圈不会在制动过程中重新得电,避免电源短路;延时时间到,KT 的通电延时断开常闭触点断开,KM_2 的吸引线圈断电,KM_2 的常开主触点复位,电动机断电,同时 KM_2 的辅助常开触点复位,KT 的吸引线圈断电,制动结束。

能力训练

(1)什么是反接制动?
(2)什么是能耗制动?
(3)电动机的制动方法有哪些?
(4)在反接制动中,速度继电器的作用是什么?
(5)在能耗制动中,时间继电器的作用是什么?
(6)在能耗制动中,电阻 R 和二极管 VD 的作用是什么?
(7)在反接制动中,制动电流很大,如何解决?
(8)速度继电器的触点在什么条件下动作和复位?

任务十三　三相异步电动机条件控制

能力目标

（1）掌握三相异步电动机顺序控制、多地控制系统的组成及各组成部分的作用。
（2）会分析电动机顺序控制、多地控制的电气原理图。
（3）掌握控制电路安装工艺。
（4）熟悉控制电路维修、维护方法。

一、顺序控制

在有多台电动机的生产设备上，由于各台电动机的作用不同，需要按一定顺序启动或停止，以实现设备的运行和安全要求。这种实现多台电动机按顺序启动或停止的控制方式称为顺序控制。以两台电动机顺序启动、逆序停止的控制电路为例，分析其工作原理，其电路图如图 3-29 所示。

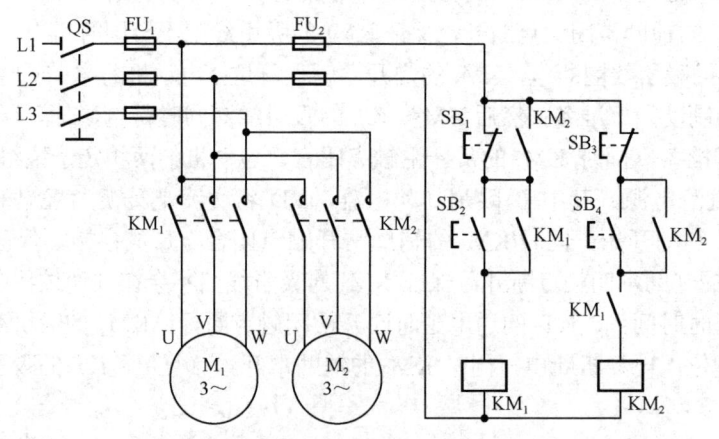

图 3-29　顺序控制电路图（顺序启动、逆序停止）

工作原理：合上 QS，按下 SB_4，由于 KM_1 的吸引线圈没有得电，KM_1 的辅助常开触点呈断开状态，KM_2 的吸引线圈无法得电，从而不能实现先启动电动机 M_2。按下 SB_2，KM_1 的吸引线圈得电，KM_1 的常开主触点闭合，电动机 M_1 通电启动并运行，同时 KM_1 的辅助常开触点闭合，一方面形成自锁，使电动机 M_1 保持运行状态；另一方面为启动电动机 M_2 做好准备。按下 SB_4，KM_2 的吸引线圈得电，KM_2 的常开主触点闭合，电动机 M_2 通电启动并运行，同时 KM_2 的辅助常开触点闭合，一方面形成自锁，使电动机 M_2 保持运行状态；另一方面将 SB_1 锁住，顺序启动结束。按下 SB_1，由于 SB_1 被锁住，无法让 KM_1 的吸引线圈断电，电动机 M_1 不能停止。按下 SB_3，KM_2 的吸引线圈断电，KM_2 的常开主触点复位，电动机 M_2 停止，并且 KM_2 的辅助常开触点复位，为停止电动机 M_1 做好准备。按下 SB_1，KM_1 的吸引线圈断电，KM_1 的常开主触点复位，电动机 M_1 停止，实现了逆序停止。

二、多地控制

在大型的生产设备上，为了操作方便，需要在多个地点对电动机进行控制，这种控制方法就是多地控制。两地控制原理与多地控制原理相同，本教材以两地控制为例，介绍其工作原理，两地控制电路图如图 3-30 所示。

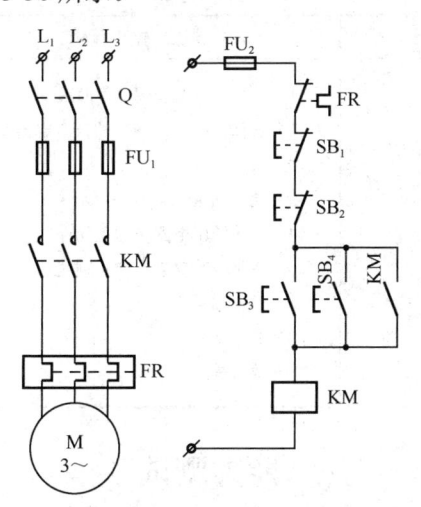

图 3-30 两地控制电路图

工作原理：SB_1、SB_2 分别为 A、B 两地的停止按钮，SB_3、SB_4 分别为 A、B 两地的启动按钮。合上 Q，按下 SB_3 或 SB_4，KM 的吸引线圈得电，KM 的常开主触点闭合，电动机通电全压启动并运行，同时 KM 的辅助常开触点闭合，形成自锁，保证运行状态的延续。按下 SB_1 或 SB_2，KM 的吸引线圈断电，KM 的常开主触点复位，电动机断电停止。

能力训练

（1）顺序启动的限制条件是什么？顺序停止的限制条件是什么？
（2）什么是电动机的顺序控制？
（3）电动机的多地控制，启动按钮如何连接？停止按钮如何连接？
（4）什么是电动机的多地控制？

技能训练九 三相异步电动机顺序控制线路的安装

1. 训练目的

（1）会电气原理图的识图方法。
（2）会低压电器的选择和安装方法。
（3）会电气控制线路的安装工艺和方法。

2. 仪器、仪表及工具

万用表、剥线钳、电笔、电气控制训练板（板内应有交流接触器 2 个、二点按钮盒 2 个、热继电器 2 个、三相电源开关 1 个、低压熔断器 5 个、接线端子等）、导线、三相异步电动机等。

3. 训练内容

内　容	技 能 点	训练步骤及内容	训 练 要 求
三相异步电动机顺序控制线路安装	(1) 识图能力。 (2) 低压电器选择、安装能力。 (3) 线路安装能力。 (4) 故障分析和排除能力	(1) 分析电气原理图工作原理。 (2) 选择线路安装所需的低压电器和相关元件。 (3) 检查低压电器和相关元件。 (4) 安装低压电器和相关元件。 (5) 按照工艺要求安装控制线路。 (6) 检查线路。 (7) 通电试车。 (8) 故障排除	(1) 会电气原理图的识图方法。 (2) 会选择、安装低压电器和相关元件。 (3) 会检查低压电器和相关元件。 (4) 会按工艺要求安装控制线路。 (5) 会检查线路。 (6) 会分析和排除故障

能力测试

一、基本能力测试

1. 填空题

（1）电压在交流_____V、直流_____V及以下的电器称为低压电器。

（2）熔断器分为_____、_____、_____和_____等类型。

（3）熔断器应_____接在被保护的电路中，当电路发生_____或_____故障时，由于_____过大，熔件_____而自行熔断，从而将故障电路切断，起到保护作用。

（4）刀开关的基本结构由_____、_____、_____和_____组成。

（5）HZ10-100/3 是_____开关的型号，型号中"100"表示额定_____，"3"表示_____。

（6）低压断路器用于_____通断电路，并能在电路_____、_____及_____时自动分断电路。

（7）在安装刀开关时，夹座应和_____线相连接，刀片应和_____线相连接，手柄向上应为_____状态。

（8）交流接触器由_____、_____和_____等部分组成。

（9）交流接触器的_____触点额定电流较大，可以用来_____大电流的主电路；_____触点的额定电流较小，一般为_____。

（10）热继电器由_____、_____、_____、_____和_____等组成。

（11）用热继电器对电动机进行保护，其整定电流值应由_____来确定，热继电器可以用来防止电动机因_____而损坏，_____用来对电动机进行失压保护。

（12）"JR16-20/3D"表示_____继电器，"20"表示额定_____，"3"表示_____，"D"表示_____，它可以用来对_____接法的电动机进行有效的保护。

（13）空气阻尼式时间继电器由_____、_____、_____及_____等组成。

（14）要调整空气阻尼式时间继电器的延时时间可改变_____的大小，进气快则_____，反之则_____。

（15）电气控制系统图一般包括_____、_____、_____三种。

（16）电气原理图一般分为_____和_____两部分，辅助电路又分为_____和_____、_____等。

（17）三相笼型异步电动机常用的降压启动方法有_____、_____、_____和_____等。

（18）速度继电器由_____、_____、_____、_____等组成。

（19）如果需要在不同的场所对电动机进行控制，那么可以在控制电路中_____联几个启动按钮和_____联几个停止按钮。

（20）电动机的正反转控制电路，其实就是正转电路与反转电路电路的组合，但在任何时候只允许其中一组电路工作，因此必须进行_____，以防止电源_____。

2．判断题（正确在括号里打"√"，错误在括号里打"×"）

（1）开启式负荷开关在用于电动机控制电路时，其额定电流应不大于电动机额定电流的3倍。（　　）

（2）低压断路器具有失压保护的功能。（　　）

（3）交流接触器通电后铁芯吸合受阻，将导致线圈烧毁。（　　）

（4）熔断器的保护特性是反时限的。（　　）

（5）一台额定电压为220V的交流接触器在交流220V和直流220V的电源上均可使用。（　　）

（6）当组合开关处于断开位置时，应使手柄在水平位置。（　　）

（7）自锁触点一般与按钮串联。（　　）

（8）在三相笼型异步电动机变极调速时，改变电源相序是为了改变电动机的旋转方向。（　　）

（9）在多地控制电路中，各地启动按钮应该并联。（　　）

（10）在顺序控制电路中，顺序启动元件应并联在相关支路中。（　　）

（11）电气控制原理图的主电路绘制在图纸的左侧或上方。（　　）

（12）刀开关电源接线应在下端。（　　）

（13）电动机过载，热继电器马上动作。（　　）

（14）通电延时是指时间继电器的电磁线圈通电后，其触点延时动作。（　　）

3．单项选择题

（1）当交流接触器电磁线圈失电时，动合触点_____。
A．断开　　　　　　　　B．闭合　　　　　　　　C．不动作

（2）采用接触器常开触点自锁的控制线路具有_____。
A．过载保护功能　　　　　　　　　　　　　　B．失压保护功能

C. 过压保护功能　　　　　　　　　　D. 欠压保护功能
（3）接触器的文字符号是_____。
A. KM　　　　　B. KS　　　　　C. KT　　　　　D. KA
（4）低压断路器脱扣器的作用之一是_____。
A. 接收信号　　　B. 辅助熄灭电弧　　C. 构成电路的联锁机构
（5）熔体熔化时间的长短取决于通过电流的大小和_____。
A. 电流通过的时间　B. 熔体熔点的高低　C. 电源电压的大小
（6）熔断器的额定电流与熔体的额定电流_____。
A. 是一回事　　　B. 不是一回事　　　C. 不清楚
（7）当刀开关垂直安装时，手柄_____时为合闸状态。
A. 向上　　　　　B. 水平　　　　　C. 向下
（8）热继电器主要用于电动机的_____保护。
A. 过载　　　　　B. 失压　　　　　C. 短路
（9）电气闭锁可利用_____实现。
A. 接触器辅助触点　B. 按钮　　　　　C. 程序
（10）作用与按钮相同的主令电器是_____。
A. 行程开关　　　B. 万能转换开关　　C. 组合开关
（11）万能式断路器又称_____。
A. 塑壳式断路器　　B. 框架式断路器　　C. 智能断路器
（12）HK系列刀开关用于手动_____地接通和断开照明、电热设备和小容量电动机。
A. 频繁　　　　　B. 不频繁　　　　　C. 频繁或不频繁
（13）组合开关一般用于直流_____的电路。
A. 220V　　　　　B. 380V　　　　　C. 1000V
（14）采用交流接触器、按钮等构成的三相笼型异步电动机直接启动控制电路，在合上电源开关后，电动机启动、停止控制都正常，但转向反了，原因是_____。
A. 接触器线圈反相　　　　　　　　B. 控制回路自锁触点有问题
C. 引入电动机的电源相序错误　　　D. 电动机接法与铭牌信息不符
（15）在由接触器、按钮等构成的电动机直接启动控制回路中，如漏接自锁环节，其后果是_____。
A. 电动机无法启动　　　　　　　　B. 电动机只能点动
C. 电动机启动正常，但无法停止　　D. 电动机无法停止

二、提升能力测试

（1）在电动机控制电路中，已装了接触器，为什么还要装电源开关？它们的作用有何不同？

（2）在电动机控制电路中，主电路中装了熔断器，为什么还要加装热继电器？它们各起何作用？能否互相代替？而在电热及照明线路中，为什么只装熔断器而不装热继电器？

（3）中间继电器与交流接触器有什么区别？在什么情况下可用中间继电器代替交流接触器？

（4）某机床主轴电动机的型号为 Y132S-4，额定功率为 5.5kW，电压为 380V，电流为 11.6A，定子绕组采用△形接法，启动电流为额定电流的 6.5 倍。若用组合开关作为电源开关，用按钮、接触器控制电动机的运行，并需要有短路、过载保护功能，试选择所用的组合开关、按钮、接触器、熔断器及热继电器的型号和规格。

（5）试设计两台电动机顺启顺停控制电路。

（6）试设计具有过载和短路保护功能的双速电动机自动加速控制电路。

（7）简述正反转控制电路的安装步骤及工艺要求。

（8）简述电气控制电路的常见故障现象及检修方法。

项目小结

1. 低压电器

低压电器是指在交流电压为 1200V 及以下、直流电压为 1500V 及以下的电路中，对电路起控制、保护等作用的电器。低压电器常按结构、用途及控制对象等不同进行分类。

2. 常用低压电器

（1）刀开关。

刀开关是一种简单的手动控制电器，用途非常广泛，品种较多。其主要作用是隔离电源。刀开关也可用于不频繁地接通、断开小容量负载。其主要技术参数有额定电压、额定电流、分断能力。

（2）转换开关。

转换开关一般用于不频繁地接通或断开电路、换接电源或负载，也可以用于控制小容量电动机。其主要技术参数有额定电压、额定电流和极数等。

（3）控制按钮。

控制按钮属于主令电器，用于接通或断开控制电路中的小电流电路。其主要技术参数有额定电压、额定电流等。

（4）空气开关。

空气开关具有多种保护功能，具有动作值可调、分段能力高、操作方便、安全可靠等优点，在低压电路中被广泛使用。其主要技术参数有额定电压、额定电流、极数、脱扣器类型、额定电流的整定范围、主触点的分断能力等。

（5）交流接触器。

交流接触器用于远距离接通、断开交流电路或控制交流电动机的频繁启停，由电磁系统、触点系统、灭弧装置等组成。其主要技术参数有额定电压、额定电流、通断能力、动作值、线圈额定电压、操作频率等。

（6）中间继电器。

中间继电器的结构和工作原理与交流接触器相同，但中间继电器的触点数量较多，在电路中的主要作用是扩展触点的数量。

（7）时间继电器。

时间继电器利用电磁原理和机械动作来使其触点获得延迟动作时间。空气阻尼式时间继电器由电磁系统、触点、气室及传动机构等组成。

（8）熔断器。

熔断器是一种在电路中起短路保护作用的保护电器。常用的熔断器有瓷插式、螺旋式、无填料封闭管式和有填料封闭管式等类型。其主要技术参数有额定电压、额定电流、极限分断能力等。

（9）热继电器。

热继电器是利用电流的热效应动作的一种保护电器，主要用于电动机的过载保护、断相保护、电流不平衡运行的保护及其他电气设备发热状态的控制。热继电器由热元件、触点、动作机构、手动复位按钮和电流调节装置等组成。主要技术参数有额定电压、额定电流、整定电流范围等。

3．电气控制系统图

电气控制系统图简称电气图，主要表达的是电气设备之间的连接关系，一般分为电气原理图、电气元件布置图、电气安装图三种。

4．三相异步电动机的结构与工作原理

三相异步电动机主要由定子和转子两大部分组成。定子由定子铁芯、定子绕组和机座三部分组成，转子由转子铁芯、转子绕组和转轴等构成。利用在定子绕组中通入对称三相电流产生旋转磁场，转子导体切割磁力线产生感应电动势，形成感应电流，载流的转子导体在旋转磁场中必然会受到电磁力，转子导体受到的电磁力便对转轴形成电磁转矩，从而在电磁转矩的作用下带动电动机旋转。

5．三相异步电动机启动控制

三相异步电动机的启动依据启动电流的大小，通常采取直接启动和降压启动两种方式。

（1）直接启动。

直接启动有手动控制、接触器控制两种方式。接触器控制有点动控制、长动控制两种方式。

（2）自锁与互锁。

自锁是利用接触器自身常开辅助触点来保持其自身线圈处于通电状态，也称自保持。

互锁是利用对方接触器常闭辅助触点，在对方接触器通电的状态下，自身不能通电，也称联锁。

（3）降压启动。

降压启动的目的是降低启动电流。电动机启动后应将电压恢复到额定值，使之转入正常运行状态。常用的降压启动方法有 Y—△降压启动、定子绕组串电阻启动、自耦变压器降压启动。

6．三相异步电动机电气制动控制

为了使电动机的控制满足生产机械的工艺要求，应采用能使电动机迅速停止的制动措施。制动方法有两种：机械制动和电气制动。

7. 三相异步电动机条件控制

三相异步电动机在运行中，会依据实际条件需要，采取顺序控制、多地控制、速度控制等控制方式。

项目自评表

序 号	自评项目	自评内容	项目配分	项目得分	自评成绩
1	熔断器、交流接触器、热继电器、时间继电器、控制按钮、中间继电器、刀开关、转换开关、低压断路器等低压电器的选用	作用	4.5分（每种0.5分）		
		结构	9分（每种1分）		
		工作原理	9分（每种1分）		
		选择	18分（每种2分）		
		安装	4.5分（每种0.5分）		
2	三相异步电动机启动控制	全压、降压启动方法和适用范围	2分		
		控制电路分析	6分		
		保护环节设置	4分		
		控制电路安装工艺	6分		
		控制电路的安装	8分		
3	三相异步电动机电气制动控制	电气制动方法和适用范围	2分		
		控制电路分析	4分		
		保护环节设置	3分		
		控制电路的检测方法	6分		
4	三相异步电动机条件控制	顺序、多地控制电路设计	8分		
		控制电路的安装	6分		
能力缺失					
弥补办法					

项目四

基本放大电路

> 学习指南

项目描述：用来对电信号进行放大的电路称为放大电路，习惯上称为放大器，它是构成电子电路的基本单元电路。无论是日常使用的收音机、电视机，还是精密的测量仪器和复杂的自动控制系统，其内部一般都有各种不同类型的放大电路。由此可见，放大电路是在日常生活、工作、科研中使用最广泛的电路之一。只有掌握了基本放大电路的基础知识，才能正确分析电子电路性能，合理选择和使用基本放大电路。

本项目首先讨论二极管和三极管的结构、工作原理、特性曲线、主要参数及其识别、检测和使用方法，然后讨论基本放大电路的组成、主要性能指标及基本放大电路的调整测试方法。通过学习，学生应掌握半导体器件的基础知识，会正确识别、检测及使用半导体器件；掌握基本放大电路的基础知识，会测试基本放大电路的主要性能指标，能根据需要合理地选择基本放大电路。

学习导航

任务	重点	难点	关键能力
半导体器件	二极管的伏安特性及二极管电路的基本分析方法；双极型和单极型三极管的工作原理、特性及三极管电路的直流和交流分析	二极管的伏安特性曲线；三极管的伏安特性曲线	会二极管、三极管识别与检测的基本方法；会判断二极管、三极管的好坏
放大电路性能指标及测试	放大电路的组成、基本性能指标的估算	放大电路的静态和动态分析	会放大电路调整测试的基本方法；熟悉常用电子仪器的使用方法
共发射极放大电路及其应用	共发射极放大电路静态工作点的设置、静态和动态分析方法	共发射极放大电路静态工作点及性能指标的估算	会共发射极放大电路调整测试的基本方法
共集电极放大电路及其应用	共集电极放大电路静态和动态分析方法	共集电极放大电路静态工作点及性能指标的估算	会共集电极放大电路调整测试的基本方法
功率放大电路及其应用	功率放大电路的组成、工作原理及性能指标的估算	功率放大电路的功率与效率的估算	会乙类双电源互补对称功率放大电路的简单应用

任务十四　半导体器件

能力目标

（1）掌握二极管的单向导电性，能够识别常用二极管的种类。
（2）掌握检测二极管质量的技能及选用二极管的基本方法。
（3）掌握三极管的放大原理，能够识别常用三极管的种类。
（4）掌握三极管的质量检测及选用方法。

以电子器件为核心构成的电路称为电子电路。在电子器件中，由半导体材料制成的器件统称为半导体器件，它是构成各种电子电路的关键器件。半导体器件具有体积小、质量轻、使用寿命长、输入功率小、功率转换效率高等优点，因而得到广泛应用。由半导体器件发展而成的集成电路，特别是大规模集成电路、超大规模集成电路，使电子设备在微型化、可靠性、灵活性等方面前进了一大步。

一、半导体材料

半导体材料是导电性能介于导体和绝缘体之间的一类材料。在纯净的半导体材料中有选择地加入极微量的其他杂质元素（如硅和锗），其导电能力会大大增强，这就是半导体的掺杂特性。正是这个特性使得利用半导体材料制作二极管得以实现。

二极管由纯度极高的半导体晶体（硅或锗）掺入少量杂质（砷或硼）制成，依照掺入的杂质及其所体现的性能不同分为 N 型半导体和 P 型半导体。N 型半导体的多数载流子是电子，P 型半导体的多数载流子是空穴。半导体材料对热、光、电场敏感。

二、二极管的基本结构和符号

在一块完整的晶片上，利用掺杂工艺，使晶体的一边为 P 型半导体，另一边为 N 型半导体，在这两种半导体的交界处形成具有特殊物理性质的带电薄膜，称为 PN 结。

在 PN 结的两端各引出一根电极引线，然后用外壳将其封装起来就构成了二极管。二极管两端的引线称为电极，由 P 区引出的电极是正极，由 N 区引出的电极是负极。用二极管可以试验 PN 结的导电特性，证明只有按三角箭头方向二极管才能导通，产生正向电流。正向电流只能从二极管的正极流入，从负极流出。

二极管的符号如图 4-1 所示。

图 4-1　二极管的符号

三、二极管的基本特性

当二极管的正极接高电位，负极接低电位时，发光二极管发光，如图 4-2 所示。此时，二极管两端施加的是正向电压，二极管处于正向偏置状态，简称正偏。在二极管正偏的情况下，当正向电压达到某一数值时，二极管导通，电流随电压的上升迅速增大，二极管内部的电阻值变得很小，进入正向导通状态。导通后二极管两端的正向电压称为正向压降，正向压降比较稳定，几乎不随流过的电流大小而变化。一般硅二极管的正向压降为 0.6～0.8V，锗二极管的正向压降为 0.1～0.3V。

当二极管的正极接低电位，负极接高电位时，发光二极管不能发光，如图 4-3 所示，说明电路中没有电流通过或电流极小。此时，二极管两端施加的电压是反向电压，二极管处于反向偏置状态，简称反偏。二极管在反偏时，其内部呈现很大的电阻值，几乎没有电流通过，二极管的这种状态称为反向截止状态。

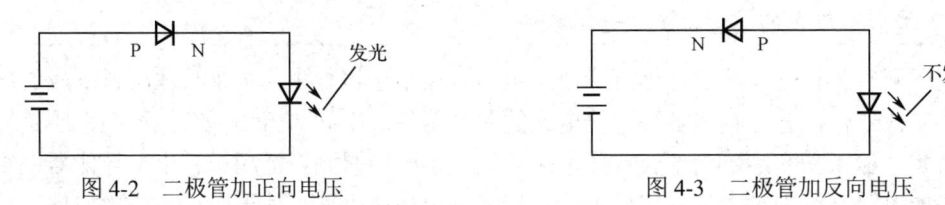

图 4-2　二极管加正向电压　　　　　　图 4-3　二极管加反向电压

二极管在加正向电压时导通，在加反向电压时截止，这就是它的单向导电特性。但是二极管在正偏时并不是马上导通，也就是说，虽然加了正向电压，但由于外加的正向电压很小，二极管内部呈现的电阻值仍很大，正向电流几乎为零，这个区域称为死区。使二极管脱离死区而开始导通的临界电压称为开启电压，通常用 U_{th} 表示，一般硅二极管的开启电压为 0.5～0.6V，锗二极管的开启电压为 0.1～0.2V。当二极管反偏时，若反向电压超过一定数值，二极管就会出现反向击穿现象，反向电流剧增。能够描绘二极管特性的电流和电压的关系曲线称为二极管的伏安特性曲线，如图 4-4 所示。

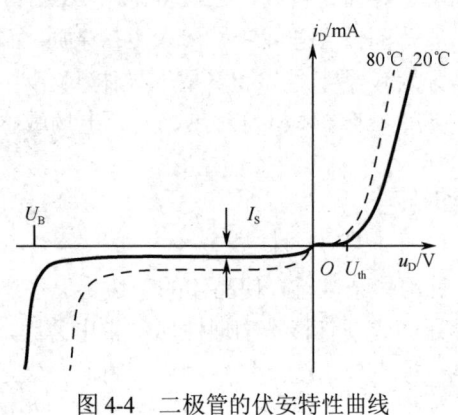

图 4-4　二极管的伏安特性曲线

四、二极管的种类

二极管的种类很多，按材料不同分为硅二极管、锗二极管等；按结构不同分为点接触型二极管、面接触型二极管、平面型二极管等；按用途不同分为普通二极管、整流二极管、检波二极管、开关二极管、稳压二极管、发光二极管、光敏二极管等。

大部分二极管都利用二极管的单向导电特性实现检波、整流、开关等作用。发光二极管是将电能直接转变为光能的发光器件，常用于指示电路、光电传感器等；稳压二极管利用其反向击穿特性，在二极管的两端得到比较稳定的电压U_z，所以它工作在反向击穿状态。

五、二极管的主要参数

为了安全使用二极管，必须使电流、电压、功率、温度等参数不超过额定值。在使用时可以通过查阅半导体器件手册进行选用或替换。二极管的主要参数如下。

1. 最大正向电流 I_F

最大正向电流 I_F 是指二极管长期运行允许通过的最大正向平均电流。在使用时若正向电流超过此值，则可能烧坏二极管。

2. 最高反向工作电压 U_{RM}

最高反向工作电压 U_{RM} 是指允许施加在二极管两端的最大反向电压，通常规定为击穿电压的一半。在使用时若反向电压超过此值，则二极管可能被反向击穿而损坏。

3. 反向电流 I_R

反向电流 I_R 是指二极管未被击穿时的反向电流。其值会随温度的升高而急剧增加，其值越小，二极管的单向导电性能越好。反向电流值会随温度的上升而显著增加，在实际应用中应加以注意。

4. 最高工作频率 f_M

最高工作频率 f_M 是指保证二极管单向导电作用的最高工作频率。当工作频率超过 f_M 时，二极管的单向导电性能就会变差，甚至失去单向导电性能。

六、三极管的基本结构

三极管由形成两个 PN 结的三块杂质半导体组成，因杂质半导体仅有 P 型、N 型两种，所以三极管只有 NPN 型和 PNP 型两种。采用平面工艺制成的 NPN 型硅三极管的结构如图 4-5（a）所示，其结构示意图如图 4-5（b）所示。PNP 型和 NPN 型三极管的符号如图 4-5（c）所示。

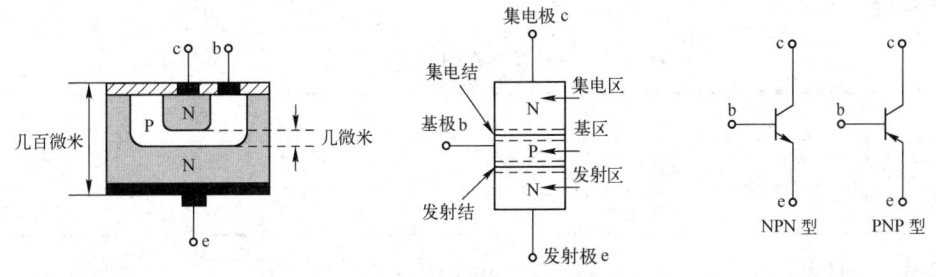

（a）NPN 型硅三极管的结构　　（b）NPN 型硅三极管的结构示意图　　（c）NPN型和PNP型三极管的符号

图 4-5　三极管的结构和符号

不管是 NPN 型三极管还是 PNP 型三极管都有三个区,即发射区、基区、集电区,以及分别从这三个区引出的电极,即发射极 e、基极 b 和集电极 c,两个 PN 结分别为发射区与基区之间的发射结和集电区与基区之间的集电结。

三极管具有基区很薄、发射区浓度很高、集电结截面积大于发射结截面积的特点。

注意:PNP 型和 NPN 型三极管表示符号的区别是发射极的箭头方向不同,该箭头方向表示发射结加正向偏置电压时的电流方向。在使用时应注意电源的极性,确保发射结加正向偏置电压,只有这样三极管才能正常工作。

根据基片的材料不同,三极管分为硅三极管和锗三极管两大类,目前国内生产的硅三极管多为 NPN 型三极管(3D 系列),锗三极管多为 PNP 型三极管(3A 系列);根据频率特性不同分为高频三极管和低频三极管;根据功率大小不同分为大功率三极管、中功率三极管和小功率三极管等。在实际应用中采用 NPN 型三极管较多,所以下面以 NPN 型三极管为例加以讨论,所得结论对 PNP 型三极管同样适用。

七、三极管的放大作用

为了定量地了解三极管的电流分配关系和放大作用,先做一个实验,共发射极放大实验电路如图 4-6 所示。

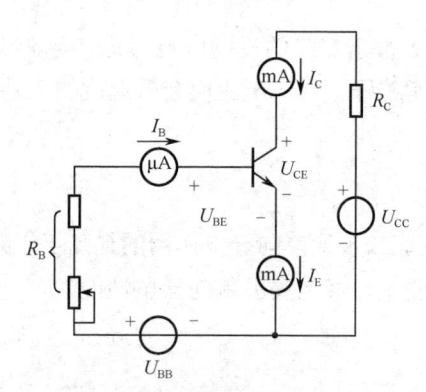

图 4-6 共发射极放大实验电路

当加电源电压 U_{BB} 时发射结承受正向偏置电压,而 $U_{CC} > U_{BB}$,使集电结承受反向偏置电压,这样做的目的是使三极管能够具有正常的电流放大作用。

改变电阻 R_B,基极电流 I_B、集电极电流 I_C 和发射极电流 I_E 都会发生变化,表 4-1 所示为三极管各极电流实验数据。

表 4-1 三极管各极电流实验数据

$I_B/\mu A$	0	20	40	60	80	100
I_C/mA	0.005	0.99	2.08	3.17	4.26	5.40
I_E/mA	0.005	1.01	2.12	3.23	4.34	5.50

对表 4-1 中的数据进行比较、分析,可得出如下结论。

(1) $I_E = I_B + I_C$。此关系就是三极管的电流分配关系,它符合基尔霍夫电流定律。

（2）I_E 和 I_C 几乎相等，且远远大于基极电流 I_B，由第三组和第四组实验数据可知，I_C 与 I_B 的比值分别为

$$\overline{\beta} = \frac{I_C}{I_B} = \frac{2.08}{0.04} = 52 ， \overline{\beta} = \frac{I_C}{I_B} = \frac{3.17}{0.06} \approx 52.8$$

I_B 的微小变化会引起 I_C 较大的变化，由计算可得

$$\beta = \frac{\Delta I_C}{\Delta I_B} = \frac{I_{C4} - I_{C3}}{I_{B4} - I_{B3}} = \frac{3.17 - 2.08}{0.06 - 0.04} = \frac{1.09}{0.02} = 54.5$$

计算结果表明，微小的基极电流变化，可以控制比其大数十倍至数百倍的集电极电流的变化，这就是三极管的电流放大作用。$\overline{\beta}$、β 称为电流放大系数。

三极管各极电流之间为什么具有这样的关系呢？可以通过三极管内部载流子的运动规律来解释。

下面以 NPN 型三极管为例分三个过程来讨论三极管内部载流子的运动过程。

（1）发射。由图 4-7 可知，由于发射结正向偏置，发射区高浓度的多数载流子——自由电子在正向偏置电压作用下，大量地扩散注入基区，与此同时，基区的空穴向发射区扩散。由于发射区重掺杂，所以注入基区的电子数远大于基区向发射区扩散的空穴数（一般高几百倍），因此我们可以在分析时忽略这部分空穴的影响。由此可见，扩散运动形成发射极电流 I_E，其方向与电子运动方向相反。

（2）扩散和复合。电子的注入使基区靠近发射结处的电子浓度很高，而集电结反向作用使靠近集电结处的电子浓度很低（近似为 0）。因此，在基区形成电子浓度差，使电子向集电区扩散。电子在扩散时，在基区将与空穴相遇并复合，同时接在基极的电源的正端不断地从基区拉走电子，好像不断地供给基区空穴。电子复合的数目与电源从基区拉走的电子数目相等，使基区的空穴浓度基本维持不变，这样就形成了基极主要电流 I_{BN}，这部分电流就是电子在基区与空穴复合的电流。由于基区空穴浓度比较低，且基区做得很薄，因此复合的电子是极少数的，绝大多数电子均能扩散到集电结处，被集电极收集。

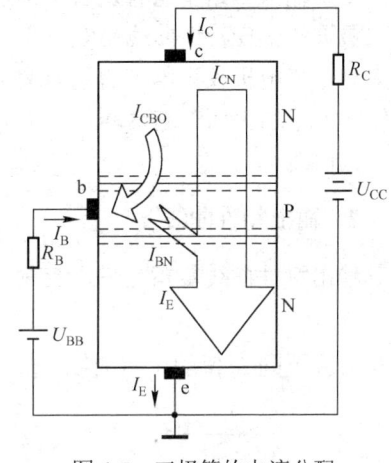

图 4-7 三极管的电流分配

（3）收集。由于集电结反向偏置，在结电场的作用下，集电区中电子和基区的空穴很难通过集电结，但这个结电场对扩散到集电结边缘的电子有极强的吸引力，可以使电子很快漂移过集电结被集电极收集，形成集电极主电流 I_{CN}。因为集电结截面积大，所以从基区扩散过来的电子基本上全部被集电极收集。

此外，因为集电结反向偏置，所以集电区中的多数载流子电子和基区中的多数载流子空穴不能向对方区域扩散，但集电区中的空穴和基区中的电子（均为少数载流子）在结电场的作用下可以做漂移运动，形成反向饱和电流 I_{CBO}。I_{CBO} 的数值很小，这个电流对放大作用没有贡献，且受温度影响较大，容易使三极管不稳定，因此在制造过程中要尽量减小 I_{CBO}。

八、三极管的特性曲线

三极管外部的极间电压与电流的关系曲线称为三极管的特性曲线。它既简单又直观地反映了各极电流与电压之间的关系。三极管的特性曲线和参数是选用三极管的主要依据。根据连接方式不同,三极管有不同的特性曲线,因共发射极连接电路用得最多,下面讨论 NPN 型三极管共发射极连接电路的输入特性和输出特性。共发射极连接电路如图 4-8（a）所示。

1. 输入特性曲线

当 U_{CE} 不变时,输入回路中 i_B 与电压 u_{BE} 之间的关系曲线称为输入特性曲线,即

$$i_B = f(u_{BE})|_{U_{CE}=常数} \tag{4-1}$$

由于输入回路中只有发射结为非线性部件,其他元件都为线性元件,所以输入特性曲线与二极管的伏安特性曲线相似。当改变 U_{CE} 值时可得一组曲线,如图 4-8（b）所示。当 U_{CE} 增大时,集电极收集电子的能力增强,在基区获得相同的 i_B 值所需的电压 u_{BE} 相应增大,则曲线随 U_{CE} 增大而向右移动,在 $U_{CE} \geq 1V$ 后,各曲线很接近,通常只给出 $U_{CE} \geq 1V$ 的一条输入特性曲线。

2. 输出特性曲线

输出特性曲线是指当 I_B 一定时,输出回路中 i_C 与 u_{CE} 之间的关系曲线,即

$$i_C = f(u_{CE})|_{I_B=常数} \tag{4-2}$$

它是对应不同 I_B 值的一组曲线,如图 4-8（c）所示。

（a）共发射极连接电路　　（b）三极管的输入特性曲线　　（c）三极管的输出特性曲线

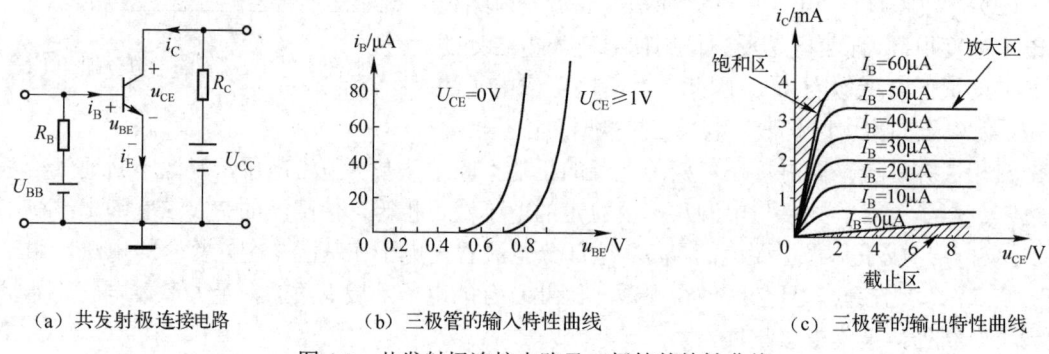

图 4-8　共发射极连接电路及三极管的特性曲线

每条曲线可分为上升、转折、平坦三个阶段。上升阶段曲线很陡,这是由于 u_{CE} 的值很小,集电极收集电子的能力不够,当 u_{CE} 增加时,集电极收集电子的能力增加,所以 i_C 受 u_{CE} 影响较大。当 u_{CE} 略有增加时, i_C 增加较快。转折阶段 i_C 随 u_{CE} 变化缓慢,这是由于 $u_{CE} \geq 1V$ 后,集电极收集电子的能力基本恢复正常,当 I_B 一定时,基区扩散到集电结附近的电子数目一定,大部分电子已被集电极收集,再增大 u_{CE}, i_C 的增大趋势减缓。平坦阶段曲线比较平坦, i_C 基本不随 u_{CE} 的增加而增加。这是由于 u_{CE} 增加到一定程度以后,集电极把从基区扩散过来的电子全部收集到集电区, u_{CE} 再增大,扩散过来的电子数目也不会增多,即 i_C 值不随 u_{CE} 增加而增加,只与 I_B 有关。在这个阶段内, β 近似为常数。

输出特性曲线可分为三个区,即放大区、截止区和饱和区,分别对应三极管的三个状态。

放大区:输出特性曲线平坦的区域,其特征是发射结正向偏置(u_{BE} 大于发射结开启电压 u_{on}),集电结反向偏置。此时,$i_C=\beta I_B$,而与 u_{CE} 无关,i_C 的大小只受 I_B 的控制。在此区域内,三极管的输出回路可等效为受控电流源。

饱和区:输出特性曲线拐点左面的区域,其特征是发射结和集电结均处于正向偏置状态。此时,i_C 不仅与 I_B 有关,而且明显随着 u_{CE} 的增大而增大。在此区域内,$i_C<\beta I_B$,三极管无放大作用。当三极管处于深度饱和状态时,u_{CE} 很小。

截止区:靠近横轴的区域,其特征是发射结电压小于发射结开启电压 u_{on},且集电结反向偏置,此时 $I_B=0$,$i_C \leq I_{CEO}$。在近似分析时可认为 $i_C=0$。

三极管的特性曲线随温度变化而变化。当温度升高时,输入特性曲线向左平移,输出特性曲线向上平移。

综上所述,三极管工作在放大区,具有电流放大作用,常用来构成各种放大电路;三极管工作在饱和区和截止区,相当于开关的断开和接通,常用于开关控制。

九、三极管的主要参数

1. 电流放大系数 β、$\overline{\beta}$

电流放大系数是衡量三极管放大能力的重要指标,有共射直流电流放大系数 $\overline{\beta}=I_C/I_B$ 和交流放大系数 $\beta=i_C/i_B$。在放大区,由于 β 与 $\overline{\beta}$ 相差不大,通常只给出 β。

2. 极间反向电流 I_{CBO}、I_{CEO}

I_{CBO} 为发射极开路时集电极与基极之间的反向饱和电流。

I_{CEO} 为基极开路时集电极与发射极之间的穿透电流。它在输出特性上对应 $I_B=0$ 时的 I_C。

$$I_{CEO}=(1+\beta)I_{CBO}$$

硅三极管的极间反向电流很小,锗三极管的极间反向电流较大。

3. 特征频率 f_T

由于三极管中 PN 结的结电容存在,三极管的交流电流放大系数是所加信号频率的函数。当信号频率高到一定程度时,集电极电流与基极电流之比不但在数值上下降,而且产生相移。f_T 为 β 下降到 1 时的信号频率。

4. 集电极最大允许电流 I_{CM}

在 i_C 的相当大的范围内 β 基本不变,但当 i_C 大到一定程度时,β 将减小。使 β 明显减小的 i_C 即 I_{CM}。通常将 β 下降到额定值的 2/3 时所对应的集电极电流规定为 I_{CM}。

5. 极间反向击穿电压

极间反向击穿电压表示在使用三极管时外加在各极之间的最大允许反向电压,如果反向电压超过这个限度,则反向电流急剧增大,可能损坏三极管。极间反向击穿电压有以下几项。

U_{CBO}——当发射极开路时,集电极—基极间的反向击穿电压。

U_{CEO}——当基极开路时,集电极—发射极间的反向击穿电压。
U_{CER}——当基极与发射极间有电阻 R 时,集电极—发射极间的反向击穿电压。
U_{CES}——当基极与发射极短路时,集电极—发射极间的反向击穿电压。
U_{EBO}——当集电极开路时,发射极—基极间的反向击穿电压。此反向击穿电压一般较小,仅有几伏左右。

上述电压一般存在如下关系:

$$U_{CBO} > U_{CES} > U_{CER} > U_{CEO}$$

由于 U_{CEO} 最小,因此在使用时使 $u_{CE} < U_{CEO}$ 即可保证三极管能够安全工作。

6. 集电极最大允许功率 P_{CM}

P_{CM} 决定了三极管的温升。当硅三极管的结温度大于 150℃,锗三极管的结温度大于 70℃时,三极管的特性明显变坏,甚至烧坏。对于确定型号的三极管,P_{CM} 是一个确定值,即 $P_{CM} = i_C u_{CE} =$ 常数,在输出特性坐标平面中为双曲线中的一条,如图 4-9 所示。曲线右上方为过损耗区。

对于大功率三极管的 P_{CM},应特别注意测试条件,如对散热片的规格要求。当散热条件不满足要求时,允许的最大功耗将小于 P_{CM}。

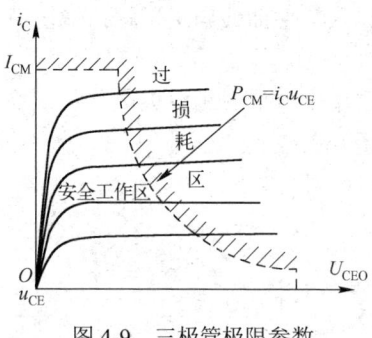

图 4-9 三极管极限参数

十、场效应管

场效应管(FET)是一种电压控制器件,是利用输入电压产生的电场效应来控制输出电流大小的器件。它具有体积小、质量轻、寿命长、输入电阻大、噪声低、热稳定性好、抗辐射能力强、便于集成化等优点。

1. 场效应管的种类与符号

场效应管按结构不同分为绝缘栅型和结型两大类。绝缘栅型场效应管由于制造工艺简单,便于实现集成化,应用更为广泛。绝缘栅型场效应管简称 MOS 管,有 N 沟道和 P 沟道两类,每一类又分为增强型和耗尽型两种,共有四种类型,其图形符号如图 4-10 所示。3 个引脚分别是源极(S)、栅极(G)、漏极(D),它们相当于三极管的发射极、基极、集电极。

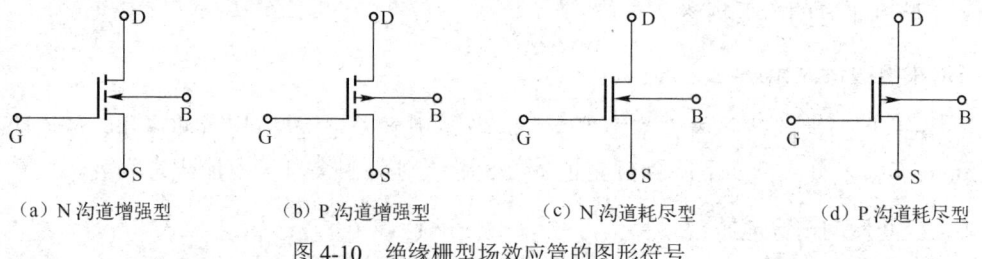

(a) N 沟道增强型　　(b) P 沟道增强型　　(c) N 沟道耗尽型　　(d) P 沟道耗尽型

图 4-10 绝缘栅型场效应管的图形符号

结型场效应管也包括 N 沟道和 P 沟道两种,其图形符号如图 4-11 所示。
将 N 沟道 MOS 管和 P 沟道 MOS 管组成互补电路,就构成 CMOS 管,其具有输入电流小、功耗小、工作电压范围宽等优点，广泛应用于集成电路。

VMOS 管从结构上较好地解决了散热问题，其耗散功率大、工作速度快、耐压高，是理想的大功率器件。

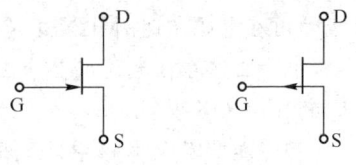

2. 场效应管的工作特点

场效应管也有三个工作区域：可变电阻区、恒流区和夹断区。当利用场效应管作为放大管时，应使它工作在恒流区。对于增强型的场效应管，必须建立一个栅—源电压使其达到开启电压，才会形成导电沟道，并有漏电电流；对于耗尽型的场效应管，在不加栅—源电压时已存在导电沟道，只有栅—源电压达到某一值时，才能使漏极与源极之间电流为零，此时的栅—源电压称为夹断电压。

图 4-11 结型场效应管的图形符号
(a) N 沟道结型 (b) P 沟道结型

能力训练

1. 选择题

（1）二极管具有（　　）。
A. 导通特性　　　　　B. 双向导通特性　　　　C. 单向导通特性

（2）稳压二极管工作在稳压状态时，其工作区是伏安特性的（　　）。
A. 正向特性区　　　　B. 反向击穿区　　　　　C. 反向特性区

（3）在选用二极管时，实际电路中的工作电压应（　　）最高反向工作电压。
A. 大于　　　　　　　B. 等于　　　　　　　　C. 小于

（4）若二极管反向电压的数值增大（小于击穿电压），则（　　）。
A. 其反向电流增大　　B. 其反向电流减小　　　C. 其反向电流不变

2. 填空题

（1）将_____封装起来，并加上_____就构成了半导体二极管，简称二极管。

（2）当二极管导通时，二极管两端所加的是_____电压。

（3）只有二极管两端正向偏置电压大于_____电压，二极管才能导通。

（4）当二极管两端的反向电压增高时，在达到_____电压以前通过的电流很小。

（5）最大正向电流 I_F 是指二极管在正常工作情况下，_____允许通过_____正向电流。若超过该值，则二极管会_____。

（6）将二极管的正向电阻与反向电阻进行_____，阻值相差_____，说明二极管的单向导电性_____。

（7）三极管的 3 个电极分别称为_____、_____和_____。

（8）三极管有三个工作区域：_____区、_____区、_____区。在模拟电路中，绝大多数情况下应保证三极管工作在_____区。

（9）场效应管的 3 个引脚分别是_____、_____、_____。

（10）场效应管也有三个工作区域：_____区、_____区和_____区，当利用场效应管作为放大管时，应使它工作在_____区。

3. 有人在测量一个二极管的反向电阻时，为了使万用表测试笔接触良好，就用两手把引脚与表笔捏紧，结果测得二极管的反向电阻较小，认为该二极管不合格，但将这个二极管用在电路中时却比较正常，这是为什么？

4. 工作在放大区的某个三极管，当 I_B 从 20μA 增大到 40μA 时，I_C 从 1mA 变成 2mA。它的 β 约为多少？

5. 在某放大电路中，测得几个三极管的三个电极电位 U_1、U_2、U_3 分别为下列各组数值，它们是 NPN 型三极管还是 PNP 型三极管？是硅三极管还是锗三极管？确定 e、b、c（说明：硅三极管的导通压降为 0.6~0.8V；锗三极管的导通压降为 0.1~0.3V）。

（1）U_1=3.3V，U_2=2.6V，U_3=15V。

（2）U_1=3.2V，U_2=3V，U_3=15V。

（3）U_1=6.5V，U_2=14.3V，U_3=15V。

（4）U_1=8V，U_2=14.8V，U_3=15V。

任务十五　放大电路性能指标及测试

能力目标

掌握放大电路的功能、组成及主要性能指标。

一、放大的概念

人们在生产和技术工作中，需要通过放大器对微弱的信号加以放大，以便进行有效地观察、测量和利用。放大器就是把微弱的电信号放大为较强电信号的电路，它放大的对象是微弱的、变化的电信号，其放大的本质是实现能量的控制，即需要在放大电路中另外提供一个能源，由能量较小的输入信号控制这个能源，使之输出较大的能量，然后推动负载。

扩音机是一种常见的放大器，其工作原理如图 4-12 所示。声音首先通过话筒转换成随声音强弱变化的电信号；然后送入电压放大器和功率放大器进行放大；最后通过扬声器把放大的电信号还原成比原来响亮得多的声音。

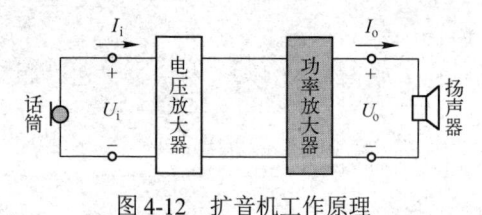

图 4-12　扩音机工作原理

二、放大电路的主要性能指标

放大电路的性能通常用一组性能指标来描述，具体如下。

在分析放大器时，通常把放大器等效成如图 4-13 所示的电路。该电路由三个部分组成：信号源、放大电路、负载。在图 4-13 中，U_s 为信号源电压，R_s 为信号源内阻，放大电路的输入电压和电流分别为 U_i 和 I_i，输出电压和电流分别为 U_o 和 I_o。对电流和电压正方向的规定如下：电流流入的方向为正；电压的方向是上正、下负。

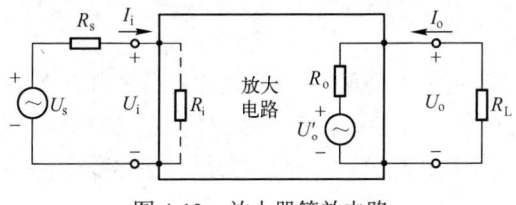

图 4-13　放大器等效电路

放大电路的主要性能指标如下。

1. 放大倍数

放大倍数是衡量放大电路放大能力的指标，它有电压放大倍数、电流放大倍数和功率放大倍数等表示方法，其中电压放大倍数应用最多。

放大电路的输出电压 U_o 与输入电压 U_i 之比，称为电压放大倍数 A_u，即

$$A_u = U_o / U_i \tag{4-3}$$

放大电路的输出电流 I_o 与输入电流 I_i 之比，称为电流放大倍数 A_i，即

$$A_i = I_o / I_i \tag{4-4}$$

放大电路的输出功率 P_o 与输入功率 P_i 之比，称为功率放大倍数 A_p，即

$$A_p = P_o / P_i \tag{4-5}$$

2. 输入电阻 R_i

把输入电压 U_i 加在放大器的输入端，会产生一个输入电流 I_i，在两者同相时，放大器输入端等效存在一个电阻 R_i，即输入电阻

$$R_i = \dot{U}_i / \dot{I}_i \tag{4-6}$$

由图 4-13 可以得到

$$U_i = \frac{R_i}{R_i + R_s} U_s \tag{4-7}$$

输入电阻 R_i 越大，U_i 就越接近 U_s，即从前级得到的电流越小，对前级的影响就越小。

3. 输出电阻 R_o

输出电阻又称放大器的内阻，是从放大器的负载左侧向放大器内部看进去的等效电阻。其定义为：断开负载，同时信号源电压 $U_s = 0$，在放大器的输出端加上一个电压源 U_2，由 U_2 产生的电流为 I_2，则 U_2 与 I_2 的比值就是放大器的输出电阻，即

$$R_o = \frac{U_2}{I_2}\bigg|_{U_s=0} \tag{4-8}$$

由图 4-13 可以得到

$$U_o = \frac{R_L}{R_o + R_L} U'_o \tag{4-9}$$

实际上，总是希望 R_o 小一些，这样在输出电流一定的情况下，损失在内阻上的信号电压就小一些，有利于输出较高的信号电压。

4．通频带

放大电路中常含有电抗元件（外接的或有源放大器件内部寄生的），这些电抗元件的电抗值与信号频率有关，这就使放大电路对不同频率的输入信号有着不同的放大能力。所以，放大电路的增益可以表示为频率的函数 $A(f)$。在低频段和高频段放大倍数通常都要下降。当 $A(f)$ 下降到中频电压放大倍数 A_o 的 $\dfrac{1}{\sqrt{2}}$ 倍，即

$$A(f_L)=A(f_H)=\dfrac{A_o}{\sqrt{2}}\approx 0.7A_o \tag{4-10}$$

时，相应的频率 f_L 称为下限频率，f_H 称为上限频率，如图 4-14 所示。

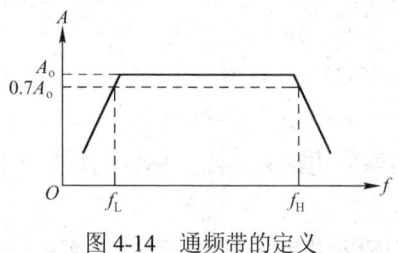

图 4-14 通频带的定义

能力训练

（1）如图 4-13 所示，电流、电压均为正弦波，已知 $R_s=600\Omega$，$U_s=30\text{mV}$，$U_i=20\text{mV}$，$R_L=1\text{k}\Omega$，$U_o=1.2\text{V}$。求该电路的电压、电流、功率放大倍数和输入电阻 R_i；当 R_L 开路时，测得 $U_o=1.8\text{V}$，求输出电阻 R_o。

（2）什么是放大电路的输入电阻和输出电阻？它们的数值是大一些好，还是小一些好？为什么？

任务十六　共发射极放大电路及其应用

能力目标

掌握共发射极放大电路的特点与分析方法。

以三极管作为控制能量的元件，与电阻、电容组成共发射极放大电路能实现将小的电信号不失真地放大的功能，图 4-15 所示为共发射极放大电路原理图。

一、电路的组成及各元器件的作用

1. 电路的组成

由原理图可以看出,电路以三极管为核心,左边为输入回路,右边为输出回路,通过三极管的电流控制作用可以实现信号放大功能。

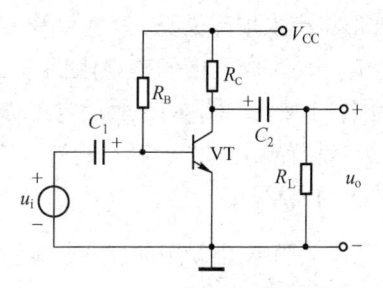

图 4-15 共发射极放大电路原理图

2. 各元器件的作用

(1) 三极管 VT:利用它的电流控制作用实现信号放大功能。

(2) 偏置电阻 R_B:其作用是提供正偏电压,从而决定电路在没有信号时(也称静态)基极电流 I_{BQ} 的大小。由于通常把 I_{BQ} 称为偏置电流,所以 R_B 被称为偏置电阻。

(3) 集电极电阻 R_C:它有两个作用,一是提供集电极电流的通路,二是把放大的电流信号转换成电压信号。

(4) 输入耦合电容 C_1 和输出耦合电容 C_2:其作用分别是把输入信号中交流成分传递给三极管,把集电极电压中的交流成分传递给负载。在低频放大电路中,耦合电容的容量一般为几十微法。

(5) 输入端的交流电压 u_i:需要放大的交流信号。

(6) 放大器的负载 R_L:输出交流信号的承受者,如音频功率放大器的负载就是喇叭(扬声器),而在多级放大器中间级,其负载就是下一级的输入电阻。

(7) 直流电源 V_{CC}:其作用是给电路提供能量,同时也为三极管正常工作提供合适的直流偏置条件。

二、静态工作点的设置与调整

1. 静态工作点的设置

所谓静态,是指当放大电路的输入信号为零时电路的工作状态。通常可通过把信号输入端对地交流短接来实现。

为什么要设置静态工作点呢?由前面介绍的三极管的基本特性可知,当发射结的电压小于发射结开启电压时,三极管处于截止状态,那么若输入信号波形是正弦波,则在正半周信号电压小于导通电压的区间和整个负半周,三极管都处于截止状态,输出的信号将是不完整的,即出现严重失真。对放大电路的最基本要求:一是能够放大;二是不失真,如果输出严重失真,放大就毫无意义了。如何解决失真这个问题呢?假如能够使三极管在静态时工作在放大状态,并且有一个合适的基极电流 I_{BQ}、集电极电流 I_{CQ} 和集射极电压 U_{CEQ},使输入信号能够完整且不失真地得到放大,就把这个基极电流 I_{BQ}、集电极电流 I_{CQ} 和集射极电压 U_{CEQ} 称为静态工作点。静态工作点的选取必须合适,过大将出现饱和失真,对于 NPN 型三极管,输出电压的波形将产生底部失真;过小将出现截止失真,对于 NPN 型三极管,输出电压的波形将产生顶部失真。在实际电路中可以由直流电源V_{CC}通过基极偏置电阻给三极管提供一个U_{BE},改变基极偏置电阻的大小可以改变U_{BE}的大小,进而改变基极电流I_B和集电极电流I_C的大小。图4-15所示电路称为固定式偏置共射放大电路。

设置静态工作点后,输入、输出的交流信号就被叠加在直流工作点上,从而满足不失真放大的要求。

2. 静态工作点的调整

静态工作点一般是通过测量集电极电流来调整的。首先使输入信号为零,然后把电流表(万用表电流挡)串接在集电极回路中,调整基极偏置电阻,使I_{CQ}达到预定值。一般取集电极最大电流(V_{CC}/R_C)的一半左右即可。在实际操作中,为了避免切断集电极回路,可以先测量集电极负载电阻两端的直流电压值,再利用欧姆定律计算出集电极电流的近似值。

注意:三极管电流放大倍数不同也会影响静态工作点的调整。

三、简单分析与计算

1. 动态工作情况

当$u_i \neq 0$时,放大电路的工作状态称为动态。放大电路的电压、电流波形如图4-16所示。

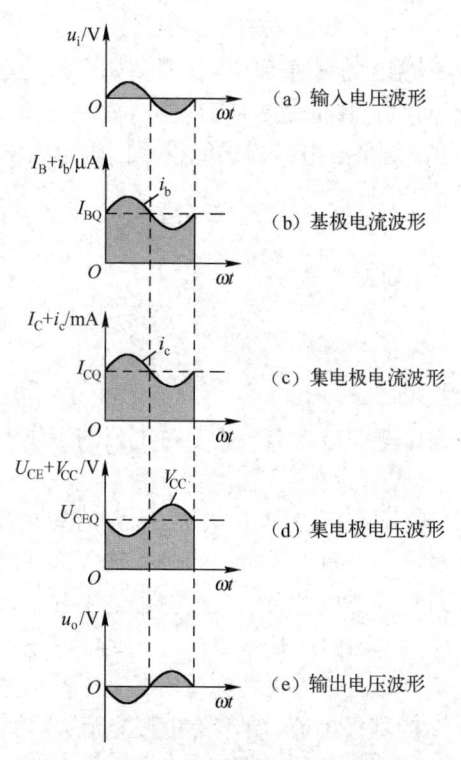

图4-16 放大电路的电压、电流波形

三极管基极与发射极之间的输入电压$u_{BE} = U_{BEQ} + u_i$,其中U_{BEQ}为直流分量,u_i为交流分量。基极电流$i_B = I_{BQ} + i_b$,集电极电流$i_C = I_{CQ} + i_c$,其中i_b和i_c为交流分量。集电极与发

射极之间的电压 $u_{CE} = V_{CC} - i_C R_C = U_{CEQ} - i_c R_C$。经过耦合电容后，直流分量被隔断，放大电路输出交流电压 $u_o = -i_c R_C$。

由以上波形可以得出以下结论：在共发射极放大电路中，i_b、i_c 与 u_i 同频率、同相位，u_o 与 u_i 同频率，但相位相反（相差180°）。

2．典型共发射极放大电路的近似计算

图 4-17 所示为分压式偏置共发射极放大电路，电源 V_{CC} 通过 R_{B1}、R_{B2}、R_C、R_E 使三极管获得合适的偏置值，为三极管的放大作用提供必要的条件，R_{B1}、R_{B2} 称为基极偏置电阻，R_E 称为发射极电阻，R_C 称为集电极负载电阻，利用 R_C 的降压作用，将三极管集电极电流的变化转换成集电极电压的变化，从而实现信号的电压放大。与 R_E 并联的电容 C_E 称为发射极旁路电容，用于短路交流，使 R_E 对放大电路的电压放大倍数不产生影响，故要求它对信号频率的容抗越小越好，因此，在低频放大电路中，C_E 通常采用电解电容器。

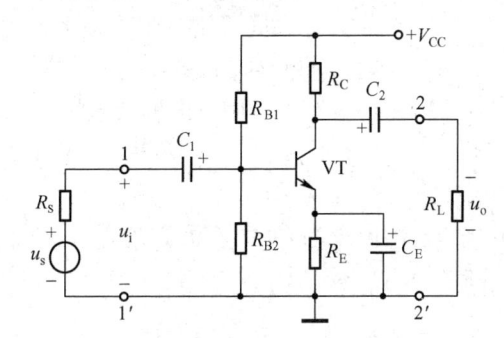

图 4-17 分压式偏置共发射极放大电路

1）直流分析

断开放大电路中的所有电容，得到直流通路，如图 4-18 所示。电路工作要求：$I_1 = (5 \sim 10)I_{BQ}$，$U_{BQ} = (5 \sim 10)U_{BEQ}$。

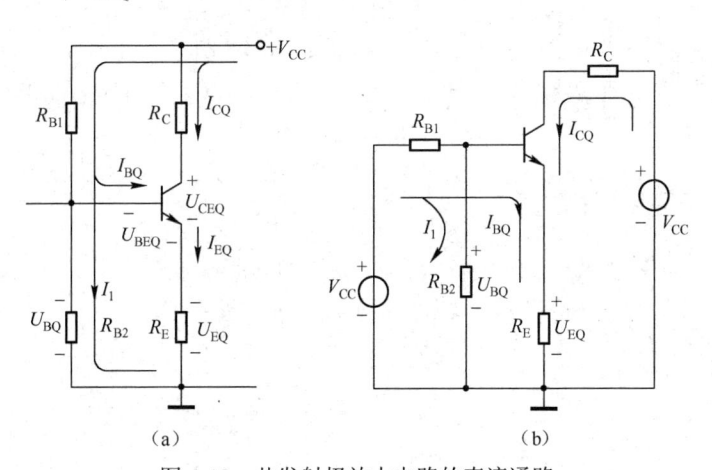

图 4-18 共发射极放大电路的直流通路

静态工作点的计算：

$$U_{BQ} \approx \frac{R_{B2}}{R_{B1}+R_{B2}}V_{CC} \tag{4-11}$$

$$I_{EQ} = \frac{U_{BQ}-U_{BEQ}}{R_E} \approx I_{CQ} \tag{4-12}$$

$$I_{BQ} = I_{CQ}/\beta \tag{4-13}$$

$$U_{CEQ} \approx V_{CC} - I_{CQ}(R_C+R_E) \tag{4-14}$$

2）三极管 H 参数小信号电路模型

在放大电路中，当三极管处于小信号放大状态时，三极管可以用 H 参数简化电路模型来代替，如图 4-19 所示。这是把三极管特性线性化后的线性电路模型，可用来分析与计算三极管电路的小信号交流特性，从而可使复杂电路的计算大为简化。

由三极管 H 参数简化电路模型可以看出，对于交流信号，三极管 b、e 之间可用一个线性电阻 r_{be} 来等效。r_{be} 称为三极管输出端交流短路时的输入电阻，其值与三极管的静态工作点有关。工程上 r_{be} 可用下面的公式进行估算：

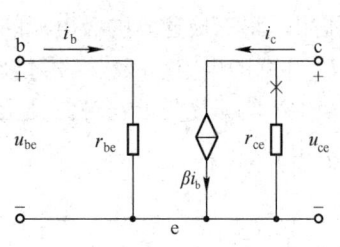

图 4-19 H 参数简化电路模型

$$r_{be} = 300\Omega + (1+\beta)\frac{26\text{mV}}{I_{EQ}} \tag{4-15}$$

三极管 c、e 之间可用一个输出电流为 βi_b 的电流源来等效。它不是一个独立的电源，而是一个大小及方向均受 i_b 控制的受控电流源。

3）性能指标分析

下面利用 H 参数小信号电路模型进行三极管电路的性能指标分析。

首先将放大电路中的 C_1、C_2、C_E 短路，电源 V_{CC} 短路，得到交流通路，然后将三极管用 H 参数小信号电路模型代入，便得到放大电路的交流小信号等效电路，如图 4-20 所示。

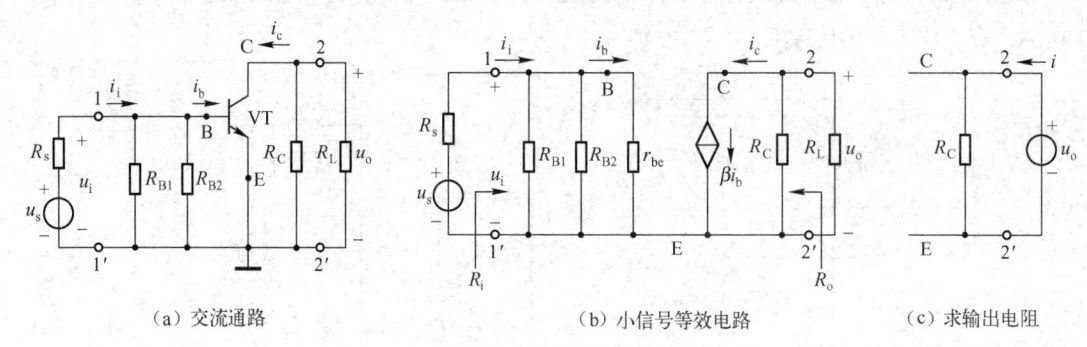

（a）交流通路　　　　　　　　（b）小信号等效电路　　　　　　　　（c）求输出电阻

图 4-20 放大电路的交流小信号等效电路

（1）电压放大倍数：

$$A_u = \frac{u_o}{u_i} = \frac{-\beta i_b R'_L}{i_b r_{be}} = -\beta\frac{R'_L}{r_{be}}, \quad R'_L = R_C // R_L \tag{4-16}$$

$$A_{us} = \frac{u_o}{u_s} = \frac{u_o}{u_i}\frac{u_i}{u_s} = \frac{u_i}{u_s}A_u = \frac{R_i A_u}{R_s+R_i} \tag{4-17}$$

(2) 输入电阻:

$$R_\text{i} = \frac{u_\text{i}}{i_\text{i}} = R_\text{B1} // R_\text{B2} // r_\text{be} \tag{4-18}$$

(3) 输出电阻:

$$R_\text{o} = R_\text{C} \tag{4-19}$$

在没有旁路电容 C_E 时，电路如图 4-21 所示。

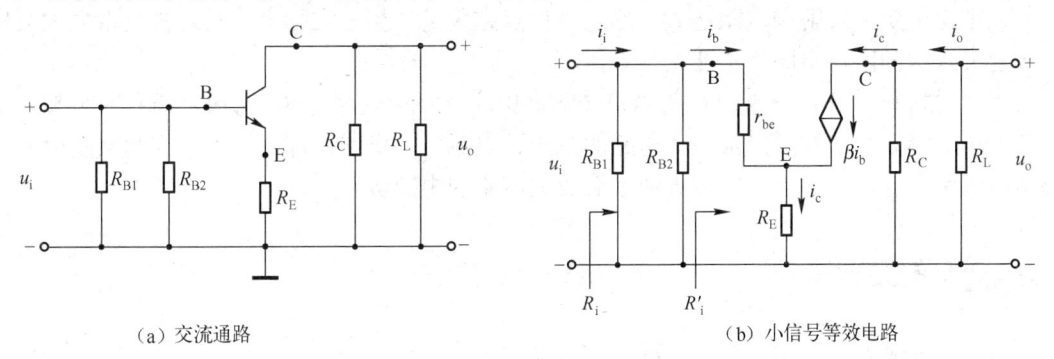

(a) 交流通路　　　　　　　　　　　　(b) 小信号等效电路

图 4-21　发射极旁路电容开路的交流小信号等效电路

(1) 电压放大倍数:

$$A_\text{u} = \frac{u_\text{o}}{u_\text{i}} = \frac{-\beta i_\text{b} R'_\text{L}}{i_\text{b}[r_\text{be} + (1+\beta)R_\text{E}]}, \quad R'_\text{L} = R_\text{C} // R_\text{L} \tag{4-20}$$

$$A_\text{us} = \frac{u_\text{o}}{u_\text{s}} = \frac{u_\text{i}}{u_\text{s}} \frac{u_\text{o}}{u_\text{i}} = \frac{R_\text{i} A_\text{u}}{R_\text{s} + R_\text{i}} \tag{4-21}$$

(2) 输入电阻:

$$R_\text{i} = R'_\text{B} // [r_\text{be} + (1+\beta)R_\text{E}] \tag{4-22}$$

(3) 输出电阻:

$$R_\text{o} = R_\text{C} \tag{4-23}$$

四、静态工作点的稳定措施

半导体材料对光、热、电场非常敏感，工作环境温度升高或自身功耗引起的温升都会影响三极管的工作状态，容易使静态工作点发生偏移，使电路工作不稳定，甚至无法正常工作。因此，必须设法稳定三极管的静态工作点，通常使用分压式偏置共发射极电路来实现静态工作点的稳定，如图 4-17 所示。

电路中 R_B1 是上偏置电阻，R_B2 是下偏置电阻，构成对电源 V_CC 的分压电路，只要电源电压稳定，三极管基极就可以得到比较稳定的偏置电压 U_B。根据分压公式可知，上偏置电阻的阻值与 U_B 成反比例关系，下偏置电阻的阻值与 U_B 成正比例关系，由此可见，改变上、下偏置电阻的阻值都能改变三极管的静态工作点。

三极管发射极接入发射极电阻 R_E，可以起到稳定静态工作点的作用。当温度升高引起三极管的 I_C 增大时，I_B 和 U_E（电阻 R_E 上的电压降）也增大，由于 U_B 基本不变，由 $U_\text{BE} = U_\text{B} - U_\text{E}$ 可知，U_BE 将变小，I_B 随之减小，I_C 也减小。结果，I_C 随温度升高而增大的部分几乎被由于 I_B

减小而减小的部分相抵消，I_C 将基本不变，即稳定了静态工作点。上述工作过程可以简写为

$$T(\text{°C})\uparrow \to I_C\uparrow(I_E\uparrow) \to U_E\uparrow\ (U_B\text{基本不变}) \to U_{BE}\downarrow \to I_B\downarrow$$
$$I_C\downarrow \longleftarrow$$

与发射极电阻 R_E 并联的是交流旁路电容 C_E，它为交流信号提供通路，以消除接入发射极电阻后对交流信号放大能力的衰减。

从理论上讲，发射极电阻越大，静态工作点越稳定，但是实际上，发射极电阻太大会使三极管进入饱和区，电路将不能正常工作。

由以上讨论可知，共发射极放大电路输出电压 U_o 与输入电压 U_i 反相，输入电阻和输出电阻大小适中。由于共发射极放大电路的电压、电流、功率增益都比较大，因此共发射极放大电路应用广泛，适用于一般放大或多级放大电路的中间级。

> **能力训练**
>
> 1. 选择题
> （1）在共发射极放大电路中，基极电流与集电极电流的相位关系是（　　）。
> A. 同相　　　　　　B. 反相　　　　　　C. 不确定
> （2）在共发射极放大电路中，输入电压与输出电压的相位关系是（　　）。
> A. 同相　　　　　　B. 反相　　　　　　C. 不确定
> （3）调整输入信号使共发射极放大电路的输出最大且刚好不失真，若再增大，则输入信号电路将出现（　　）。
> A. 截止失真　　　　B. 饱和失真　　　　C. 不失真
> （4）在分压式偏置电路中，下偏置电阻变大，集电极静态工作电流（　　）。
> A. 变大　　　　　　B. 不变　　　　　　C. 变小
> 2. 填空题
> （1）在共发射极放大电路中，三极管 VT 是核心器件，在电路中起到电流、电压的_____作用。
> （2）所谓静态，是指当放大电路的输入信号_____时，电路的工作状态。通常可通过把信号输入端对地_____来实现。
> （3）工作环境_____升高或自身功耗引起_____都会影响三极管的工作状态，容易使静态工作点发生_____，使电路工作_____，甚至无法_____。
> （4）对放大电路的最基本要求：一是_____；二是_____。
> （5）常用分压式偏置电路是由_____电阻和_____电阻构成对_____的分压电路。
> 3. 在如图 4-17 所示的电路中，若分别出现下列故障，则会产生什么现象？为什么？
> （1）C_1 被击穿短路或失效；（2）C_E 被击穿短路；（3）R_{B1} 开路或短路；（4）R_{B2} 开路或短路；（5）R_E 短路；（6）R_C 短路。

*任务十七　共集电极放大电路及其应用

> **能力目标**
>
> 掌握共集电极放大电路的特点与分析方法。

由对共发射极放大电路的分析可以看到，三极管始终工作在放大状态，通过基极电流对集电极电流的控制作用，实现了能量转换，既实现了电流放大，又实现了电压放大，获得比输入信号大得多的输出信号。实际上，一个放大电路只要能够放大电流或者放大电压，就能实现功率放大。共集电极放大电路以集电极为公共端，以基极为输入端，以发射极为输出端，通过基极电流对发射极电流的控制作用实现电流放大。图 4-22 所示为共集电极放大电路原理图。

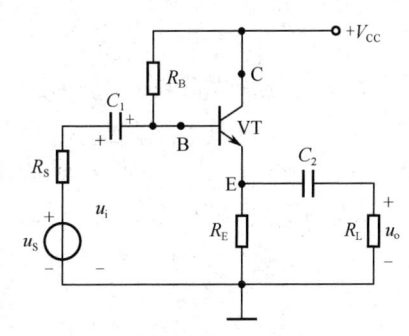

图 4-22　共集电极放大电路原理图

一、电路分析

从电路的结构上看，共集电极放大电路与共发射极放大电路的主要不同是集电极电阻为零，集电极通过电源对地形成交流通路（集电极交流接地），输出端由集电极改成发射极，故也称共集电极放大电路为射极输出器。当有交流信号输入时，电路中产生动态的基极电流，基极电流通过三极管得到放大了的发射极电流，其交流分量在发射极电阻 R_E 上产生的交流电压即输出电压。

1. 静态工作点估算

由图 4-22 可得

$$V_{CC} = I_{BQ}R_B + U_{BEQ} + I_{EQ}R_E = I_{BQ}R_B + U_{BEQ} + (1+\beta)I_{BQ}R_E$$

所以

$$I_{BQ} = \frac{V_{CC} - U_{BEQ}}{R_B + (1+\beta)R_E} \approx \frac{V_{CC}}{R_B + (1+\beta)R_E} \quad (4\text{-}24)$$

$$I_{CQ} = \beta I_{BQ} \approx I_{EQ} \quad (4\text{-}25)$$

$$U_{CEQ} = V_{CC} - I_{EQ}R_E \approx V_{CC} - I_{CQ}R_E \quad (4\text{-}26)$$

2. 性能指标分析

根据如图 4-23 所示的共集电极放大电路 H 参数小信号等效电路，可求得共集电极放大电路的各项性能指标。

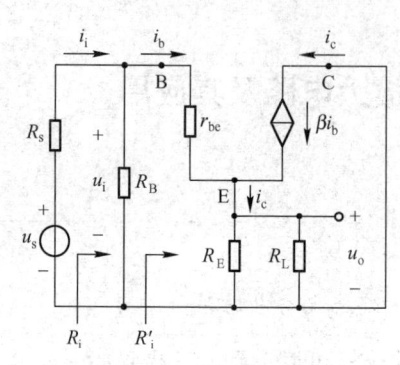

图 4-23 共集电极放大电路 H 参数小信号等效电路

（1）电压放大倍数。

$$A_u = \frac{u_o}{u_i} = \frac{(1+\beta)i_b R_E//R_L}{i_b r_{be} + (1+\beta)i_b R_E//R_L} = \frac{(1+\beta)R'_L}{r_{be} + (1+\beta)R'_L} \leqslant 1 \quad (4\text{-}27)$$

（2）输入电阻。

$$R_i = \frac{u_i}{i_i} = \frac{u_i}{\dfrac{u_i}{R_B} + \dfrac{u_i}{r_{be}+(1+\beta)R'_L}} = R_B//[r_{be}+(1+\beta)R'_L] \quad (4\text{-}28)$$

式中，$R'_L = R_E//R_L$。

（3）输出电阻。

共集电极放大电路输出电阻的等效电路如图 4-24 所示，其中 u 为由输出端断开 R_L 接入的交流电源，由它产生的电流为

$$i = i_{R_E} - i_b - \beta i_b = \frac{u}{R_E} + (1+\beta)\frac{u}{r_{be}+R'_s} \quad (4\text{-}29)$$

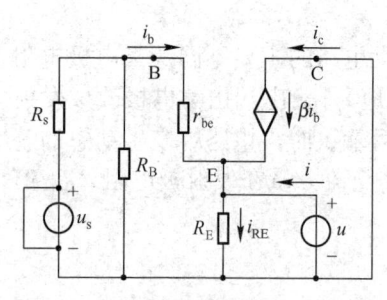

式中，$R'_s = R_s//R_B$。

图 4-24 共集电极放大电路输出电阻的等效电路

由此可得共集电极放大电路的输出电阻为

$$R_o = \frac{u}{i} = \frac{1}{\dfrac{1}{R_E} + \dfrac{1}{(r_{be}+R'_s)/(1+\beta)}} \quad (4\text{-}30)$$

$$= R_E // \frac{r_{be}+R'_s}{1+\beta}$$

二、电路特点

共集电极放大电路具有电压放大倍数小于 1 且接近于 1、输出电压与输入电压同相、输入电阻大、输出电阻小等特点。虽然共集电极放大电路本身没有电压放大作用，但由于其输入电阻很大，只从信号源吸取很小的功率，所以对信号源影响很小；又由于输出电阻很小，当负载电阻 R_L 改变时，输出电压变动很小，故有较好的负载能力，可作为恒压源输出。所以，共集电极放大电路多用于输入级、输出级或缓冲级。

三、共基极放大电路介绍

共基极放大电路原理图如图 4-25 所示，可以看出输入回路和输出回路的公共端是基极，输入回路电流为 i_E，而输出回路电流为 i_C，所以电流放大倍数略小于 1。但是电路有足够的电压放大能力，且输出电压与输入电压同相，输入电阻较共发射极电路小，输出电阻与共发射极电路相当，共基极放大电路的优点是频带宽，常用于高频电压放大。

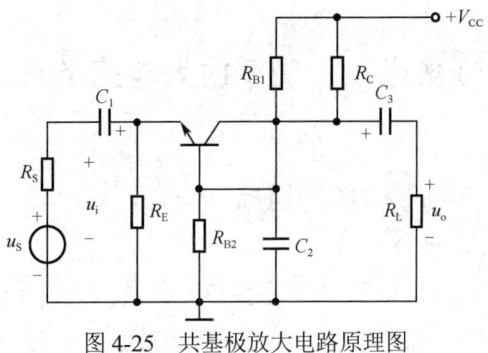

图 4-25 共基极放大电路原理图

共基极放大电路的静态工作点估算方法与分压式偏置共发射极放大电路相同。

电压放大倍数为

$$A_u = \frac{\beta R_C}{r_{be} + (1+\beta)R_E} \tag{4-31}$$

输入电阻为

$$R_i = R_E // \frac{r_{be}}{1+\beta} \tag{4-32}$$

输出电阻为

$$R_o = R_C \tag{4-33}$$

能力训练

1. 判断题
（1）当电路既能放大电流又能放大电压时，该电路才具有放大作用。（　）
（2）任何放大电路都具有功率放大作用。（　）
（3）放大电路必须加上合适的直流电源才能正常工作。（　）
（4）放大电路的输入电阻越小，对前级电路索取的电流越小。（　）
（5）共基极放大电路的电流放大倍数略小于1。（　）

2. 选择题
（1）在三极管基本放大电路三种接法中，输入电阻最小的是（　）。
A. 共发射极电路　　　B. 共集电极电路　　　C. 共基极电路
（2）在三极管基本放大电路三种接法中，电压放大倍数最小的是（　）。
A. 共发射极电路　　　B. 共集电极电路　　　C. 共基极电路
（3）在三极管基本放大电路三种接法中，输出电阻最小的是（　）。
A. 共发射极电路　　　B. 共集电极电路　　　C. 共基极电路
（4）在三极管基本放大电路三种接法中，输入、输出电压反相的是（　）。
A. 共发射极电路　　　B. 共集电极电路　　　C. 共基极电路
（5）在三极管基本放大电路三种接法中，电流放大倍数最小的是（　）。
A. 共发射极电路　　　B. 共集电极电路　　　C. 共基极电路

3. 比较共发射极、共集电极、共基极放大电路的性能。

任务十八 功率放大电路及其应用

能力目标

掌握功率放大电路的组成、工作原理及功率与效率的估算方法。

前面学过的放大电路主要是把微弱的信号不失真地放大为较大的输出电压，输出功率并不是很大。而在实际应用中，放大的最终目的是使信号具有足够的功率以驱动负载，实现电路的特定功能，如使扬声器发出声音、继电器动作、电动机转动、数据或图像显示、信号发射或传输等。

一、功率放大电路的基本要求及其种类

功率放大电路在各种电子设备中有着极为广泛的应用。从能量控制的观点来看，功率放大电路与电压放大电路没有本质上的区别，只是完成的任务不同，电压放大电路主要是不失真地放大电压信号，而功率放大电路是为负载提供足够的功率。因此，对电压放大电路的要求是要有足够大的电压放大倍数，对功率放大电路的要求则与前者不同。

1. 功率放大电路的特点

功率放大电路因其任务与电压放大电路不同，所以具有以下特点。

（1）尽可能大的输出功率。为了获得尽可能大的输出功率，要求功率放大电路中的功放管的电压和电流应该有足够大的输出幅度，因而要求充分利用功放管的三个极限参数，即功放管的集电极电流接近 I_{CM}，管压降最大时接近 $U_{(BR)CEO}$，耗散功率接近 P_{CM}。在保证功放管安全工作的前提下，尽量增大输出功率。

（2）尽可能高的功率转换效率。功放管在信号作用下向负载提供的输出功率是由直流电源供给的直流功率转换而来的，在转换的同时，功放管和电路中的耗能元件都要消耗功率。所以，要求尽量降低电路的损耗，从而提高功率转换效率。若电路输出功率为 P_o，直流电源提供的总功率为 P_E，则其转换效率为

$$\eta = \frac{P_o}{P_E} \tag{4-34}$$

（3）允许的非线性失真。工作在大信号极限状态下的功放管，不可避免地会存在非线性失真。不同的功率放大电路对非线性失真的要求是不一样的。因此，只要将非线性失真限制在允许的范围内就可以了。

（4）三极管良好的散热与保护。在功率放大电路中，功放管的集电结要消耗较大的功率，使结温和管壳温度升高，为了降低温度、提高耗散功率，应采取散热措施，如加装散热器、保证良好的通风、强制风冷等。

2. 功率放大电路的分类

（1）甲类。在功率放大电路中，若将三极管的静态工作点设在放大区的中间，则在信号的整个周期内集电极都有电流，导通角为360°，称为工作在甲类状态，该电路称为甲类功率放大电路，简称甲类功放。甲类状态下的静态工作点和电流波形如图4-26（a）所示。当工作在甲类状态时，三极管的静态电流 I_C 较大，并且无论有没有信号，电源都要始终不断地输出功率。当没有信号时，电源提供的功率全部消耗在三极管上；当有信号输入时，随着信号增大，输出的功率也增大。但是，即使在理想情况下，效率也仅为50%。所以，甲类功率放大电路的缺点是损耗大、效率低。

（2）乙类。为了提高效率，必须减小静态电流 I_C，将静态工作点下移。若将静态工作点设在静态电流 $I_C = 0$ 处，即静态工作点设在截止区，三极管只在信号的半个周期内导通，称为工作在乙类状态，该电路称为乙类功率放大电路，简称乙类功放。在乙类状态下，当没有信号时，电源输出的功率也为零；当信号增大时，电源供给的功率也随之增大，从而提高了效率。乙类状态下的静态工作点与电流波形如图4-26（b）所示。

（3）甲乙类。若将静态工作点设在接近 $I_C \approx 0$ 且 $I_C \neq 0$ 处，即静态工作点设在放大区且接近截止区，则三极管在信号的半个周期以上的时间内导通，称为工作在甲乙类状态，该电路称为甲乙类功率放大电路，简称甲乙类功放。由于 $I_C \approx 0$，因此甲乙类状态接近乙类状态。甲乙类状态下的静态工作点与电流波形如图4-26（c）所示。

（a）甲类状态下的静态工作点与电流波形　　（b）乙类状态下的静态工作点与电流波形　　（c）甲乙类状态下的静态工作点与电流波形

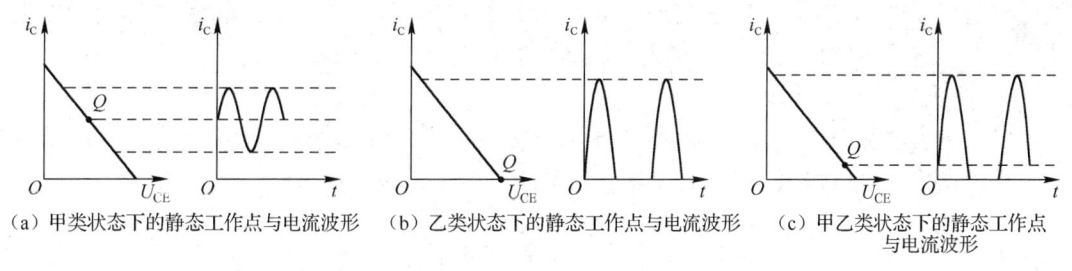

图4-26　静态工作点设置与三种工作状态

二、互补对称功率放大电路

互补对称功率放大电路有两种形式，采用单电源及大容量电容与负载和前级耦合，而不用变压器耦合的互补对称电路，称为OTL（Output Transformer Less，无输出变压器）互补对称功率放大电路；采用双电源不需要耦合电容的直接耦合互补对称电路，称为OCL（Output Capacitor Less，无输出电容）互补对称功率放大电路，两者工作原理基本相同。由于耦合电容影响低频特性且难以实现电路的集成化，加之OCL电路广泛应用于集成电路的直接耦合式功率输出级，因此下面仅对OCL电路做一下重点介绍。

1. OCL乙类互补对称功率放大电路

1）电路的组成及工作原理

图4-27所示为OCL乙类互补对称功率放大电路。该电路由一对特性及参数完全对称、类型却不同（NPN型和PNP型）的两个三极管组成射极输出器。输入信号接于两个三极管

的基极，负载电阻 R_L 接于两个三极管的发射极，由正、负等值的双电源供电。下面分析该电路的工作原理。

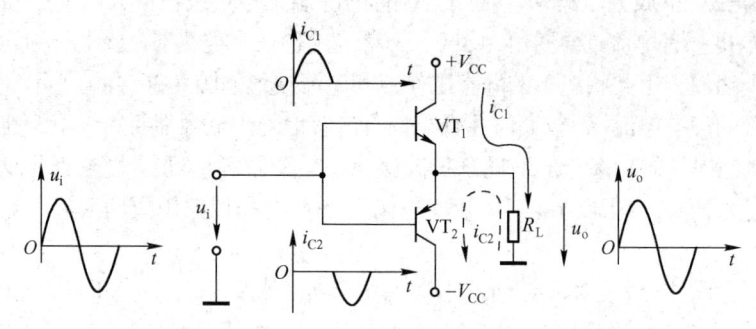

图 4-27 OCL 乙类互补对称功率放大电路

在静态时（$u_i = 0$），由图 4-27 可见，两个三极管均未设直流偏置，因而 $I_B=0$，$I_C=0$，两个三极管处于乙类工作状态。

在动态时（$u_i \neq 0$），设输入为正弦信号。当 $u_i>0$ 时，VT_1 导通，VT_2 截止，R_L 中有图 4-27 中实线所示的经放大的信号电流 i_{C1} 流过，R_L 两端获得正半周输出电压 u_o；当 $u_i<0$ 时，VT_2 导通，VT_1 截止，R_L 中有图 4-27 中虚线所示的经放大的信号电流 i_{C2} 流过，R_L 两端获得输出电压 u_o 的负半周。由此可见，在一个周期内两个三极管轮流导通，使输出电压 u_o 取得完整的正弦波形。VT_1、VT_2 在正、负半周交替导通，互相补充，故称为互补对称电路。功率放大电路采用射极输出器的形式，提高了输入电阻和带负载的能力。

2）输出功率及转换效率

（1）输出功率 P_o。如果输入信号波形为正弦波，那么输出功率为输出电压、电流有效值的乘积。设输出电压幅值为 U_{om}，则输出功率为

$$P_o = \left(\frac{U_{om}}{\sqrt{2}}\right)^2 \frac{1}{R_L} = \frac{1}{2}\frac{U_{om}^2}{R_L} \tag{4-35}$$

（2）电源提供的功率 P_E。电源提供的功率 P_E 为电源电压与平均电流的乘积，即

$$P_E = V_{CC} I_{DC} \tag{4-36}$$

当输入信号波形为正弦波时，每个电源提供的电流都是半个正弦波，幅值为 $\dfrac{U_{om}}{R_L}$，平均值为 $\dfrac{1}{\pi}\dfrac{U_{om}}{R_L}$，因此，每个电源提供的功率为

$$P_{E1} = P_{E2} = \frac{1}{\pi}\frac{U_{om}}{R_L} \cdot V_{CC} \tag{4-37}$$

两个电源提供的总功率为

$$P_E = P_{E1} + P_{E2} = \frac{2}{\pi}\frac{U_{om}}{R_L} \cdot V_{CC} \tag{4-38}$$

（3）转换效率 η。转换效率为负载得到的功率与电源供给功率的比值，代入 P_o、P_E 的表达式，可得效率为

$$\eta = \frac{P_o}{P_E} = \frac{\frac{1}{2}\frac{U_{om}^2}{R_L}}{\frac{2}{\pi}\frac{U_{om}V_{CC}}{R_L}} = \frac{\pi}{4}\frac{U_{om}}{V_{CC}} \qquad (4\text{-}39)$$

由此可见，η 正比于 U_{om}，当 U_{om} 最大时，P_o 最大，η 最高。当忽略三极管的饱和压降时，有 $U_{om} \approx V_{CC}$，因此

$$\eta_M = \frac{\pi}{4} \approx 78.5\% \qquad (4\text{-}40)$$

$$P_{oM} = \frac{1}{2}\frac{V_{CC}^2}{R_L} \qquad (4\text{-}41)$$

3）功率管的最大管耗

由电源提供的功率一部分输出到负载，另一部分消耗在三极管上，故可得到两个三极管子的总管耗为

$$P_T = P_E - P_o = \frac{2}{\pi}\frac{U_{om}}{R_L} \cdot V_{CC} - \frac{1}{2}\frac{U_{om}^2}{R_L} \qquad (4\text{-}42)$$

由于两个三极管参数完全对称，因此每个三极管的管耗为总管耗的一半，即

$$P_{C1} = P_{C2} = 1/2 P_T \qquad (4\text{-}43)$$

由式（4-42）可以看出，总管耗 P_T 与 U_{om} 有关，在实际设计过程中，必须找出对三极管最不利的情况，即最大管耗。将 P_T 对 U_{om} 求导，并令导数为零，即令 $\frac{dP_T}{dU_{om}} = \frac{2}{\pi}\frac{V_{CC}}{R_L} - \frac{U_{om}}{R_L} = 0$，可得管耗最大时 $U_{om} = \frac{2}{\pi}V_{CC}$，最大管耗为

$$P_{CM} = \frac{2}{\pi}\frac{\frac{2}{\pi}V_{CC}}{R_L} \cdot V_{CC} - \frac{1}{2}\frac{\left(\frac{2}{\pi}V_{CC}\right)^2}{R_L} = \frac{2}{\pi^2}\frac{V_{CC}^2}{R_L} = \frac{4}{\pi^2}P_{oM} \approx 0.4 P_{oM} \qquad (4\text{-}44)$$

$$P_{C1M} = P_{C2M} = \frac{1}{\pi^2}\frac{V_{CC}^2}{R_L} \approx 0.2 P_{oM} \qquad (4\text{-}45)$$

4）功率管的选择

根据乙类工作状态及理想条件，功率管的极限参数 P_{CM}、$U_{(BR)CEO}$、I_{CM} 可分别按下式选取：

$$\left. \begin{array}{l} I_{CM} \geq \dfrac{V_{CC}}{R_L} \\ U_{(BR)CEO} \geq 2V_{CC} \\ P_{CM} \geq 0.2 P_{oM} \end{array} \right\} \qquad (4\text{-}46)$$

在互补对称功率放大电路中，一个三极管导通，另一个三极管截止，截止的三极管承受的最高反向电压接近 $2V_{CC}$。

[例 4-1] 试设计一个如图 4-27 所示的乙类互补对称功率放大电路，要求能给 8Ω 的负载提供 20W 功率，为了避免三极管饱和引起的非线性失真，要求 V_{CC} 比 U_{om} 高 5V，求：

(1) 电源电压 V_{CC}；(2) 每个电源提供的功率；(3) 效率 η；(4) 单管的最大管耗；(5) 功率管的极限参数。

解：(1) 求电源电压。

由式 $P_o = \dfrac{1}{2}\dfrac{U_{om}^2}{R_L}$ 可知，$U_{om} = \sqrt{2P_o R_L} = \sqrt{2 \times 20 \times 8} \approx 17.9(\text{V})$

由 $V_{CC} - U_{om} > 5$，得 $V_{CC} > 17.9 + 5 = 22.9(\text{V})$，可取 $V_{CC} = 23\text{V}$。

(2) 求每个电源提供的功率。

$$P_{E1} = P_{E2} = \dfrac{1}{\pi}\dfrac{U_{om}}{R_L} \cdot V_{CC} \approx 16.4(\text{W})$$

(3) 效率。

$$\eta = \dfrac{P_o}{P_E} = \dfrac{P_o}{2P_{E1}} = \dfrac{20}{2 \times 16.4} \approx 61\%$$

(4) 管耗。

$$P_{C1M} = P_{C2M} = \dfrac{1}{\pi^2}\dfrac{V_{CC}^2}{R_L} \approx 6.7(\text{W})$$

(5) 极限参数。

$$I_{CM} \geq \dfrac{V_{CC}}{R_L} = \dfrac{23}{8} = 2.875(\text{mA})$$

$$U_{(BR)CEO} \geq 2V_{CC} = 2 \times 23 = 46(\text{V})$$

$$P_{CM} \geq 0.2 P_{oM} = 6.7(\text{W})$$

5) 交越失真及其消除方法

在乙类互补对称功率放大电路中，由于发射结存在"死区"，三极管没有直流偏置，管中的电流只有在 u_{be} 大于死区电压 u_{th} 后才会有明显的变化，当 $|u_{be}| < u_{th}$ 时，VT_1、VT_2 都截止，此时负载电阻上电流为零，出现一段死区，使输出波形在正、负半周交界处出现失真，如图 4-28 所示，这种失真称为交越失真。

如图 4-29 所示，为了克服交越失真，在静态时，给两个三极管提供较小的能消除交越失真的正向偏置电压，使两个三极管均处于微导通状态，此时放大电路处在接近乙类的甲乙类工作状态，因此称为甲乙类互补对称功率放大电路。

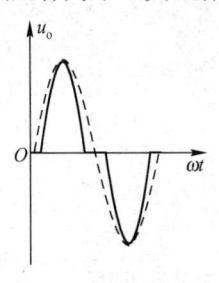

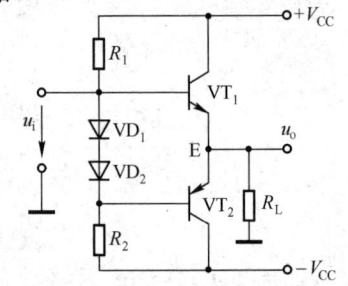

图 4-28　交越失真　　　图 4-29　甲乙类互补对称功率放大电路

图 4-29 所示为由二极管组成的偏置电路，给 VT_1、VT_2 的发射结提供所需的正向偏置电压。在静态时，$I_{C1} = I_{C2}$，在负载电阻 R_L 中无静态压降，所以两个三极管发射极的静态电位

$U_E = 0$。在输入信号作用下,因 VD_1、VD_2 的动态电阻都很小,VT_1 和 VT_2 的基极电位对交流信号而言可认为是相等的,在正半周时,VT_1 继续导通,VT_2 截止;在负半周时,VT_1 截止,VT_2 继续导通,这样,可在负载电阻 R_L 上输出消除了交越失真的正弦波。因为电路处在接近乙类的甲乙类工作状态,所以电路的动态分析计算可以近似按照乙类互补对称功率放大电路的分析方法进行。

2. 单电源 OTL 乙类互补对称功率放大电路

图 4-30 所示为单电源 OTL 乙类互补对称功率放大电路。电路中的放大元件仍是两个不同类型但特性和参数对称的三极管,其特点是由单电源供电,输出端通过大容量的耦合电容 C_L 与负载电阻 R_L 相连。

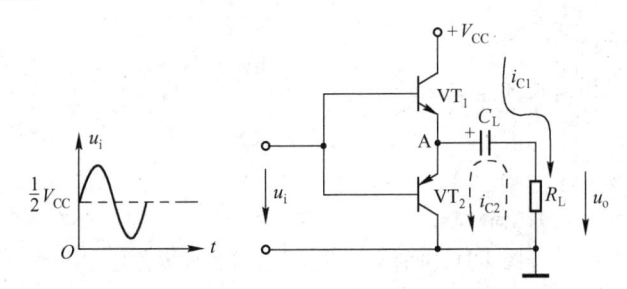

图 4-30 单电源 OTL 乙类互补对称功率放大电路

OTL 电路的工作原理与 OCL 电路基本相同。

在静态时,因两个三极管对称,穿透电流 $I_{CEO1} = I_{CEO2}$,所以中点电位 $U_A = 1/2V_{CC}$,即电容 C_L 两端的电压 $U_{C_L} = 1/2V_{CC}$。

在动态有信号时,如果不计 C_L 的容抗及电源内阻的话,在 u_i 正半周,VT_1 导通、VT_2 截止,电源 V_{CC} 向 C_L 充电并在 R_L 两端输出正半周波形;在 u_i 负半周,VT_1 截止、VT_2 导通,C_L 向 VT_2 放电提供电源并在 R_L 两端输出正半周波形。只要 C_L 容量足够大,放电时间常数 $R_L C_L$ 远大于输入信号最低工作频率所对应的周期,则 C_L 两端的电压可认为近似不变,始终保持 $1/2V_{CC}$。因此,VT_1 和 VT_2 的电源电压都是 $1/2V_{CC}$。

由 OCL 电路所引出的计算 P_o、P_E、η 等的公式,只要以 $1/2V_{CC}$ 代替式中的 V_{CC},就可以用于 OTL 电路的计算。

三、复合管的应用

1. 复合管

互补对称功率放大电路要求输出管为一对特性相同的异型管,这往往很难实现,在实际电路中常采用复合管来实现异型管的配对。

所谓复合管,是指由两个或两个以上的三极管按照一定的连接方式组成的一个等效的三极管。复合管的类型与组成该复合管的第一个三极管相同,而其输出电流、饱和压降等基本特性主要由最后的输出三极管决定。图 4-31 所示为 4 种类型的复合管及其等效类型,图 4-31 (a)、(c) 为同型复合,图 4-31 (b)、(d) 为异型复合。复合管的电流放大倍数约等于两个三极管的电流放大倍数的乘积，即 $\beta \approx \beta_1\beta_2$。复合管虽然有电流放大倍数高的优点，但它的穿透电流较大，且高频特性会变差。因此，图 4-31 中的电阻 R_1 为泄放电阻，其作用是减小复合管的穿透电流 I_{CEO}。

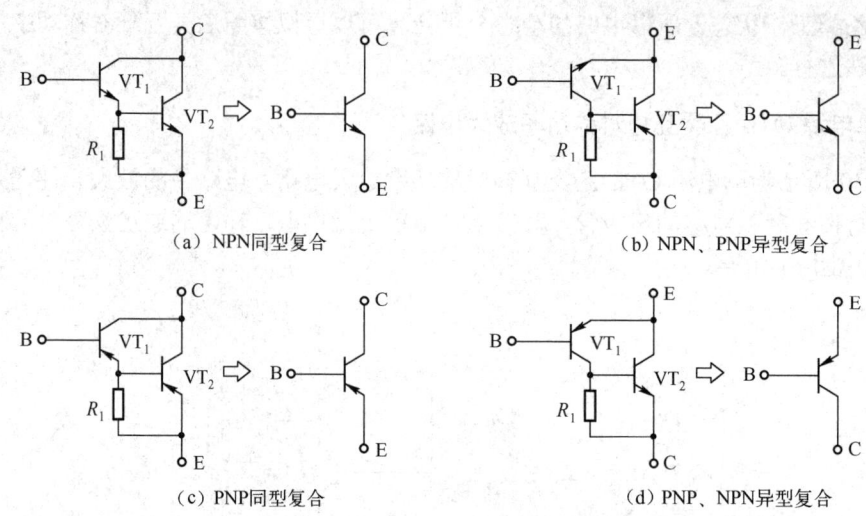

（a）NPN同型复合　　　　　　　　　　（b）NPN、PNP异型复合

（c）PNP同型复合　　　　　　　　　　（d）PNP、NPN异型复合

图 4-31　4 种类型的复合管及其等效类型

2. 由异型复合管组成的准互补对称功率放大电路

由异型复合管组成的准互补对称功率放大电路如图 4-32 所示。调整 R_3 和 R_4 可以使 VT_3、VT_4 有一个合适的静态工作点，R_5 和 R_6 为改善偏置热稳定性的发射极电阻，当 R_L 短路时，可限制复合管电流的增大，起到一定的保护作用。该电路的工作情况与互补对称功率放大电路相同。

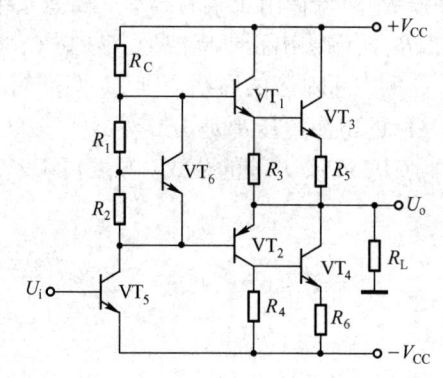

图 4-32　由异型复合管组成的准互补对称功率放大电路

能力训练

1. 选择题

（1）甲类功率放大电路的静态工作点设置在（　　）内。

A. 截止区　　　　B. 放大区　　　　C. 饱和区　　　　D. 不确定

(2)乙类功率放大电路由两个功放管组合起来（　　）工作,合成一个完整的全波信号。
A. 同时　　　　B. 交替　　　　C. 间隙同时　　D. 不确定
(3)复合管的电流放大倍数约等于两个三极管的电流放大倍数（　　）。
A. 之和　　　　B. 之差　　　　C. 乘积　　　　D. 均方根
(4)功放管安装散热器,可以（　　）。
A. 降低功放管的管压降　　　　　B. 提高功放管的管压降
C. 降低功放管的耗散功率　　　　D. 提高功放管的耗散功率
2. 试判断下列说法是否正确,并说明理由。
(1)乙类互补对称功率放大电路输出功率越大,功率管的损耗越大,所以电路效率越低。
(2)OCL 电路的最大输出功率 $p_{oM} \approx V_{CC}^2/(2R_L)$,其最大输出功率仅与电源电压 V_{CC} 和负载电阻 R_L 有关,而与三极管无关。
(3)OCL 电路中输入信号越大,交越失真就越大。
3. OTL 电路与 OCL 电路有哪些主要区别?使用时应注意哪些问题?

技能训练十　常用分立电子元器件的测试

1. 训练目的

(1)学会用万用表检测普通二极管、稳压二极管、发光二极管的质量。
(2)学会识别三极管的 3 个电极。
(3)学会用万用表判别三极管的导电类型,估测放大能力。

2. 仪表及元器件

万用表、各种二极管、各种类型的三极管。

3. 训练内容

(1)二极管的识别与检测。

内容	技能点	训练步骤及内容	训练要求
普通二极管的检测	① 直观识别二极管的极性。 ② 用万用表识别二极管的极性。 ③ 用万用表检测二极管的性能	① 二极管的正、负极一般都标注在外壳上,常用图形符号、色点、标注环等表示。标有色点的一端是正极,标有标志环的一端是负极。 ② 用万用表识别二极管的极性。 　a. 将万用表量程置"×1k"或"×100"挡,进行"0Ω"校正。 　b. 将万用表的红表笔和黑表笔分别与二极管的两个引脚相接,记下万用表的电阻值读数。注意,人体不要同时与二极管的两个引脚相接,以免影响测量结果。 　c. 交换与红表笔和黑表笔相接的二极管引脚,记下万用表的电阻值读数。以电阻值较小的一次为准,与黑表笔相接的二极管引脚是正极,与红表笔相接的二极管引脚是负极,该电阻值称为二极管的正向电阻。反之,较大的电阻值称为二极管的反向电阻。 ③ 用万用表检测二极管的性能。 　将万用表两次测量的结果,即将二极管的正向电阻与反向电阻进行比较,阻值相差越大,说明二极管的单向导电性越好。若两次测量的结果均较大或较小,则说明二极管已损坏	学会用万用表检测普通二极管的质量

续表

内　容	技 能 点	训练步骤及内容	训 练 要 求
稳压二极管的检测	检测稳压二极管	① 按普通二极管的检测方法判断出稳压二极管的正、负极。 ② 将万用表的量程置"×10k"挡，测量二极管的反向电阻值，若此时的阻值变得较小，则说明该二极管是稳压二极管	学会用万用表判断稳压二极管的极性及检测其质量
发光二极管的检测	检测发光二极管	① 将万用表的量程置"×10k"挡，测量其正、反向电阻值，判断出其正、负极。 ② 将万用表外接 1 节 1.5V 电池，量程置"×10"或"×100"挡，黑表笔接电池负极，红表笔接发光二极管负极，电池正极接发光二极管正极，若发光二极管能正常发光，则表示其质量合格	学会用万用表判断发光二极管的极性及检测其质量

（2）三极管的识别与检测。

内　容	技 能 点	训练步骤及内容	训 练 要 求
使用万用表检测三极管	用万用表检测三极管的3个电极	① 将万用表量程置"×1k"或者"×100"挡。 ② 用红、黑表笔分别测量三极管 3 个引脚两两之间的正、反向电阻（6次），当其中两次测量阻值较小时，测试连接的公共引脚就是基极，若黑表笔连接基极，则该三极管是 NPN 型三极管；若红表笔连接基极，则该三极管是 PNP 型三极管。 ③ 确定三极管的集电极与发射极并估测其放大能力。 　a. 在确定基极和类型后，如果是 NPN 型三极管，可以将红、黑表笔分别接在两个未知电极上，表针应指向无穷大处，再用手把基极和黑表笔所连接引脚一起捏紧（注意，两极不能直接相碰，即相当于接入一个电阻），记下此时万用表测得的阻值。 　b. 对调红、黑表笔所接的两个引脚，用同样的方法再测得一个阻值。 　c. 比较两次结果，阻值读数较小的一次黑表笔所接的引脚为集电极，红表笔所接引脚为发射极。 　d. 阻值读数越小，说明三极管的放大能力越强，若两次测量均不动，则表明三极管没有放大能力。 　e. PNP 型三极管的测试方法与 NPN 型三极管基本相似，但在测试时，应当用手同时捏紧基极和红表笔所接引脚。按上述步骤测两次阻值，读数较小的一次红表笔所接引脚为集电极，黑表笔所接引脚为发射极	学会使用万用表判断三极管的3个电极、类型及估测放大能力
三极管质量的判别	用万用表检测三极管的质量	① 在确定基极的测量中，若出现 2 次以上或 2 次以下阻值较小的情况，则说明三极管已损坏。 ② 三极管若没有放大能力，则不能使用。 ③ 若测得集电极与发射极阻值变小，则说明三极管性能变差，不宜使用	学会使用万用表检测三极管的质量

技能训练十一　常用电子仪器的使用

1. 训练目的

（1）了解函数信号发生器、毫伏表、示波器等电子仪器的基本原理。
（2）掌握函数信号发生器、毫伏表、示波器等电子仪器的使用方法。

2. 仪器、仪表

函数信号发生器、双通道示波器、交流毫伏表、数字万用表。

3. 训练内容

1）常用电子仪器使用方法

在电子电路实验中，要对各种电子仪器进行综合使用，可按照信号流向，以接线简捷、调节顺手、观察与读数方便等原则进行合理布局。在接线时应注意，为防止外界干扰，各仪器的公共接地端应连接在一起，称为共地。

（1）函数信号发生器。

函数信号发生器可以根据需要输出正弦波、方波、三角波 3 种信号波形。输出信号电压频率可以通过频率分挡开关、频率粗调和细调旋钮进行调节。输出信号电压幅度可由输出幅度调节旋钮进行连续调节。

操作要领：

① 按下电源开关。

② 根据需要选定一个波形输出开关并按下。

③ 根据所需频率，选择频率范围（选定一个频率分挡开关并按下），分别调节频率粗调旋钮和细调旋钮，直至频率显示屏上显示所需频率。

④ 调节幅度调节旋钮，用交流毫伏表测出所需信号电压值。

（2）交流毫伏表。

交流毫伏表只能在其工作频率范围内用来测量 300V 以下正弦交流电压的有效值。

操作要领：

① 为了防止过载损坏仪表，在开机前和测量前（在输入端开路情况下）应先将量程开关置于较大量程处，待输入端接入电路开始测量时，再逐挡减小量程到适当位置。

② 读数。当量程开关旋到左边首位数为"1"的任一挡位时，应取 0～10 标度尺上的示数。当量程开关旋到左边首位数为"3"的任一挡位时，应读取 0～3 标度尺上的示数。

③ 仪表使用完后，先将量程开关置于较大量程位置，再拆线或关机。

（3）双通道示波器。

示波器是用于观察和测量信号的波形及参数的设备。双通道示波器可以同时对两个输入信号进行观测和比较。

操作要领：

① 时基线位置的调节。开机数秒后，适当调节垂直（↑↓）和水平（← →）位移旋钮，将时基线移至适当的位置。

② 清晰度的调节。适当调节亮度和聚焦旋钮，使时基线越细越好（亮度不能太亮，一般能看清楚即可）。

③ 示波器的显示方式。示波器主要有单踪和双踪两种显示方式，属单踪显示的有"Y_1""Y_2""Y_1+Y_2"，在进行单踪显示时，可选择"Y_1"或"Y_2"其中一个按钮按下。属双踪显示的有"交替"和"断续"，在进行双踪显示时，为了在一次扫描过程中同时显示两个波形，采用"交替"显示方式，当被观察信号频率很低时（几十赫兹以下），可采用"断续"显示方式。

④ 波形的稳定。为了显示稳定的波形，应注意示波器面板上控制按钮的位置。

"扫描速率"(t/div)开关——根据被观察信号的周期而定（一般当信号频率低时，开关应向左旋，反之应向右旋）。

"触发源选择"开关——选内触发。

"内触发源选择"开关——应根据示波器的显示方式来定，当显示方式为单踪时，应选择相应通道（如使用 Y_1 通道，应选择 Y_1 内触发源）的内触发源开关按下。当显示方式为双踪时，可适当选择 3 个内触发源开关中的一个按下。

"触发方式"开关——常置于"自动"位置。当波形稳定情况较差时，可置于"高频"或"常态"位置，此时必须要调节电平旋钮来稳定波形。

⑤ 在测量波形的幅值和周期时，应分别将 Y 轴灵敏度"微调"旋钮和扫描速率"微调"旋钮置于"校准"位置（顺时针旋到底）。

2）函数信号发生器练习

模拟电路常用到小幅度的信号源，为此函数信号发生器提供了衰减按钮。

练习步骤如下：

（1）调节函数信号发生器输出三角波，送示波器显示稳定的波形。

（2）将频率分别调到 1kHz、10kHz、100kHz。

（3）将三角波幅度调到 50mV（峰值）。

（4）从示波器中读出三角波频率，将数据记入表 4-2。

表 4-2 实验记录

频 率 值	原 始 数 据		实 测 值
1kHz	5div	0.2ms/div	
10 kHz	5div	20μs/div	
100 kHz	5div	2μs/div	

3）交流毫伏表练习

交流毫伏表只能测量正弦波有效值，因此首先要用示波器确认是否为正弦波，然后才能用交流毫伏表测量有效值。

练习步骤如下：

（1）调节函数信号发生器输出 1kHz 的正弦波，送示波器显示稳定的波形。

（2）调节幅度至约 1.4V 峰值（用示波器测量）。

（3）用交流毫伏表测量正弦波有效值，调节正弦波幅度精确至有效值 1V（用交流毫伏表测量）。

（4）从示波器中读出此时的正弦波幅值，将数据记入表 4-3。

表 4-3 实验记录

刻 度 值	原 始 数 据		实测峰-峰值	有 效 值
1V（有效值）	3div	1V/div		

4）示波器练习

示波器提供的校准信号用于检测示波器能否正常工作。校准信号的幅值和频率通常会在面板上标出。当示波器采用双踪显示时，有交替（ALT）和断续（CHOP）两种显示方式。

练习步骤如下：

（1）调节函数信号发生器的有关旋钮或按键，同步观察输出信号幅度数码显示窗口的读数和示波器波形，使函数信号发生器输出频率为1kHz、有效值为1V的正弦波信号。

（2）改变示波器"扫描速度"开关和"Y轴灵敏度"开关的位置，测量函数信号发生器输出波形的频率及峰-峰值，将数据记入表4-4。

（3）重复（1）（2）步骤，使函数信号发生器输出频率分别为100Hz、10kHz、100kHz、1MHz，有效值均为1V的正弦波信号。

表4-4 实验记录

信号频率	示波器测量值		交流毫伏表测量电压有效值/V	示波器测量值	
	信号周期/ms	信号频率/Hz		信号峰-峰值/Vp-p	信号有效值/V
100Hz					
1kHz					
10kHz					
100kHz					
1MHz					

技能训练十二　单管交流电压放大器的安装与性能指标测试

1．训练目的

（1）学会对电路中使用的元器件进行检测与筛选。

（2）学会单管交流电压放大器的装配方法。

（3）学会检查、调整和测量电路的工作状态。

2．仪器、仪表及工具

元件、面包板或印制电路板、万用表、直流稳压电源、双通道示波器、低频信号发生器。

3．训练内容

这是一个验证性技能训练，同学们需要利用三极管、电阻、电容等元器件，自己制作一个单管放大器，并根据训练目的的要求，通过技能训练，体会课本内容的正确性，加深对课本内容的理解。要进行上述技能训练，首先需要自己构建一个单管放大器的基本电路，电路原理图如图4-33所示。

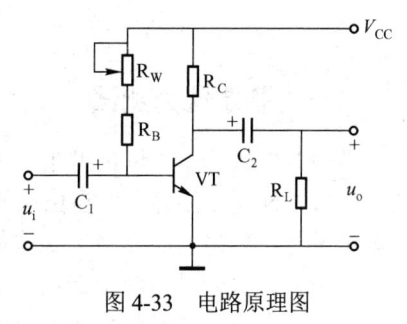

图4-33　电路原理图

内容	技能点	训练步骤及内容	训练要求
装配图设计	设计装配图		学会设计装配图
元器件检测与筛选	检测与筛选元器件		学会检测、筛选元器件
电路装配	装配单管交流电压放大器	① 电阻采用水平安装方式，贴紧印制电路板，电阻的色环标志顺序应一致。 ② 电容采用垂直安装方式，电容底部距印制电路板 5mm，注意正、负极性。 ③ 三极管采用垂直安装方式，三极管底部距印制电路板 10mm，注意引脚极性。 ④ 微调电位器贴紧印制电路板安装，不能歪斜。 ⑤ 布线正确，焊接可靠，无漏焊、短路现象。 ⑥ 装配完成后应进行自检，正确无误后才能进行调试	学会装配单管交流电压放大器
静态工作点的调试	调试单管交流电压放大器的静态工作点	① 直流稳压电源（12V）与印制电路板之间用多股软导线连接，注意正、负极性不能接错；将万用表置于"直流电流 10mA"挡并串接在集电极回路中，红表笔接电源正极端，黑表笔接集电极电阻。 ② 将 C_1 负极接地，使输入信号为零。 ③ 接通直流稳压电源，调整 R_W 的阻值（最大→中间→最小），观察万用表电流挡读数的变化，并将结果记录下来。最后，调整 R_W 的阻值使万用表电流挡读数为 2mA。 ④ 切断直流稳压电源，将集电极回路的缺口连接好。重新接通直流稳压电源，用万用表的直流电压挡测量三极管的 U_{CE}，约为 6V，通过计算求出静态工作电流	学会调试单管交流电压放大器的静态工作点
观察输入、输出波形	使用双通道示波器观察单管交流电压放大器输入、输出波形的特点	① 将低频信号发生器"频率"置于"1000Hz"，输出信号电压为 50mV，并将电压输出端与放大电路输入端（C_1 负极）连接，接好地线。 ② 将双通道示波器 Y 轴输入电缆分别和放大电路的输入、输出端连接，调整相应的开关，使输入、输出波形稳定显示（1~3 个周期）。 ③ 逐渐增大低频信号发生器的输出电压，使放大电路输出电压达到最大值（不失真）。 ④ 读取输入、输出电压波形的峰-峰值，计算电压放大倍数，观察输入、输出波形的相位差，将结果记录下来。 ⑤ 调整 R_W 的阻值，观察输出波形的失真情况	学会用双通道示波器观察静态工作点对放大器输出波形的影响

能力测试

一、基本能力测试

（1）P 型半导体和 N 型半导体是怎么形成的？在室温下它们各带什么电荷？

（2）N 型半导体中的自由电子多于空穴，而 P 型半导体中的空穴多于自由电子，是否 N 型半导体带负电，而 P 型半导体带正电？

（3）三极管是由两个 PN 结组成的，是否可以将两个二极管连接组成一个三极管呢？

（4）三极管的发射极和集电极是否可以调换使用？为什么？

（5）什么是放大器的输入电阻和输出电阻？它们的数值是大一些好，还是小一些好？为什么？

（6）什么是静态？什么是静态工作点？温度对静态工作点有什么影响？

（7）什么是放大电路的非线性失真？如何消除？

（8）分压式偏置电路为什么能稳定静态工作点？旁路电容 C_E 有什么作用？

（9）与电压放大电路相比，功率放大电路有何特点？功率放大电路如何分类？什么是 OCL 电路？什么是 OTL 电路？它们是如何工作的？乙类功率放大电路为什么会产生交越失真？如何消除交越失真？在选择三极管时，应该特别注意三极管的什么参数？

（10）采用复合管组成的互补对称功率放大电路有什么优点？两个三极管复合后总的电流放大倍数及管型是如何决定的？

二、提升能力测试

（1）在测量二极管的正向电阻时，为什么用万用表的电阻"×1"挡测出的数值比用"×100"挡测出的数值小？

（2）如何使用万用表区分 NPN 型三极管和 PNP 型三极管并判断 3 个电极？

（3）有两个三极管，第一个的 $\beta = 50$，$I_{CEO} = 10\mu A$；第二个的 $\beta = 150$，$I_{CEO} = 200\mu A$，其他参数相同，当用于放大时，哪个三极管更合适？

（4）电路中接有一个三极管，不知其类型，测出它的 3 个引脚的电位分别为 10.5V、6V、6.7V，试判别三极管的 3 个电极，并说明这个三极管是哪种类型的，是硅三极管还是锗三极管。

（5）如图 4-34 所示，已知 $\beta = 50$，$R_B = 680\text{k}\Omega$，$V_{CC} = 20\text{V}$，$R_C = 6.2\text{k}\Omega$，求静态管压降。若要求使 $u_{CE} = 6.8\text{V}$，那么应将 R_B 调到多大阻值？

（6）如图 4-35 所示，已知 $\beta = 50$，$R_{B1} = 33\text{k}\Omega$，$R_{B2} = 10\text{k}\Omega$，$V_{CC} = 12\text{V}$，$R_C = R_E = R_L = R_S = 3\text{k}\Omega$，$U_{BE} = 0.7\text{V}$，试求：（1）静态工作点；（2）画微变等效电路；（3）输入电阻和输出电阻；（4）电压放大倍数 A_u 和源电压放大倍数 A_{us}。

图 4-34

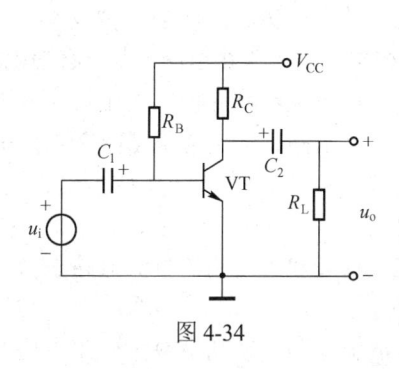

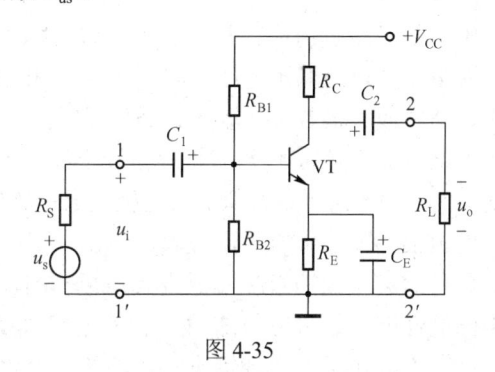

图 4-35

（7）在如图 4-36 所示的功放电路中，试：

① 说明 VD_3、VD_4 的作用。

② 分析 u_o 与 u_i 的相位关系。

③ 估算本电路的最大输出功率。

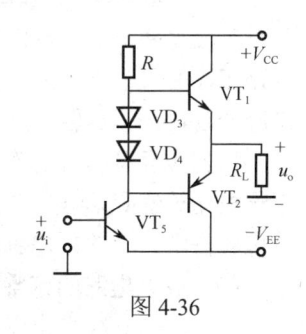

图 4-36

项目小结

（1）半导体中有自由电子和空穴两种载流子参与导电。

（2）PN 结是构成半导体器件的核心，其主要特性是单向导电性，即 PN 结在正向偏置时导通，呈现很小的电阻，形成较大的正向电流；PN 结在反向偏置时截止，呈现很大的电阻，反向电流近似为零。当反偏电压超过反向击穿电压后，PN 结被反向击穿，单向导电性被破坏。

（3）二极管由 PN 结构成，其伏安特性是非线性的。一般硅二极管的正向压降为 0.6～0.8V，锗二极管的正向压降为 0.1～0.3V。普通二极管的主要参数是最大整流电流和最高反向工作电压，使用中还应注意二极管的最高工作频率和反向电流，硅二极管的反向电流比锗二极管的反向电流小得多。

（4）三极管是具有放大作用的半导体器件，根据结构及工作原理的不同可分为双极型和单极型两类。双极型半导体三极管简称晶体管或 BJT，它在工作时有空穴和自由电子两种载流子参与导电；单极型半导体三极管简称场效应管或 FET，它在工作时有一种载流子（多子）参与导电。

（5）三极管是由两个 PN 结组成的三端器件，有 NPN 型和 PNP 型两类，根据材料不同又有硅三极管和锗三极管之分。因偏置条件不同，三极管有放大、截止、饱和等工作状态。

（6）用来对电信号进行放大的电路称为放大电路，它是使用最为广泛的电子电路之一，也是构成其他电子电路的基本单元电路。

放大电路的性能指标主要有放大倍数、输入电阻和输出电阻等。放大倍数是衡量放大能力的指标，输入电阻是衡量放大电路对信号源影响的指标，输出电阻是反映放大电路带负载能力的指标。

（7）由三极管组成的基本单元放大电路有共发射极、共集电极和共基极三种基本组态。共发射极放大电路输出电压与输入电压反相，输入电阻和输出电阻大小适中。由于它的电压、电流、功率放大倍数都比较大，适用于一般放大电路。共集电极电路的输出电压与输入电压同相，电压放大倍数小于 1 且近似等于 1，但它具有输入电阻高、输出电阻低的特点，多用于输入级、输出级或缓冲级。共基极放大电路输出电压与输入电压同相，电压放大倍数较高，输入电阻很小而输出电阻比较大，适用于高频或宽带放大。

各种组态电路的直流偏置方式是相同的，静态工作点通过放大电路的直流通路求得；放大电路的性能指标采用 H 参数小信号电路模型进行分析。

（8）主要用于向负载提供功率的放大电路称为功率放大电路。在功率放大电路中提高效率是十分重要的，这不仅可以减小电源的能量消耗，而且对降低功率管管耗、提高功率放大电路工作的可靠性十分有效。因此，低频功率放大电路通常采用乙类（或甲乙类）工作状态来降低管耗，提高输出功率和效率。

甲乙类互补对称功率放大电路因具有电路简单、输出功率大、效率高、频率特性好和适于集成化等优点而被广泛应用。采用双电源供电、无输出电容的电路简称 OCL 电路；采用单电源供电、有输出电容的电路简称 OTL 电路。

（9）放大电路的调整与测试包括静态调试和动态调试。静态调试一般采用万用表直流电压挡测量放大电路的直流工作点。动态调试的目的是使放大电路的增益、输出电压动态范围、失真、输入电阻和输出电阻等指标达到要求。

项目自评表

序 号	自评项目	自评内容	项目配分	项目得分	自评成绩
1	半导体器件	PN结的单向导电性	1分		
		普通二极管的伏安特性、工作特点和主要参数	4分		
		二极管的识别方法和检测方法	4分		
		各种三极管电路符号的识别	2分		
		三极管的工作原理、特性和主要参数	4分		
		三极管的放大作用	5分		
		三极管电路放大、饱和、截止状态的判断	4分		
		三极管的基本使用和判断	4分		
2	放大电路基本概念	放大电路的功能及组成	8分		
		放大电路的主要性能指标	8分		
3	共发射极放大电路	共发射极放大电路静态工作点的估算	12分		
		共发射极放大电路性能指标的估算	12分		
4	共集电极放大电路	共集电极放大电路的组成	2分		
		共集电极放大电路的主要特点	2分		
		共集电极放大电路的静态分析	4分		
		共集电极放大电路的动态分析	4分		
5	功率放大电路	功率放大电路的特点及分类	5分		
		乙类互补对称功率放大电路的组成及工作原理	5分		
		乙类互补对称功率放大电路的计算	10分		
能力缺失					
弥补办法					

项目五

集成运算放大器应用

➡ 学习指南

项目描述:集成运算放大器简称集成运放。它是一种通用性很强的电子器件,在电路中以集成运算放大器为核心器件,可以实现信号产生、数据采集、信号处理、电子测量等功能。由集成运放组成的应用电路具有性能好、可靠性高、组装调节方便、材料成本低廉等诸多优点,因此,集成运放在测量、自动控制、信号处理等方面应用非常广泛。

学习导航

任 务	重 点	难 点	关 键 能 力
集成运算放大器	集成运算放大器的组成; 理想集成运算放大器的电路符号; 集成运算放大器的引脚排列; 集成运算放大器的理想特性	"虚短""虚断""虚地"	会识别集成运算放大器的电路符号及引脚排列; 会集成运算放大器的使用方法
放大电路中的负反馈及其应用	反馈放大电路的组成; 反馈分类及特性; 负反馈的4种组态及特性; 负反馈对放大电路性能指标的影响	负反馈放大电路的4种组态判别; 负反馈对放大电路性能的影响; 深度负反馈	会放大电路正、负反馈的判别; 会放大电路交、直流反馈的判别; 能判别负反馈的4种组态及其适用范围
集成运算放大器的线性应用	反相比例运算放大电路分析; 同相比例运算放大电路分析; 加法运算电路分析; 减法运算电路分析	集成运算放大器的理想特性应用; 线性电路叠加原理应用	会反相比例运算放大电路分析; 会同相比例运算放大电路分析; 会加法运算电路分析; 会减法运算电路分析

任务十九　集成运算放大器

能力目标

（1）掌握理想集成运算放大器的特性。
（2）熟悉理想集成运算放大器在线性状态的特点。
（3）初步具有选择和使用集成运算放大器的能力。

集成电路是一种微型电子器件或部件，在电路原理图中用"IC"表示。集成电路是采用一定的制造工艺，将电路中所需的半导体器件、电阻、电容和电感等元器件通过布线互连在一起，制作在一块介质基片上，然后将其封装在一个管壳内，构成的具有特定功能的电路模块。集成电路按功能可分为数字集成电路和模拟集成电路两大类。

一、通用型集成运算放大器的概念

模拟集成电路种类繁多，其中应用最为广泛的是集成运算放大器。集成运算放大器是将一个高电压放大倍数、高输入电阻、低输出电阻的直接耦合多级放大电路制作在一个单晶硅芯片上的器件，因其最初主要用于模拟量的数学运算而得名。

1. 集成运算放大器的组成及电路符号

通用型集成运算放大器通常由输入级、中间级、输出级和偏置电路 4 部分组成，如图 5-1 所示。

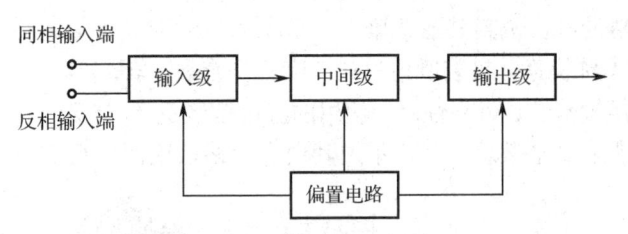

图 5-1　通用型集成运算放大器的基本组成

（1）输入级，是影响集成运算放大器工作特性的关键级，一般由带恒流源的差分放大电路构成。利用差分放大电路的对称性可以减少温度漂移的影响，从而提高整个电路的共模抑制比，保证直接耦合放大器静态工作点的稳定，使在输入信号电压为零时，输出能基本维持零电压不变。同时，输入级的两个输入端可以扩大集成运算放大器的应用范围。

（2）中间级，一般由高增益的电压放大电路组成，主要用来进行电压增益放大，要求有较高的电压放大倍数，大多数由共发射极放大电路构成。

（3）输出级，为了减小输出电阻，提高电路的带负载能力，输出端通常由甲乙类互补对称共发射极输出电路组成。此外，为了防止负载短路或过载时造成集成运算放大器损坏，输出级一般还具有输出保护电路。

（4）偏置电路，为集成运算放大器各级电路提供合适而稳定的静态工作点，一般由各种电流源电路组成。此外，集成运算放大器还设置了外接调零电路和消除自激振荡的 RC 相移补偿电路等。

集成运算放大器的电路符号如图 5-2（a）、(b) 所示。集成运算放大器的输入级一般由差分放大电路组成，因此集成运算放大器有两个输入端和一个输出端。在两个输入端中，与输出端信号相位相反的称为反相输入端，在图中用符号"−"标示；与输出端信号相位相同的称为同相输入端，在图中用符号"+"标示。图 5-2 中"▷"表示信号的传输方向，"∞"表示理想条件。

集成运算放大器只有在合适的直流电源供给的条件下才能正常工作，大多数集成运算放大器需要由两个直流电源供电，如图 5-2（c）所示，从集成运算放大器内部引出的两个电源端子分别接到电源 $+V_{CC}$ 和 $-V_{EE}$，一般 $V_{CC}=|-V_{EE}|$，集成运算放大器的参考地就是两个电源的公共地端，又称模拟地端。

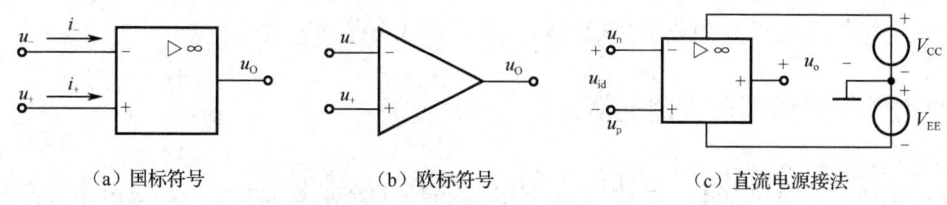

（a）国标符号　　　　　（b）欧标符号　　　　　（c）直流电源接法

图 5-2　集成运算放大器的电路符号及直流电源接法

由图 5-2（c）可知，集成运算放大器至少有 5 个端子。在一些高精度集成运算放大器中，还可能有几个有专门用途的端子，如频率补偿端和调零端等，读者可查阅有关手册了解相应功能。

2. 集成运算放大器的封装及引脚排列

集成运算放大器的种类及封装形式繁多，常见的封装形式有金属圆形封装、双列直插式（DIP）封装、扁平式封装等，封装所用材料有陶瓷、金属、塑料等，如图 5-3 所示。陶瓷封装的集成运算放大器气密性、可靠性高，使用的温度范围宽（−55℃～125℃）；塑料封装的集成运算放大器在性能上要稍微差一些，不过其由于价格低廉而获得广泛应用。

（a）DIP 封装　　（b）金属圆形封装　　（c）金属大功率封装　　（d）SOP 封装　　（e）SOJ 封装

图 5-3　常见集成运算放大器的封装形式

不论采用何种封装形式，其基本识读方法类似，这里以 LM741 为例介绍集成运算放大器的识读方法。LM741 为高增益单运算放大器，其引脚排列及实物图如图 5-4 所示。

由于集成器件引脚较多，在识读引脚时首先要找到器件标识，如半圆缺口、圆点、竖线等，如图 5-4（a）所示，LM741 以半圆缺口和圆点标记器件引脚读数起点及方向，然后按逆时针方向依次为集成器件的引脚 1～引脚 8。其中引脚 2 为反相输入端、引脚 3 为同相输入端、引脚 6 为输出端、引脚 7 为电源正端、引脚 4 为电源负端、引脚 1 和引脚 5 为调零端。

(a) 引脚图　　　　　　　(b) 电路符号图　　　　(c) 实物图

图 5-4　LM741 的引脚排列及实物图

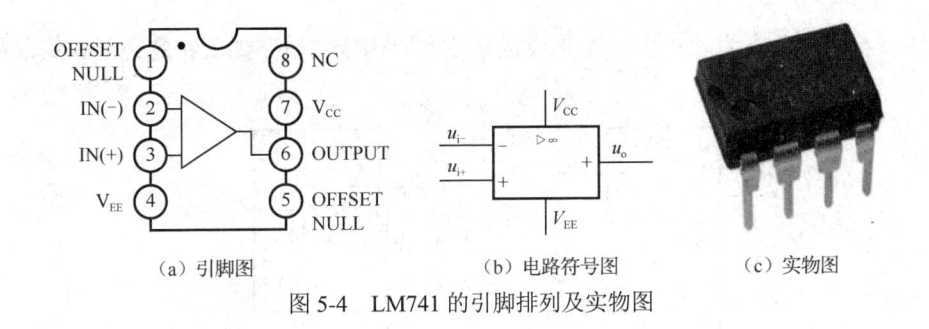

二、集成运算放大器的特性

1. 集成运算放大器的主要参数

1）差模电压增益 A_{ud}

A_{ud} 是指集成运算放大器在无外加反馈情况下，对差模信号的电压增益，一般用分贝数表示，其值可达 100~140dB。它的定义为

$$A_{ud} = 20\lg\left|\frac{\Delta u_o}{\Delta u_{i-} - \Delta u_{i+}}\right| \tag{5-1}$$

2）差模输入电阻 R_{id}

R_{id} 是指当集成运算放大器工作在线性区时，两输入端之间对差模信号所呈现的阻抗，是两输入端之间的输入电压变化量与对应的输入电流变化量之比。采用双极型三极管作为差分输入的运算放大器时，其值为几十千欧到几兆欧，而采用 COMS 运算放大器时，R_{id} 往往大于 $10^{12}\Omega$。

3）输出阻抗 R_o

R_o 是指集成运算放大器开环时输出端对地动态电阻，是输出端对地的电压变化量与对应的电流变化量之比，其值为几十欧到几百欧。

4）共模电压增益 A_{uc}

A_{uc} 是指集成运算放大器在无外加反馈情况下，对共模信号的电压增益，一般用对数表示，常用分贝数表示，在理想的情况下其值为 0dB。

5）共模抑制比 K_{CMR}

当集成运算放大器工作在线性区时，其差模电压增益 A_{ud} 与共模电压增益 A_{uc} 之比称为共模抑制比，一般用对数表示，即

$$K_{CMR} = 20\lg\frac{A_{ud}}{A_{uc}} \tag{5-2}$$

6）单位增益带宽 BW_G

BW_G 是指 A_{od} 降至 0dB 时的频率，此时开环差模直流电压放大倍数为 1 倍状态。BW_G 是衡量集成运算放大器品质的一项重要因素。

2. 集成运算放大器的理想特性

在对由集成运算放大器组成的电路进行分析时，一般将集成运算放大器看作一个理想器

件，如图 5-5 所示。在本教材中，由集成运算放大器构成的电路如无特殊说明，均采用理想特性进行分析。

(a) 集成运算放大器图示　　(b) 理想等效电路

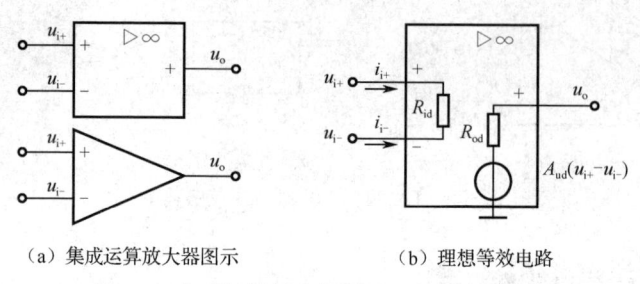

图 5-5　集成运算放大器图示及理想等效电路

（1）开环电压放大倍数 $A_{ud} = \infty$，此参量表征理想集成运算放大器开环（无正、负反馈）电压放大倍数无限大。

（2）差模输入电阻 $R_{id} = \infty$，此参量表征理想集成运算放大器差模输入电阻无限大，对前级吸取的电流趋于零。

（3）输出阻抗 $R_{od} = 0$，此参量表征理想集成运算放大器输出电阻趋于零，带负载能力很强。

（4）共模抑制比 $K_{CMR} = \infty$，此参量表征理想集成运算放大器只放大差模信号，不放大共模信号，抗干扰能力很强。

在线性放大电路中，由集成运算放大器理想参数特性，可衍生得到下面两个重要结论。

（1）理想集成运算放大器的两输入端电位差趋于零。

同相输入端的电位等于反相输入端的电位。当集成运算放大器工作在线性区时，其输出电压 u_o 是有限的，而开环电压放大倍数 $A_{ud} = \infty$，则

$$u_i = u_{i+} - u_{i-} = \frac{u_o}{A_{ud}} = 0$$

即有

$$u_{i+} = u_{i-} \tag{5-3}$$

两输入端同电位，即可视作短路，称为"虚短"；当有一个输入端接地时，另一个输入电位端非常接近地电位，称为"虚地"。

（2）理想集成运算放大器的输入电流趋于零。

理想集成运算放大器的输入电阻 $R_{id} = \infty$，由欧姆定律可得，输入电流为零，同相、反相输入端不吸取前级输入电流，即

$$I_{i+} = I_{i-} = 0 \tag{5-4}$$

两个输入端相当于断路，称为"虚断"。

"虚短"和"虚断"是集成运算放大器工作在线性放大状态的两个重要结论。这两个重要结论是分析集成运算放大器线性放大电路的基础，因此必须牢牢记住。

实际集成运算放大器当然不可能达到上述理想化的技术指标。但是由于制造集成运算放大器工艺水平的不断提高，集成运算放大器产品的各项性能指标日益改善。一般情况下，在分析集成运算放大器时，将实际集成运算放大器视为理想集成运算放大器所带来的误差在工程上是允许的。

在分析集成运算放大器应用电路的工作原理和输入、输出关系时，运用集成运算放大器

理想特性的概念，有利于抓住事物的本质，忽略次要因素，简化分析过程。

[例 5-1] 由理想集成运算放大器构成的电路如图 5-6 所示，已知 $u_i = 1V$，试用"虚短""虚断"方法，求流过 R_2 的电流 i_2。

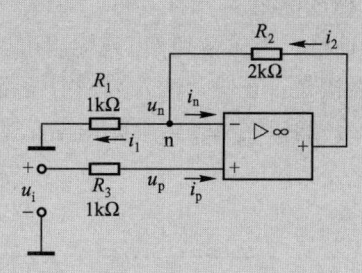

图 5-6　由理想集成运算放大器构成的电路

解：根据"虚断"特点可知，集成运算放大器同相输入端 $i_p = 0$，电阻 R_3 上电压降为零，得

$$u_p = u_i$$

根据"虚短"特点可知，$u_n = u_p$，得

$$u_n = u_p = u_i = 1V$$

根据"虚断"特点可知，集成运算放大器反相输入端 $i_n = 0$，在节点 n 处，有 $i_2 = i_1 + i_n = i_1$，得

$$i_2 = i_1 = \frac{u_n}{R_1} = \frac{u_p}{R_1} = \frac{u_i}{R_1} = \frac{1V}{1k\Omega} = 1mA$$

三、集成运算放大器的使用注意事项

（1）在使用集成运算放大器前应认真阅读器件厂家提供的 PDF 说明文件，了解所用集成运算放大器的特性及各引脚排列位置；在外接电路时，要特别注意正、负电源端及同相、反相输入端位置。

（2）集成运算放大器接线要正确可靠。由于集成运算放大器外接引脚较多，在集成运算放大器接线完毕后，应认真检查接线，确认无误后，方可通电，否则有可能损坏器件。因集成运算放大器工作电流很小，输入电流只有纳安级，故集成运算放大器各引脚接触应良好，否则电路将不能正常工作。

（3）输入信号不能过大。输入信号过大可能损坏器件，为了保证集成运算放大器正常工作，在将输入信号接入集成运算放大器之前，应对其幅值进行初测，使之不超过规定的极限值，即差模输入电压应小于最大差模输入电压，共模输入电压应小于最大共模输入电压。

（4）电源电压不能过高，极性不能接反。在接入电源时，应先调好直流电源输出电压，再将电源接入电路。

（5）集成运算放大器的调零。所谓调零，是指将集成运算放大器应用电路输入端短路，调节调零电位器，使集成运算放大器输出电压等于零。集成运算放大器在做直流运算时，特别是在小信号高度精密直流放大电路中，调零是十分重要的。因为集成运算放大器存在失调电压和失调电流，即使输入端短路，也会出现输出电压不为零的现象，从而影响运算的精度，严重时会使运算电路不能工作。目前，大部分集成运算放大器都设有调零端子，所以在使用时应按手册中给出的调零步骤进行调零,但也有集成运算放大器没有调零端子,此时应外接调零电路进行调零。在调零时,还应注意以下几点。

① 调零必须在闭环条件下进行。

② 输出端电压应用电压挡小量程测量。

③ 若调节调零电位器不能使输出电压达到零,或输出电压不变,出现输出电压等于$+V_{CC}$或$-V_{EE}$等情况,则应检查电路连接是否正确,输入端是否短路或接触不良,电路有没有构成闭环等。若经检查接线正确可靠,输出端电压仍不能调零,则可怀疑集成运算放大器损坏或质量不好。

能力训练

(1) 集成运算放大器的两个输入端分别称为_____端和_____端;前者的极性与输出端_____,后者的极性与输出端_____。

(2) 应如何理解线性状态下,集成运算放大器的"虚短"和"虚断"特点?

(3) 已知某集成运算放大器的开环电压增益 A_u 为 80dB,最大输出电压 $U_{OPP} = \pm 10V$,输入信号($u_i = u_+ - u_-$)加在两个输入端之间,如果当 $u_i = 0$ 时,$u_o = 0$,试求:

① 当 $u_i = 0.5\text{mV}$ 时,$u_o = (\quad)$。

② 当 $u_i = -0.5\text{mV}$ 时,$u_o = (\quad)$。

③ 当 $u_i = 1.5\text{mV}$ 时,$u_o = (\quad)$。

任务二十　放大电路中的负反馈及其应用

能力目标

(1) 会用反馈概念判断反馈类型,分析负反馈对放大电路性能的影响。

(2) 会按放大电路要求选择合适的负反馈。

(3) 能应用深度负反馈放大电路的特点估算闭环电压增益。

大多数放大电路都会使用某种形式的负反馈,负反馈可用来改善放大电路的性能。在放大电路中,将输出量(输出电压或输出电流)的一部分或者全部通过一定的电路形式作用到输入回路,用来影响其输入量(放大电路的输入电压或输入电流)的措施称为反馈。反馈有正、负之分,在放大电路中主要引入负反馈,它可使放大电路的性能得到显著改善,所以负反馈放大电路得到了广泛应用。

反馈不仅是改善放大电路性能的重要手段,还是电子技术和自动调节原理中的一个基本概念。在各种电子设备中,对于对精度、稳定性或其他性能有较高要求的放大电路,人们经常采用反馈的方法来改善电路的性能,以达到实际工作中要求的技术指标。

本任务讨论人为地通过外部元件正确连接所产生的反馈,不讨论在放大电路内部由自身信号回馈所形成的反馈。

一、反馈放大电路的组成及基本关系

含有反馈网络的放大电路称为反馈放大电路，其组成如图 5-7 所示。图 5-7 中，A 为基本放大电路，F 为反馈网络。反馈网络一般由线性元件构成。

如图 5-7 所示，反馈放大电路由基本放大电路和反馈网络构成一个闭环系统，因此又把它称为闭环放大电路，而将无反馈的基本放大电路称为开环放大电路。

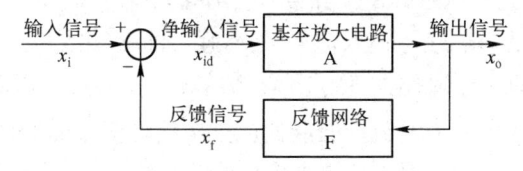

图 5-7 反馈放大电路的组成

在图 5-7 中，x_i、x_f、x_{id} 和 x_o 分别称为输入信号、反馈信号、净输入信号和输出信号，它们可以是电压，也可以是电流。箭头方向表示信号的传输方向，传输方向由输入端到输出端称为正向传输；传输方向由输出端到输入端称为反向传输。

在实际放大电路中，输出信号 x_o 经由基本放大电路内部反馈产生的反向传输作用很微弱，可忽略不计，所以可以认为基本放大电路只能将净输入信号 x_{id} 正向传输到输出端。同样，在实际反馈网络中，输入信号 x_i 通过反馈网络产生的正向传输作用也很微弱，也可忽略不计，这样也可认为反馈网络只能将输出信号 x_o 反向传输到输入端。

由图 5-7 可得，基本放大电路的放大倍数（也称开环增益）为

$$A = \frac{x_o}{x_{id}} \tag{5-5}$$

反馈网络的反馈系数为

$$F = \frac{x_f}{x_o} \tag{5-6}$$

反馈放大电路的放大倍数（也称闭环增益）为

$$A_f = \frac{x_o}{x_i} \tag{5-7}$$

x_i、x_f 和 x_{id} 三者之间的关系为

$$x_{id} = x_i - x_f \tag{5-8}$$

将式（5-5）、式（5-6）和式（5-8）代入式（5-7），可得

$$A_f = \frac{A}{1+AF} \tag{5-9}$$

式（5-9）称为反馈放大电路的基本关系式，它表明了闭环放大倍数与开环放大倍数、反馈系数之间的关系。(1+AF) 称为反馈深度，AF 称为环路放大倍数（也称环路增益）。由式（5-5）和式（5-6）可得

$$AF = \frac{x_f}{x_{id}} \tag{5-10}$$

二、反馈的分类及判定方法

1. 正反馈与负反馈

若放大电路中引入反馈后使净输入信号 x_{id} 削弱，即 x_{id} 比 x_i 小，则称为负反馈。由式（5-5）和式（5-7）可知，此时闭环增益 A_f 小于开环增益 A，因此负反馈使放大电路增益减小；由式（5-9）可知，负反馈放大电路中反馈深度 $(1+AF)>1$。

若放大电路中引入反馈后使净输入信号 x_{id} 增强，即 x_{id} 比 x_i 大，则称为正反馈。正反馈使放大电路增益增大，即闭环增益 A_f 大于开环增益 A，此时反馈深度 $(1+AF)<1$。

负反馈虽然减小了放大电路增益，但能使放大电路许多方面的性能得到改善，所以实际应用中放大电路均采用负反馈，而正反馈主要用于振荡电路；正反馈虽然能增大增益，但会使放大电路的工作稳定度、失真度、频率特性等性能显著变差。

2. 直流反馈与交流反馈

若反馈信号中只含有直流量，则称为直流反馈；若反馈信号中只含有交流量，则称为交流反馈。直流负反馈影响放大电路的直流性能，常用于稳定静态工作点；交流负反馈影响放大电路的交流性能，常用于改善放大电路的动态性能。

3. 判断正反馈与负反馈的方法

判断反馈是正反馈还是负反馈通常采用瞬时极性法。具体方法：先假定输入信号 x_i 在某一瞬时的极性对地为正，并用 ⊕ 标记，然后顺着信号的传输方向，逐步推出信号 x_o 和信号 x_f 的瞬时极性（并用 ⊕ 或 ⊖ 标记），最后判断反馈信号是增强还是削弱净输入信号，若为削弱，则为负反馈；若为增强，则为正反馈。

[例 5-2] 试分析如图 5-8 所示的电路中是否存在反馈？反馈元件是什么？是正反馈还是负反馈？是交流反馈还是直流反馈？

解：（1）判别电路中是否存在反馈。

判别电路中是否存在反馈，要看电路的输出回路与输入回路之间是否存在有联系作用的反馈网络。

如图 5-8 所示，电阻 R_E 既包含于输出回路又包含于输入回路，通过 R_E 把输出电压信号 u_o 全部反馈到输入回路中，因此电路中存在反馈。

（2）反馈元件。

构成反馈网络的元件称为反馈元件，电阻 R_E 既包含于输出回路又包含于输入回路，因此反馈元件为 R_E。

（3）判断反馈极性。

如图 5-8 所示，假定输入电压 u_i 的瞬时极性对地为 ⊕，根据共集电极放大电路输出电压与输入电压同相的原则，可确定输出电压 u_o 的瞬时极性对地为 ⊕，反馈信号 u_f 等于 u_o，放大电路的净输入信号 $u_{id}=u_i-u_f$，因此，u_f 的瞬时极性削弱了净输入信号 u_{id}，故为负反馈。

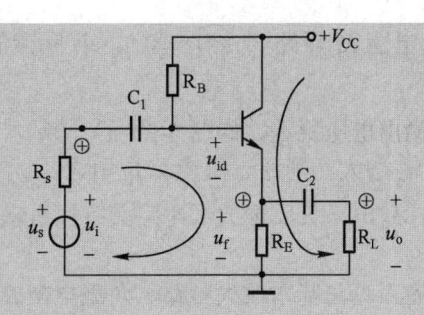

图 5-8　三极管共射放大电路

（4）判断交、直流反馈。

如果反馈仅存在于直流通路中，反馈信号中只含有直流量，则为直流反馈；如果反馈仅存在于交流通路中，反馈信号中只含有交流量，则为交流反馈；如果反馈既存在于直流通路中，又存在于交流通路中，则既有直流反馈又有交流反馈。

如图 5-8 所示，R_E 中既通过直流电又通过交流电，反馈信号中既有直流量又有交流量，所以该电路同时存在直流反馈和交流反馈。

三、负反馈的 4 种组态

反馈网络与基本放大电路在输入端、输出端有不同的连接方式，根据输入端连接方式的不同分为串联反馈和并联反馈；根据输出端连接方式的不同分为电压反馈和电流反馈。因此，负反馈放大电路有 4 种基本类型。根据反馈的基本概念，可以得出如下结论。

（1）交流负反馈使放大电路的输出量与输入量之间具有稳定的比例关系，任何因素引起的输出量的变化均将得到抑制。由于输入量的变化同样会受到抑制，因此交流负反馈使电路的放大能力下降。

（2）反馈量实质上是对输出量的取样，其数值与输出量成正比。

（3）负反馈的基本作用是将引回的反馈量与输入量相减，从而调整电路的净输入量和输出量。

对于具体的负反馈放大电路，首先应研究下列问题，然后进行定量分析。从输出端看，反馈量是取自输出电压，还是取自输出电流，当反馈量取自输出电压时称为电压反馈，当反馈量取自输出电流时称为电流反馈；从输入端看，反馈量与输入量是以电压方式相叠加，还是以电流方式相叠加，当反馈量与输入量以电压方式相叠加时称为串联反馈，当反馈量与输入量以电流方式相叠加时称为并联反馈。

因此，交流负反馈有 4 种组态，即电压串联、电压并联、电流串联和电流并联，如图 5-9 所示。

1. 电压反馈和电流反馈

1）电压反馈

在输出端，若反馈网络的输入端与基本放大电路、负载电阻 R_L 并联，如图 5-9（a）、（c）所示，反馈信号取自输出电压，则称为电压反馈。

判定方法：将输出负载电阻 R_L 短路（令 $u_o=0$），若反馈信号 u_f 或 i_f 消失，则为电压反馈。

电压负反馈的作用：使输出电压稳定。如图 5-9（a）所示，当输入电压不变时，如果负载电阻 R_L 变化导致输出电压 u_o 增大，则通过反馈 u_f 也增大，u_{id}（$u_{id}=u_i-u_f$）下降，使 u_o 减小，从而稳定了输出电压。故电压负反馈放大电路具有恒压输出特性。

2）电流反馈

在输出端，若反馈网络输入端与基本放大电路、负载电阻 R_L 串联，如图 5-9（b）、（d）所示，反馈信号取自输出电流，则称为电流反馈。

判定方法：将输出负载电阻 R_L 短路（令 $u_o=0$），若反馈信号 u_f 或 i_f 仍然存在，则为电流反馈。

电流负反馈的作用：使输出电流稳定。如图 5-9（b）所示，当输入电压不变时，如果负载电阻 R_L 变化导致输出电流 i_o 增大，则通过反馈 u_f 也增大，u_{id}（$u_{id}=u_i-u_f$）下降，使 i_o 减小，从而稳定了输出电流。故电流负反馈放大电路具有恒流输出特性。

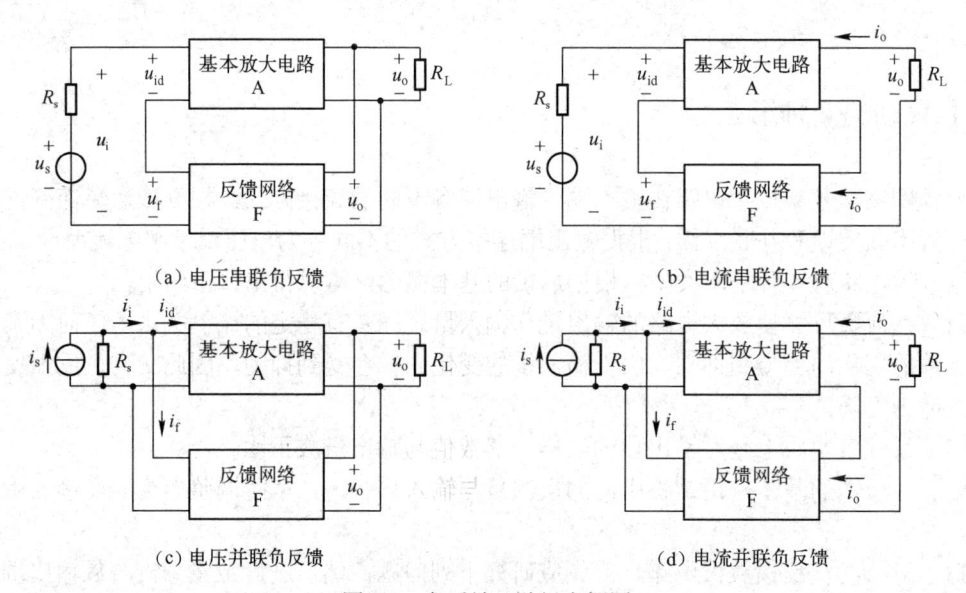

(a) 电压串联负反馈

(b) 电流串联负反馈

(c) 电压并联负反馈

(d) 电流并联负反馈

图 5-9 负反馈 4 种组态框图

2. 串联反馈和并联反馈

1）串联反馈

在输入端，若反馈网络输出端与基本放大电路串联，如图 5-9（a）、（b）所示，实现了输入电压 u_i 与反馈电压 u_f 相减，使 $u_{id}=u_i-u_f$，则称为串联反馈。

由于反馈电压 u_f 经过信号源内阻 R_s 反映到净输入电压 u_{id} 上，R_s 越小，对 u_f 的阻碍作用越小，反馈效果就越好，所以，串联负反馈宜采用低内阻的恒压源作为输入信号源。

2）并联反馈

在输入端，若反馈网络输出端与基本放大电路并联，如图 5-9（c）、（d）所示，实现了输入电流 i_i 与反馈电流 i_f 相减，使 $i_{id}=i_i-i_f$，则称为并联反馈。

由于反馈电流 i_f 经过信号源内阻 R_s 的分流反映到净输入电流 i_{id} 上，R_s 越大，对 i_f 的分流越小,反馈效果就越好,所以,并联负反馈宜采用高内阻的恒流源作为输入信号源。

四、负反馈放大电路的分析

下面通过例题介绍几种常用的负反馈放大电路,并通过对这些电路的讨论介绍反馈放大电路的基本分析方法。

[例 5-3] 试分析如图 5-10(a)所示的放大电路的反馈类型。

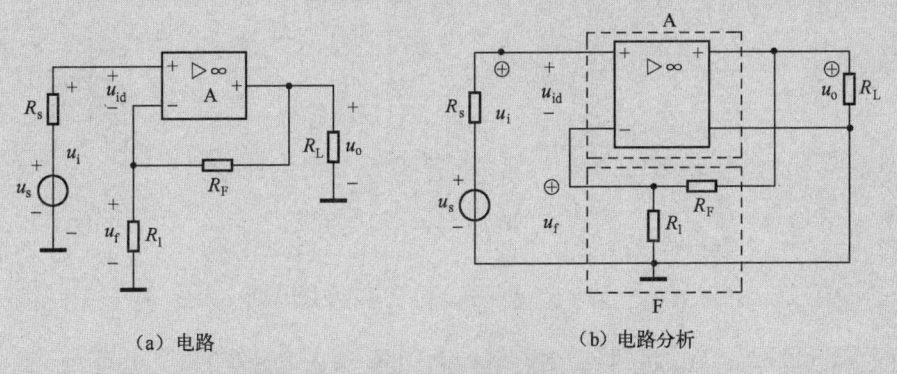

(a) 电路　　　　　　　　　　　(b) 电路分析

图 5-10　电压串联负反馈放大电路分析

解: 图 5-10(a)所示为由集成运算放大器构成的反馈放大电路,将它改画成如图 5-10(b)所示的电路,集成运算放大器 A 为基本放大电路,电阻 R_F 跨接在输入回路和输出回路之间,输出电压 u_o 通过 R_F 与 R_1 的分压反馈到输入回路,因此 R_F、R_1 构成反馈网络。

在输入端,反馈网络与基本放大电路串联,故为串联反馈。

在输出端,反馈网络与基本放大电路、负载电阻 R_L 并联,由图 5-10 可得反馈电压为

$$u_f = \frac{R_1}{R_1 + R_F} u_o$$

即反馈电压 u_f 取自输出电压 u_o,故为电压反馈。

假设输入电压 u_i 的瞬时极性对地为⊕,如图 5-10(b)所示,当集成运算放大器同相输入时,输出电压与输入电压同相,可确定输出电压 u_o 的瞬时极性对地为⊕,u_o 经 R_F、R_1 分压后得到 u_f,u_f 的瞬时极性也为⊕。由图 5-10(b)可见,放大电路的净输入电压 $u_{id} = u_i - u_f$,反馈电压 u_f 使净输入电压 u_{id} 减小,故为负反馈。

综上所述,图 5-10(a)所示为电压串联负反馈放大电路。

[例 5-4] 试分析如图 5-11(a)所示的放大电路的反馈类型。

解: 图 5-11(a)所示为由集成运算放大器构成的反馈放大电路,R_L 为放大电路的输出负载电阻,将它改画成如图 5-11(b)所示的电路,集成运算放大器 A 为基本放大电路,电阻 R_F 为输入回路和输出回路的公共电阻,故 R_F 构成反馈网络。

在输入端,反馈网络与基本放大电路串联,故为串联反馈。

在输出端,反馈网络与基本放大电路、负载电阻 R_L 串联,由图 5-11 可得反馈电压为

$$u_f = i_o R_F$$

即反馈电压 u_f 取自输出电流 i_o,故为电流反馈。

假设输入电压 u_i 的瞬时极性对地为 ⊕，如图 5-11（b）所示，当集成运算放大器同相输入时，输出电压与输入电压同相，可确定输出电压 u'_o 的瞬时极性对地为 ⊕，故电流 i_o 的瞬时流向如图 5-11（b）所示，它流过 R_F 产生反馈电压 u_f，u_f 的瞬时极性也为 ⊕。放大电路的净输入电压 $u_{id} = u_i - u_f$，反馈电压 u_f 使净输入电压 u_{id} 减小，故为负反馈。

综上所述，图 5-11（a）所示为电流串联负反馈放大电路。

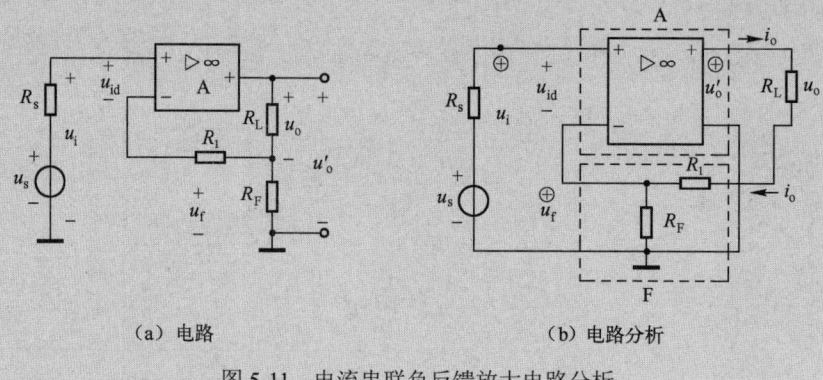

（a）电路　　　　　　　　　（b）电路分析

图 5-11　电流串联负反馈放大电路分析

[**例 5-5**]　试分析如图 5-12（a）所示的放大电路的反馈类型。

解： 图 5-12（a）所示为由集成运算放大器构成的反相输入反馈放大电路，将它改画成如图 5-12（b）所示的电路，集成运算放大器 A 为基本放大电路，R_F 跨接在输入回路和输出回路之间构成反馈网络。

在输入端，反馈网络与基本放大电路并联，故为并联反馈。

在输出端，反馈网络与基本放大电路、负载电阻 R_L 并联，反馈电流 i_f 取自输出电压 u_o，故为电压反馈。

假设输入电压 u_i 的瞬时极性对地为 ⊕，则输入电流 i_i 的瞬时流向如图 5-12（b）所示，当集成运算放大器反相输入时，输出电压与输入电压反相，可确定输出电压 u_o 的瞬时极性对地为 ⊖，故反馈电流 i_f 的瞬时流向如图 5-12（b）所示，净输入电流 $i_{id} = i_i - i_f$，反馈电流 i_f 使净输入电流 i_{id} 减小，故为负反馈。

综上所述，图 5-12（a）所示为电压并联负反馈放大电路。

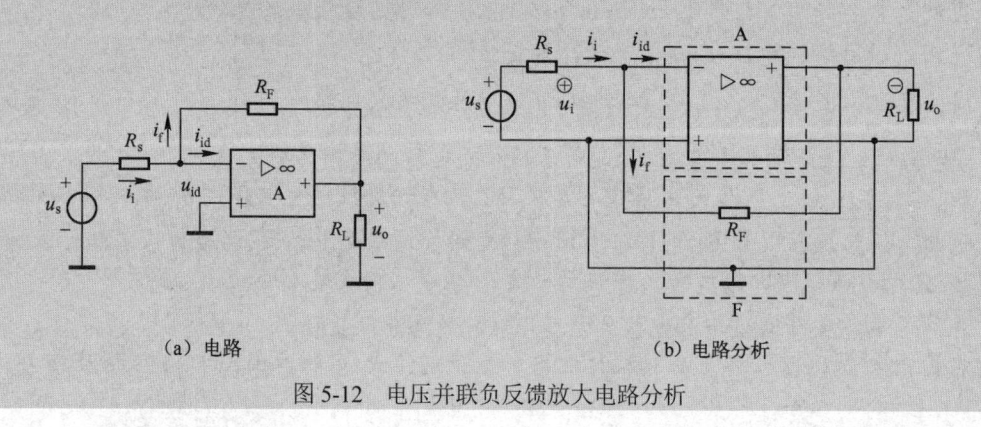

（a）电路　　　　　　　　　（b）电路分析

图 5-12　电压并联负反馈放大电路分析

[例5-6] 试分析如图5-13（a）所示的放大电路的反馈类型。

解：图5-13（a）所示为由集成运算放大器构成的反相输入反馈放大电路，将它改画成如图5-13（b）所示的电路，集成运算放大器A为基本放大电路，R_F跨接在输入回路和输出回路之间，R_F、R_1构成反馈网络。

在输入端，反馈网络与基本放大电路并联，故为并联反馈。

在输出端，反馈网络与基本放大电路、负载电阻R_L串联，反馈电流i_f取自输出电流i_o，故为电流反馈。

假设输入电压u_i的瞬时极性对地为⊕，则输出电压u'_o的瞬时极性对地为⊖，所以输入电流i_i和反馈电流i_f的瞬时流向如图5-13（b）所示，净输入电流$i_{id} = i_i - i_f$，反馈电流i_f使净输入电流i_{id}减小，故为负反馈。

综上所述，图5-13（a）所示为电流并联负反馈放大电路。

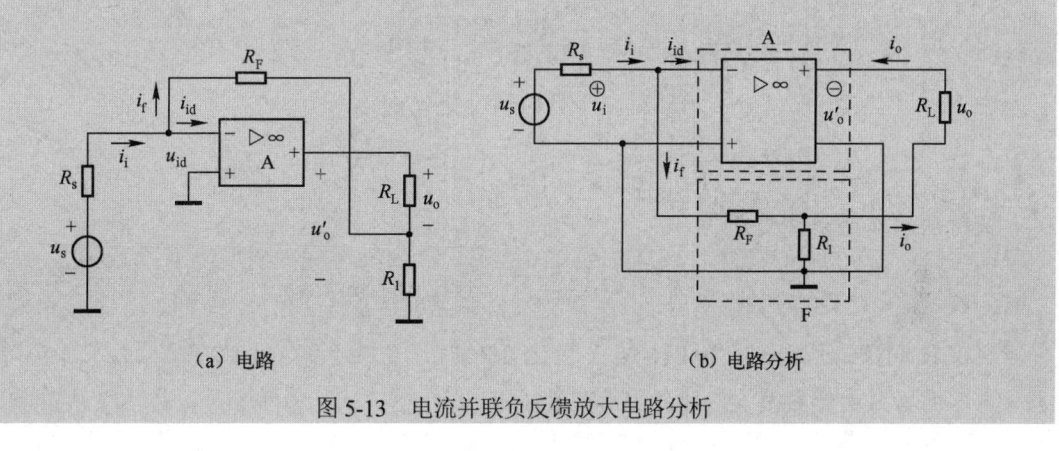

图 5-13 电流并联负反馈放大电路分析

五、负反馈对放大电路性能的影响

由前面的分析可知，负反馈会使放大电路的增益减小，以降低放大电路的放大倍数为代价使放大电路的性能得到改善，下面分析负反馈对放大电路主要性能的影响。

1. 提高增益的稳定性

由于负载和环境温度的变化、电源电压的波动和器件老化等因素的影响，放大电路的放大倍数会发生变化。通常用放大倍数相对变化量的大小来表示放大倍数稳定性的优劣，相对变化量越小，则稳定性越好。

设信号频率为中频，则式（5-9）中各量均为实数。对式（5-9）求微分，可得

$$\frac{dA_f}{A_f} = \frac{1}{1+AF} \frac{dA}{A} \quad (5-11)$$

由此可见，引入负反馈后放大倍数的相对变化量dA_f/A_f为其基本放大电路放大倍数相对变化量dA/A的$1/(1+AF)$倍，即放大倍数A_f的稳定性提高到A的$(1+AF)$倍。

当反馈深度$(1+AF) \gg 1$时，称为深度负反馈，此时，$A_f \approx 1/F$，放大倍数基本上由反馈网络的反馈系数决定，而反馈网络一般由电阻等性能稳定的无源线性元件组成，故反馈系数基本不受外界因素变化的影响，放大倍数比较稳定。

[**例 5-7**] 某放大电路的放大倍数 $A=10^3$，当引入负反馈后，放大倍数稳定性提高到原来的 100 倍。试求：

（1）反馈系数 F；（2）闭环放大倍数 A_f；（3）放大电路的放大倍数 A 变化 ±10% 时的闭环放大倍数及其相对变化量。

解：（1）根据式（5-11），引入负反馈后放大倍数稳定性提高到原来的 $(1+AF)$ 倍。因此，由题意可得

$$1+AF=100$$

反馈系数为

$$F=\frac{100-1}{A}=\frac{99}{10^3}=0.099$$

（2）闭环放大倍数为

$$A_f=\frac{A}{1+AF}=\frac{10^3}{100}=10$$

（3）当 A 变化 ±10% 时，闭环放大倍数的相对变化量为

$$\frac{\mathrm{d}A_f}{A_f}=\frac{1}{100}\frac{\mathrm{d}A}{A}=\frac{1}{100}\times(\pm10\%)=\pm0.1\%$$

此时的闭环放大倍数为

$$A_f'=A_f\left(1+\frac{\mathrm{d}A_f}{A_f}\right)=10(1\pm0.1\%)$$

即当 A 变化 +10% 时，A_f' 为 10.01；当 A 变化 -10% 时，A_f' 为 9.99。由此可见，引入负反馈后放大电路的增益受外界因素变化的影响明显减小。

2. 减小放大电路引起的非线性失真

三极管、场效应管等有源器件伏安特性的非线性会造成输出信号非线性失真，引入负反馈后可以减小这种失真，其原理可用图 5-14 加以说明。

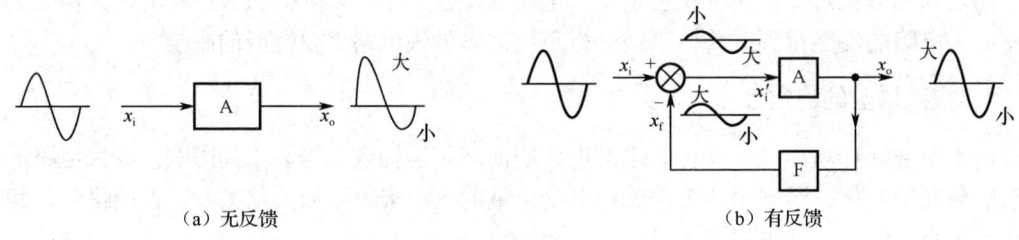

（a）无反馈　　　　　　　　　　　　　　　（b）有反馈

图 5-14　利用负反馈减小非线性失真

设输入信号 x_i 的波形为正弦波，无反馈时放大电路输出信号 x_o 的波形为正半周幅度大、负半周幅度小的失真正弦波，如图 5-14（a）所示。引入负反馈后，如图 5-14（b）所示，这种失真通过反馈网络引回到输入端，x_f 的波形也为正半周幅度大而负半周幅度小的失真正弦波，由于 $x_{id}=x_i-x_f$，因此 x_{id} 的波形将变为正半周幅度小而负半周幅度大的失真正弦波，即通过负反馈使净输入信号产生预失真，这种预失真正好补偿了放大电路非线性引起的失真，使输出信号 x_o 的波形接近正弦波。引入反馈后的非线性失真减小为无反馈时的 $1/(1+AF)$ 倍。

必须指出，负反馈只能减小放大电路自身引起的非线性失真，对于信号本身固有的失真

则无能为力。此外，负反馈只能减小而不能消除非线性失真。

3. 扩展放大电路通频带

图 5-15 所示为基本放大电路和负反馈放大电路的幅频特性曲线，图 5-15 中，A_m、f_L、f_H、BW 和 A_{mf}、f_{Lf}、f_{Hf}、BW_f 分别为基本放大电路、负反馈放大电路的中频放大倍数、下限频率、上限频率和通频带宽度。引入负反馈后的通频带宽度比无负反馈时的通频带宽度大。

扩展通频带的原理如下：当输入等幅不同频率的信号时，高频段和低频段的输出信号比中频段的小，因此反馈信号也小，对净输入信号的削弱作用小，所以高、低频段的放大倍数减小程度比中频段的小，从而扩展了通频带。

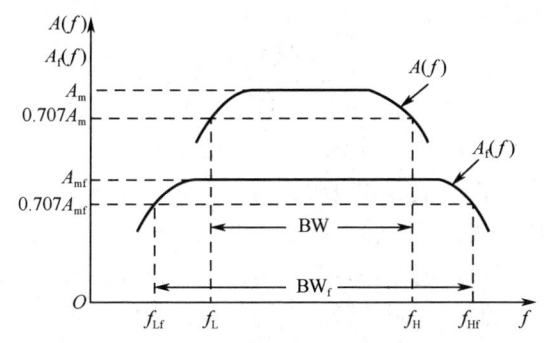

图 5-15　负反馈对通频带和放大倍数的影响

4. 改变放大电路的输入和输出电阻

放大电路引入负反馈后，其输入电阻和输出电阻将会发生变化，变化的情况与反馈类型有关：串联负反馈使放大电路输入电阻增大；并联负反馈使放大电路输入电阻减小；电流负反馈使放大电路输出电阻增大；电压负反馈使放大电路输出电阻减小。

1）对输入电阻的影响

负反馈对输入电阻的影响取决于输入端的反馈类型，因此在分析时只需画出输入端的连接方式，如图 5-16 所示。图 5-16 中，R_i 为基本放大电路的输入电阻，又称开环输入电阻。R_{if} 为引入负反馈时的输入电阻，又称闭环输入电阻。

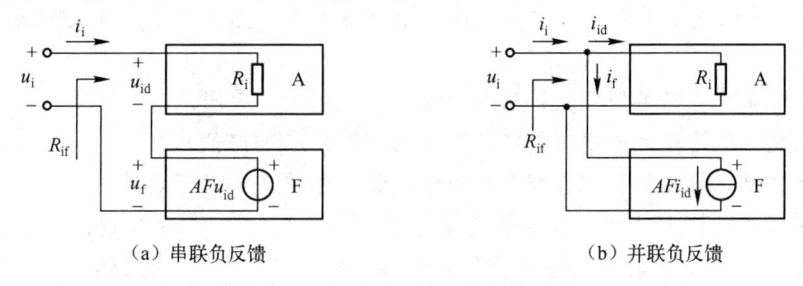

(a) 串联负反馈　　　　(b) 并联负反馈

图 5-16　负反馈对输入电阻的影响

由图 5-16（a）可见，在串联负反馈放大电路中，反馈网络与基本放大电路串联，所以 R_{if} 必大于 R_i，即串联负反馈使放大电路的输入电阻增大。

由图 5-16（a）可求得串联负反馈放大电路的输入电阻为

$$R_{if} = \frac{u_i}{i_i} = \frac{u_{id} + u_f}{i_i} = \frac{u_{id} + AFu_{id}}{i_i} = (1+AF)\frac{u_{id}}{i_i}$$

由于 $R_i = u_{id}/i_i$，所以

$$R_{if} = (1+AF)R_i \tag{5-12}$$

由图 5-16（b）可见，在并联负反馈放大电路中，反馈网络与基本放大电路并联，所以 R_{if} 必小于 R_i，即并联负反馈使放大电路的输入电阻减小。

由图 5-16（b）可求得并联负反馈放大电路的输入电阻为

$$R_{if} = \frac{u_i}{i_i} = \frac{u_i}{i_{id} + i_f} = \frac{u_i}{i_{id} + AFi_{id}} = \frac{1}{(1+AF)}\frac{u_i}{i_{id}}$$

由于 $R_i = u_i/i_{id}$，所以

$$R_{if} = \frac{1}{(1+AF)}R_i \tag{5-13}$$

2）对输出电阻的影响

输出电阻就是放大电路输出端等效电源的内阻。放大电路引入负反馈后，对输出电阻的影响取决于输出端的取样方式，而与输入端的反馈类型无关。

在电压负反馈放大电路中，能够稳定输出电压，即在输入信号一定时，电压负反馈放大电路的输出趋近于一个恒压源，说明其输出电阻很小，故电压负反馈使输出电阻减小。

在电流负反馈放大电路中，能够稳定输出电流，即在输入信号一定时，电流负反馈放大电路的输出趋近于一个恒流源，说明其输出电阻很大，故电流负反馈使输出电阻增大。

能力训练

（1）选择负反馈的 4 种基本类型之一填空，需要一个电流控制的电压源，应选择 _____。某仪器放大电路要求 R_i 大、输出电流稳定，应选 _____。

（2）负反馈虽然使放大电路的增益 _____，但能使增益的 _____ 提高，通频带 _____，非线性失真 _____。

（3）在做放大电路实验时，用示波器观察到输出波形产生了非线性失真，然后引入负反馈，发现输出幅度明显变小，并且消除了非线性失真，你认为这是负反馈减小非线性失真的结果吗？

（4）比较 4 种基本类型负反馈对放大电路性能影响的异同。

（5）深度负反馈放大电路有何特点？其闭环增益应如何估算？

（6）什么叫"虚短"和"虚断"？负反馈放大电路是否都有该特点？

（7）在放大电路中，为了稳定静态工作点，应引入 _____ 负反馈；为了稳定输出电流，应引入 _____ 负反馈；为了提高输入阻抗，应引入 _____ 负反馈。

（8）若某负反馈放大电路的开环放大倍数为 75，反馈系数为 0.04，则闭环放大倍数为 _____ 倍。

任务二十一　集成运算放大器的线性应用

能力目标

（1）会分析简单线性运算电路。
（2）能计算简单线性运算电路的输入、输出电压的关系。
（3）会设计简单的运算电路。

输出与输入模拟信号之间构成一定的数学运算关系的电路称为运算电路，利用集成运算放大器接入适当的反馈电阻就可以构成各种线性运算电路。由集成运算放大器构成的常见线性运算电路有比例运算电路、加法和减法运算电路、微分和积分运算电路等。

由于集成运算放大器开环增益很高，由它构成的基本运算电路均为深度负反馈电路，在分析中主要应用集成运算放大器的理想特性进行分析，如集成运算放大器的两输入端之间满足"虚短"和"虚断"特性，运用"虚短"和"虚断"特性很容易分析各种线性运算电路。

一、比例运算电路

比例运算电路包括同相比例运算电路和反相比例运算电路，它们是最基本的运算电路，也是组成其他各种运算电路的基础。下面分析它们的构成和主要工作特点。

1. 反相比例运算电路

图 5-17 所示为反相比例运算电路，输入信号 u_I 通过电阻 R_1 加到集成运算放大器的反相输入端，而输出信号通过电阻 R_F 引回到反相输入端，R_F 为反馈电阻，构成深度电压并联负反馈。同相端通过电阻 R_2 接地，R_2 称为直流平衡电阻，其作用是使集成运算放大器两输入端的对地直流电阻相等，从而避免集成运算放大器输入偏置电流在两端之间产生附加的差模输入电压，故要求 $R_2 = R_1 // R_F$。

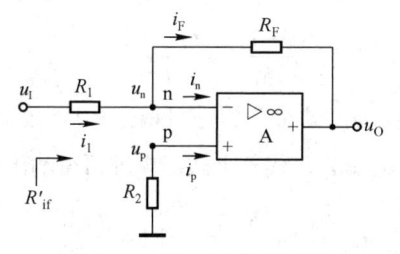

图 5-17　反相比例运算电路

根据集成运算放大器同相输入端"虚断"特性，可得 $i_p \approx 0$，故 $u_p \approx 0$，根据集成运算放大器两输入端"虚短"特性，可得 $u_n \approx u_p \approx 0$，因此，由图 5-17 可得

$$i_1 = \frac{u_I - u_n}{R_1} \approx \frac{u_I}{R_1}$$

$$i_F = \frac{u_n - u_O}{R_F} \approx -\frac{u_O}{R_F}$$

根据集成运算放大器反相输入端"虚断"特性,可知 $i_n \approx 0$,在节点 n 处,有 $i_1 \approx i_F$,所以有

$$\frac{u_I}{R_1} \approx -\frac{u_O}{R_F}$$

故可得输出电压与输入电压的关系为

$$u_O = -\frac{R_F}{R_1} u_I \tag{5-14}$$

由此可见,u_O 与 u_I 成比例,且输出、输入电压反相,因此称为反相比例运算电路,其比例系数为

$$A_{uf} = \frac{u_O}{u_I} = -\frac{R_F}{R_1} \tag{5-15}$$

由于 $u_p \approx u_n \approx 0$,由图 5-17 可得该反相比例运算电路的输入电阻为

$$R'_{if} \approx R_1 \tag{5-16}$$

因此,反相比例运算电路主要有如下工作特点:

(1) 它是深度电压并联负反馈电路,可作为反相放大器,调节 R_F 与 R_1 的比值即可调节闭环电压放大倍数 A_{uf},其中 A_{uf} 可大于 1,也可小于 1。

(2) 输入电阻等于 R_1,较小。

(3) 在反相比例运算电路中,$u_n \approx u_p \approx 0$,故反相输入端有"虚地"特性。

2. 同相比例运算电路

图 5-18 所示为同相比例运算电路,输入信号 u_I 通过电阻 R_2 加到集成运算放大器的同相输入端,而输出信号通过反馈电阻 R_F 引回到反相输入端,构成深度电压串联负反馈,反相输入端通过电阻 R_1 接地。R_2 为直流平衡电阻,满足 $R_2 = R_1 // R_F$。

根据集成运算放大器反相输入端"虚断"特性,可知 $i_n \approx 0$,所以有

$$i_1 \approx i_F$$

由图 5-18 可得

$$\frac{0 - u_n}{R_1} \approx \frac{u_n - u_O}{R_F}$$

由集成运算放大器同相输入端"虚断"特性可得 $i_p \approx 0$,故 $u_p \approx u_I$,又由集成运算放大器两输入端"虚短"特性可得 $u_n \approx u_p \approx u_I$,代入上式,整理可得输出电压 u_O 与输入电压 u_I 的关系为

$$u_O = \left(1 + \frac{R_F}{R_1}\right) u_p = \left(1 + \frac{R_F}{R_1}\right) u_I \tag{5-17}$$

由于 u_O 与 u_I 成比例且同相,故称为同相比例运算电路,其比例系数为

$$A_{uf} = \frac{u_O}{u_I} = 1 + \frac{R_F}{R_1} \tag{5-18}$$

如果 $R_1 = \infty$ 或 $R_F = 0$,则由式(5-18)可得 $A_{uf} = 1$,这种电路称为电压跟随器,如图 5-19 所示。

根据集成运算放大器同相输入端"虚断"特性可得,同相比例运算电路的输入端电阻为

$$R'_{if} \approx \infty \qquad (5-19)$$

综上所述,同相比例运算电路主要有如下工作特点:

(1) 它是深度电压串联负反馈电路,可作为同相放大器,调节 R_F 与 R_1 的比值即可调节 A_{uf},电压跟随器是它的应用特例。

(2) 输入电阻趋于无穷大。

(3) 在同相比例运算电路中, $u_n \approx u_p \approx u_I$,说明此时运算放大器的共模电压不为零,而等于输入电压 u_I,因此在选用集成运算放大器构成同相比例运算电路时,要求运算放大器应有较高的最大共模电压和较高的共模抑制比。其他同相比例运算电路也有此特点和要求。

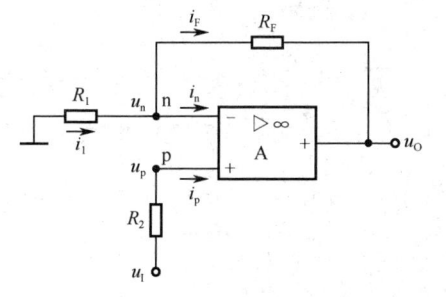

图 5-18 同相比例运算电路

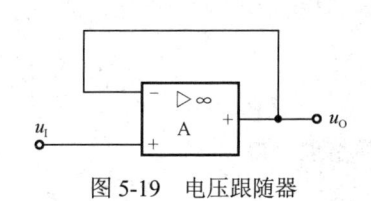

图 5-19 电压跟随器

二、加法与减法运算电路

1. 加法运算电路

加法运算即对多个输入信号进行求和,根据输出信号与求和信号是反相还是同相,分为反相加法运算和同相加法运算。

1) 反相加法运算电路

图 5-20 所示为反相加法运算电路,它是利用反相比例运算电路实现的。图 5-20 中,输入信号 u_{I1}、u_{I2} 分别通过电阻 R_1、R_2 加至集成运算放大器的反相输入端,R_3 为直流平衡电阻,要求 $R_3 = R_1 // R_2 // R_F$。

根据集成运算放大器反相输入端"虚断"特性,可知 $i_F \approx i_1 + i_2$,根据集成运算放大器反相输入端"虚地"特性,可得 $u_n \approx 0$,由图 5-20 可得

$$-\frac{u_O}{R_F} \approx \frac{u_{I1}}{R_1} + \frac{u_{I2}}{R_2}$$

故可得输出电压为

$$u_O = -\left(\frac{R_F}{R_1}u_{I1} + \frac{R_F}{R_2}u_{I2}\right) \qquad (5-20)$$

由此可见实现了反相加法运算。若 $R_F = R_1 = R_2$,则 $u_O = -(u_{I1} + u_{I2})$。

由式 (5-20) 可见,这种电路在调节一路输入端电阻时,并不影响其他路信号产生的输出值,因而电路调节方便,使用得比较多。

2）同相加法运算电路

图 5-21 所示为同相加法运算电路，它是利用同相比例运算电路实现的。输入信号 u_{I1}、u_{I2} 均加至集成运算放大器同相输入端。为使直流电阻平衡，要求 $R_2//R_3 = R_1//R_F$。

根据集成运算放大器同相输入端"虚断"特性，应用叠加原理可得

$$u_p \approx \frac{R_3}{R_2+R_3}u_{I1} + \frac{R_2}{R_3+R_2}u_{I2}$$

$$= \frac{R_2 R_3}{R_2+R_3}\frac{u_{I1}}{R_2} + \frac{R_2 R_3}{R_2+R_3}\frac{u_{I2}}{R_3}$$

$$= (R_2//R_3)\frac{u_{I1}}{R_2} + (R_2//R_3)\frac{u_{I2}}{R_3}$$

$$= (R_2//R_3)\left(\frac{u_{I1}}{R_2} + \frac{u_{I2}}{R_3}\right)$$

根据同相输入时输出电压 u_O 与同相端电压 u_p 的关系，即式（5-17）可得

$$u_O = \left(1 + \frac{R_F}{R_1}\right)u_p = \left(1 + \frac{R_F}{R_1}\right)(R_2//R_3)\left(\frac{u_{I1}}{R_2} + \frac{u_{I2}}{R_3}\right)$$

化简整理可得

$$u_O = \frac{R_1+R_F}{R_1 R_F}R_F(R_2//R_3)\left(\frac{u_{I1}}{R_2} + \frac{u_{I2}}{R_3}\right)$$

$$= \frac{R_2//R_3}{R_1//R_F}R_F\left(\frac{u_{I1}}{R_2} + \frac{u_{I2}}{R_3}\right) \tag{5-21}$$

因为 $R_2//R_3 = R_1//R_F$，所以

$$u_O = R_F\left(\frac{u_{I1}}{R_2} + \frac{u_{I2}}{R_3}\right)$$

$$= \frac{R_F}{R_2}u_{I1} + \frac{R_F}{R_3}u_{I2} \tag{5-22}$$

由此可见实现了同相加法运算。若 $R_2 = R_3 = R_F$，则 $u_O = u_{I1} + u_{I2}$。应当指出，只有在 $R_2//R_3 = R_1//R_F$ 的条件下，式（5-22）才成立，否则应利用式（5-21）求解。

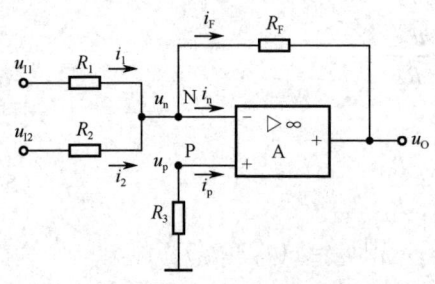

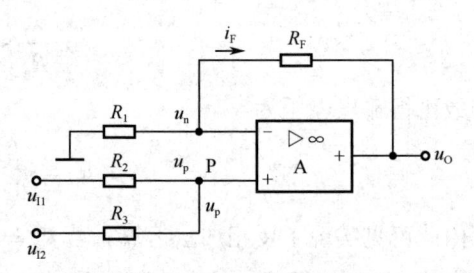

与反相加法运算电路相比，同相加法运算电路共模输入电压较高，且调节不太方便，但其输入电阻大，常用于要求输入电阻较大的场合。

图 5-20 反相加法运算电路   图 5-21 同相加法运算电路

2. 减法运算电路

图 5-22 所示为减法运算电路，输入信号 u_{I1} 和 u_{I2} 分别加至反相输入端和同相输入端，这种形式的电路又称差分运算电路。对该电路也可用"虚短"和"虚断"来分析，应用叠加定理，根据同、反相比例运算电路已有的结论进行分析，可使分析更简便。

令 $u_{I2}=0$，让 u_{I1} 单独作用，此时电路相当于一个反相比例运算电路，可得当 u_{I1} 独立作用时输出电压 u_{O1} 为

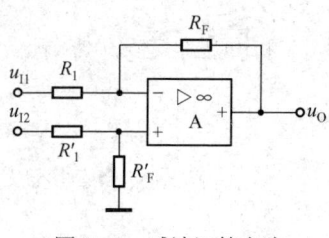

图 5-22 减法运算电路

$$u_{O1}=-\frac{R_F}{R_1}u_{I1}$$

令 $u_{I1}=0$，让 u_{I2} 单独作用，此时电路相当于一个同相比例运算电路，可得当 u_{I2} 独立作用时输出电压 u_{O2} 为

$$u_{O2}=\left(1+\frac{R_F}{R_1}\right)u_P=\left(1+\frac{R_F}{R_1}\right)\frac{R_F'}{R_1'+R_F'}u_{I2} \quad \text{（说明：} u_P=\frac{R_F'}{R_1'+R_F'}u_{I2}\text{）}$$

由叠加定理可知，当 u_{I1} 和 u_{I2} 共同作用时，u_O 为

$$u_O=u_{O1}+u_{O2}=-\frac{R_F}{R_1}u_{I1}+\left(1+\frac{R_F}{R_1}\right)\frac{R_F'}{R_1'+R_F'}u_{I2} \tag{5-23}$$

当 $R_1=R_1'$，$R_F=R_F'$ 时，有

$$u_O=\frac{R_F}{R_1}(u_{I2}-u_{I1}) \tag{5-24}$$

假如式（5-24）中 $R_F=R_1$，则

$$u_O=-(u_{I1}-u_{I2}) \tag{5-25}$$

[例 5-8] 使用两个集成运算放大器构成的减法运算电路如图 5-23 所示，试求输出电压与输入电压的运算关系。

解：在多个运算电路相连时，由于前级电路的输出电阻均为零，其输出电压仅受控于它自己的输入电压，后级电路并不影响前级电路的运算关系。所以在分析多级运算电路运算关系时，只需逐级将前级电路的输出电压作为后级电路的输入电压代入后级电路的运算关系式，就可以得到整个电路运算关系式。

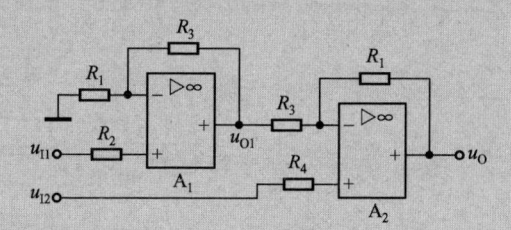

图 5-23 高输入电阻减法运算电路

由图 5-23 可见，A_1 构成同相比例运算电路，有

$$u_{O1} = \left(1 + \frac{R_3}{R_1}\right)u_{I1}$$

利用叠加定理，可得A_2的输出电压为

$$u_O = \left(1 + \frac{R_1}{R_3}\right)u_{I2} - \frac{R_1}{R_3}u_{O1}$$

将u_{O1}代入u_O的表达式，可得

$$u_O = \left(1 + \frac{R_1}{R_3}\right)u_{I2} - \frac{R_1}{R_3}\left(1 + \frac{R_3}{R_1}\right)u_{I1} = \left(1 + \frac{R_1}{R_3}\right)(u_{I2} - u_{I1})$$

由此可见，电路输出电压与两输入电压之差成比例。还可以看出，无论是u_{O1}还是u_{O2}，都可以认为输入电阻为无穷大。

[例5-9] 求解如图5-24所示的电路的运算关系。

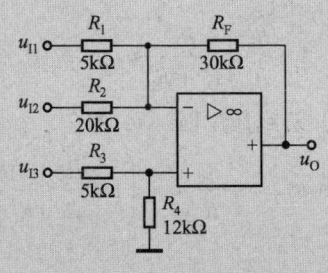

图5-24 加法运算电路

解：利用叠加定理求解。

先令$u_{I3} = 0$，此时电路相当于一个反相求和电路，因此可得u_{O1}为

$$u_{O1} = -\frac{R_F}{R_1}u_{I1} - \frac{R_F}{R_2}u_{I2} = -6u_{I1} - 1.5u_{I2}$$

再令$u_{I1} = u_{I2} = 0$，此时电路相当于一个同相比例运算电路，可得输出电压u_{O2}为

$$u_O = \left(1 + \frac{R_F}{R_1//R_2}\right)\frac{R_4}{R_3 + R_4}u_{I3} = 6u_{I3}$$

由此可得，总的输出电压与输入电压之间的关系为

$$u_O = u_{O1} + u_{O2} = -6u_{I1} - 1.5u_{I2} + 6u_{I3}$$

[例5-10] 如图5-25所示，若给定反馈电阻$R_F = 10\text{k}\Omega$，请设计实现$u_O = u_{I1} - 2u_{I2}$的运算电路。

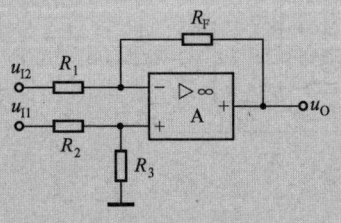

图5-25 差分运算电路的设计

解：根据题意，对照运算电路的功能可知，用差分运算电路实现，将u_{I1}从同相输入端输

入，u_{I2}从反相输入端输入，电路如图 5-25 所示。

根据式（5-23）可求得图 5-25 中输出电压 u_O 的表达式为

$$u_O = -\frac{R_F}{R_1}u_{I2} + \left(1+\frac{R_F}{R_1}\right)\frac{R_3}{R_2+R_3}u_{I1}$$

将要求实现的 $u_O = u_{I1} - 2u_{I2}$ 与上式做比较可得

$$-\frac{R_F}{R_1} = -2$$

$$\left(1+\frac{R_F}{R_1}\right)\frac{R_3}{R_2+R_3} = 1$$

因为给定 $R_F = 10\text{k}\Omega$，由 $-\frac{R_F}{R_1} = -2$ 可得

$$R_1 = 5\text{k}\Omega$$

将 $-\frac{R_F}{R_1} = -2$ 代入 $\left(1+\frac{R_F}{R_1}\right)\frac{R_3}{R_2+R_3} = 1$ 可得

$$\frac{R_3}{R_2+R_3} = \frac{1}{3}$$

再根据输入端直流电阻平衡的要求，由图 5-25 可得

$$R_2 // R_3 = R_1 // R_F = \frac{5 \times 10}{5+10}\text{k}\Omega = \frac{10}{3}\text{k}\Omega$$

即

$$\frac{R_2 R_3}{R_2 + R_3} = \frac{10}{3}\text{k}\Omega$$

联立求解可得

$$R_2 = 10\text{k}\Omega, \quad R_3 = 5\text{k}\Omega$$

[例 5-11] 图 5-26 所示的电路通常被称为仪用放大器或数据放大器，它在测量、数据采集、工业控制等方面得到广泛应用。试证明：

$$u_O = -\frac{R_4}{R_3}\left(1+\frac{2R_2}{R_1}\right)(u_{I1} - u_{I2})$$

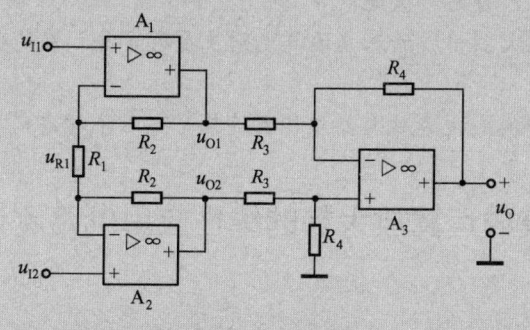

图 5-26 具有高输入阻抗、低输出阻抗的仪用放大器

解：该电路由 A_1、A_2 组成第一级差分放大电路，A_3 组成第二级差分运算电路，三个集

成运算放大器都引入了深度负反馈。根据 A_1、A_2 同相输入端"虚短"特性可得

$$u_{R1} = u_{I1} - u_{I2}$$

根据 A_1、A_2 反相输入端"虚断"特性可知，流过电阻 R_1、R_2 的电流相等，可得

$$u_{R1} = \frac{R_1}{R_1 + R_2 + R_2}(u_{O1} - u_{O2})$$

因此，第二级电路的差模输入电压为

$$u_{O1} - u_{O2} = \frac{R_1 + 2R_2}{R_1} u_{R1} = \left(1 + \frac{2R_2}{R_1}\right)(u_{I1} - u_{I2})$$

根据加减（差分）运算电路输出电压的计算公式，即式（5-24）可得

$$u_O = \frac{R_4}{R_3}(u_{O2} - u_{O1})$$

将第二级电路的差模输入电压公式代入上式，可得

$$u_O = -\frac{R_4}{R_3}\left(1 + \frac{2R_2}{R_1}\right)(u_{I1} - u_{I2})$$

因此，该电路的电压放大倍数为

$$A_u = \frac{u_O}{u_{I1} - u_{I2}} = -\frac{R_4}{R_3}\left(1 + \frac{2R_2}{R_1}\right)$$

调节 R_1 可改变放大倍数 A_u 的大小。

由以上讨论可见，仪用放大器具有如下性能特点：

（1）差模输入电压由集成运算放大器的同相输入端输入，所以电路的输入电阻很大。

（2）当 $u_{I1} = u_{I2} = u_{IC}$ 时，$u_O = 0$，说明该电路有很强的抑制共模信号的能力，而对差模信号可获得很高的电压增益，所以共模抑制比很高。

（3）将 R_1 改为电位器即可方便、连续地调节电路的增益。

能力训练

（1）集成运算放大器怎样才能实现线性应用？

（2）说明反相比例运算电路和同相比例运算电路各有什么特点（包括比例系数、输入电阻、反馈类型和极性、有无"虚地"等）。

（3）由集成运算放大器构成的基本运算电路主要有哪些？在这些电路中集成运算放大器工作在什么状态？

（4）为什么说两个集成运算放大器在相互连接时可以不考虑前后级之间的影响？

技能训练十三　集成运算放大器的线性应用电路测试

1. 训练目的

（1）了解集成运算放大器的外形及引脚功能。

(2)掌握集成运算放大器的组成及其工作特点。
(3)掌握集成运算放大器的基本应用方法。
(4)熟悉集成运算放大器的使用知识。

2. 仪器、仪表及元器件

(1)仪器、仪表：双路直流稳压电源、信号发生器、交流毫伏表、示波器、万用表。
(2)元器件：CF741 集成运算放大器 1 个，2kΩ 电阻 3 个，5.1kΩ、10kΩ、20kΩ 电阻各 1 个。

3. 训练内容

由集成运算放大器组成的单级负反馈放大电路如图 5-27 所示，训练步骤、内容及要求如表 5-1 所示。

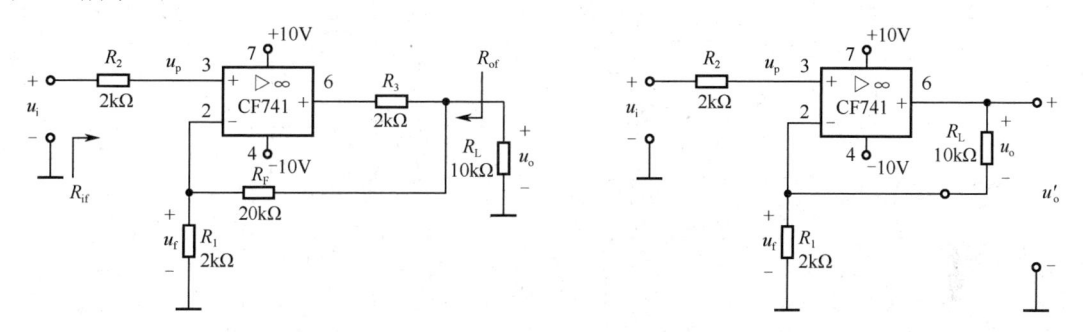

(a) 电压串联负反馈放大电路　　　　　　(b) 电流串联负反馈放大电路

图 5-27　由集成运算放大器组成的单级负反馈放大电路

表 5-1　训练步骤、内容及要求

内容	步骤	技能点	训练步骤及内容	训练要求
电压串联负反馈放大电路研究	1	电路连接	连接放大电路	连接正确
	2		连接电源	
	3	仪器、仪表连接	信号发生器、示波器、交流毫伏表设置	设置正确
	4		仪器、仪表接入电路	共地，连接正确
	5	数据测量	测量 u_i、u_p、u_f、u_o 的有效值 U_i、U_p、U_f、U_o	操作规范，数据正确
	6	数据处理及结论分析	计算 A_{uf}、R_{if}、R_{of} 并分析数据	计算合理，结论正确
电流串联负反馈放大电路研究	1	电路连接	连接放大电路	连接正确
	2		连接电源	
	3	仪器、仪表连接	信号发生器、示波器、交流毫伏表设置	设置正确
	4		仪器、仪表接入电路	共地，连接正确
	5	数据测量	测量 u_i、u_p、u_f、u'_o 的有效值 U_i、U_p、U_f、U'_o	操作规范，数据正确
	6	数据处理及结论分析	计算 A_{uf}，再令 R_L 为 5.1kΩ、2kΩ，计算 A_{uf} 并分析数据	计算合理，结论正确

能力测试

一、基本能力测试

（1）设图 5-28 中所有电容对交流信号均可视为短路，反馈放大电路如图 5-28 所示，试指出各电路的反馈元件，并说明是交流反馈还是直流反馈。

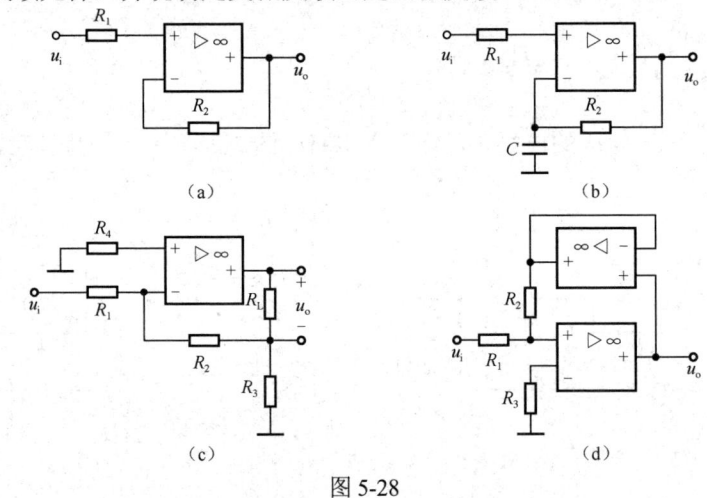

图 5-28

（2）分别设计实现下列运算关系的运算电路（括号中的反馈电阻 R_F 为给定值，要求画出电路并求出元件值）。

① $u_o = -3u_i$ （$R_F = 39\text{k}\Omega$）
② $u_o = -(u_{i1} + 0.2u_{i2})$ （$R_F = 10\text{k}\Omega$）
③ $u_o = 5u_i$ （$R_F = 20\text{k}\Omega$）
④ $u_o = -u_{i1} + 0.2u_{i2}$ （$R_F = 10\text{k}\Omega$）

（3）写出如图 5-29 所示的各集成线性运算电路的名称，分别求出各电路输出电压 u_o 的大小。

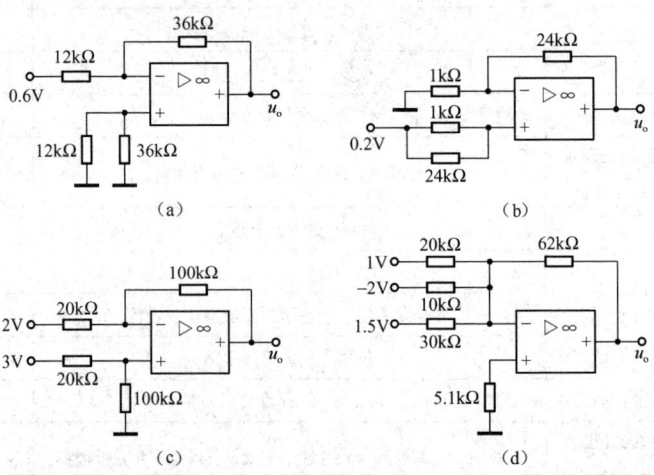

图 5-29

二、提升能力测试

（1）图 5-30 所示为利用集成运算放大器构成的电流—电压转换器，试求电路输出电压 u_o 与输入电流 i_s 之间的关系。

（2）写出如图 5-31 所示的电路中输出电压 u_o 与 U_Z 的关系式，并说明该电路的功能。

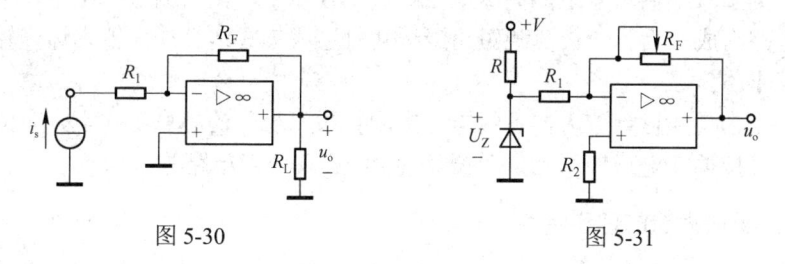

图 5-30

图 5-31

（3）由集成运算放大器作为前级的互补对称功率放大电路如图 5-32 所示。
① 说明二极管 VD_1、VD_2 的作用，并指出 VT_1、VT_2 的工作状态。
② 略去功放管的饱和压降，求最大不失真输出功率。
③ 电路引入了什么类型的级间负反馈？反馈元件是哪个？
④ 用深度负反馈条件，求出该电路的闭环电压放大倍数（$A_{uf} = u_o/u_i$）。

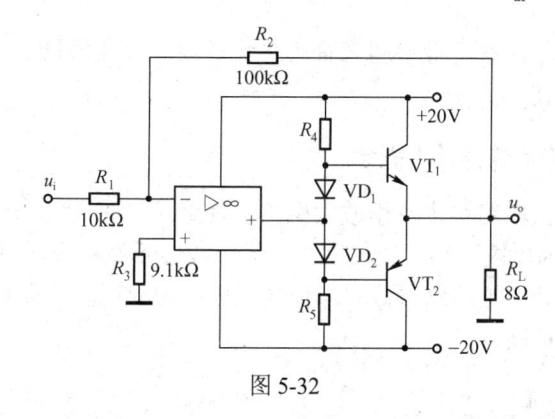

图 5-32

项目小结

1. 集成运算放大器的概念

集成电路是利用半导体制造工艺，把整个电路中的元器件制作在一块介质基片上，经封装后构成的具有特定功能的电路模块。集成运算放大器简称集成运放，它是将一个高电压放大倍数、高输入电阻、低输出电阻的直接耦合多级放大电路制作在一个单晶硅芯片上的器件，因其最初主要用于模拟量的数学运算而得名。

2. 集成运算放大器的组成

集成运算放大器内部通常由输入级、中间级、输出级和偏置电路 4 部分组成。
输入级：为了保证直接耦合放大器静态工作点稳定，使在输入信号电压为零时，输出能基本维持零电压不变,输入级一般采用带恒流源的差分放大电路构成,形成同相输入、反相输入两个输入端。

中间级:一般由高增益的电压放大电路组成,主要用来进行电压增益放大,要求有较高的电压放大倍数,一般由共发射极放大电路构成。

输出级:为了减小输出电阻,提高电路的带负载能力,输出端通常由甲乙类互补对称共发射极输出电路组成。为了防止负载短路或过载时造成集成运算放大器损坏,输出级一般还具有输出保护电路。

偏置电路:为集成运算放大器各级电路提供合适而稳定的静态工作点,有的集成运算放大器还设置了外接调零电路和消除自激振荡的 RC 相移补偿电路等。

3. 集成运算放大器的理想特性

(1)开环电压放大倍数 $A_{ud} = \infty$,此参量表征理想集成运算放大器开环(无正、负反馈)电压放大倍数无限大。

(2)差模输入电阻 $R_{id} = \infty$,此参量表征理想集成运算放大器差模输入电阻无限大,对前级吸取的电流趋于零。

(3)输出阻抗 $R_o = 0$,此参量表征理想集成运算放大器输出电阻趋于零,带负载能力很强。

(4)共模抑制比 $K_{CMR} = \infty$,此参量表征理想集成运算放大器只放大差模信号,不放大共模信号,抗干扰能力很强。

4. 反馈放大电路的组成及基本概念

含有反馈网络的放大电路称为反馈放大电路,其组成如图 5-33 所示。图 5-33 中,A 称为基本放大电路,F 称为反馈网络,反馈网络一般由线性元件构成。由图 5-33 可见,反馈放大电路由基本放大电路和反馈网络构成一个闭环系统,因此又称为闭环放大电路,而把基本放大电路称为开环放大电路。

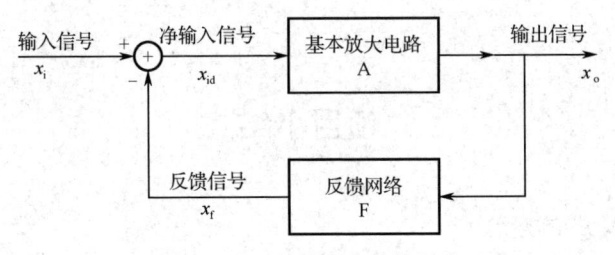

图 5-33 反馈放大电路的组成

x_i、x_f、x_{id} 和 x_o 分别称为输入信号、反馈信号、净输入信号和输出信号,它们可以是电压,也可以是电流。图 5-33 中箭头方向表示信号的传输方向,传输方向由输入端到输出端称为正向传输,传输方向由输出端到输入端称为反向传输。

若放大电路中引入反馈后使净输入信号 x_{id} 减小,即 x_{id} 比 x_i 小,则称为负反馈。

若放大电路中引入反馈后使净输入信号 x_{id} 增大,即 x_{id} 比 x_i 大,则称为正反馈。

若反馈信号只含有直流量,则称为直流反馈。

若反馈信号中只含有交流量,则称为交流反馈。

5．负反馈的 4 种组态

（1）电压串联负反馈。
（2）电压并联负反馈。
（3）电流串联负反馈。
（4）电流并联负反馈。

6．负反馈对放大电路性能的影响

（1）提高增益的稳定性。
（2）减小放大电路引起的非线性失真。
（3）扩展放大电路通频带。
（4）改变放大电路的输入和输出电阻。

7．反相比例运算电路主要的工作特点

（1）它是深度电压并联负反馈电路，可作为反相放大器，调节 R_F 与 R_1 的比值即可调节闭环电压放大倍数 A_{uf}。A_{uf} 可大于1，也可小于1。
（2）输入电阻等于 R_1，较小。
（3）在反相比例运算电路中，$u_n \approx u_p \approx 0$，故反相输入端有"虚地"特性。

8．同相比例运算电路主要的工作特点

（1）它是深度电压串联负反馈电路，可作为同相放大器，调节 R_F 与 R_1 的比值即可调节 A_{uf}，电压跟随器是它的应用特例。
（2）输入电阻趋于无穷大。
（3）在同相比例运算电路中，$u_n \approx u_p \approx u_I$。

项目自评表

序号	自评项目	自评内容	项目配分	项目得分	自评成绩
1	通用型集成运算放大器的组成及基本特性	理想集成运算放大器的特征	10 分		
		集成运算放大器在线性状态下的特点	5 分		
		集成运算放大器的使用注意事项	10 分		
2	放大电路中的负反馈及其应用	反馈概念	5 分		
		负反馈类型判别	5 分		
		负反馈对放大电路性能的影响	10 分		
		按放大电路要求选择合适的负反馈	5 分		
		深度负反馈放大电路的特点	5 分		
		深度负反馈放大电路闭环电压增益估算	10 分		

续表

序号	自评项目	自评内容	项目配分	项目得分	自评成绩
3	集成运算放大器的线性应用	比例运算电路	10分		
		加法与减法运算电路	10分		
		计算线性运算电路输入、输出电压关系	5分		
		简单线性运算电路的设计	10分		
能力缺失					
弥补办法					

项目六

直流稳压电源安装与调试

🠖 学习指南

项目描述：我国是以交流电的方式进行市电输送的，规定输送的为正弦交流电，相电压为 220V、线电压为 380V、频率为 50Hz。而在生活中，绝大多数电子产品，如手机、电视机、计算机等正常工作均需要直流电。

获得直流电的方法很多，如干电池、蓄电池、直流发电机等均输出直流电，但受使用条件、成本等多方面因素的影响，只在一些特殊场合下使用。在居民日常生活中需要直流供电的电子设备，一般是在电子设备内部将 220V、50Hz 的交流市电经降压、整流、滤波和稳压处理后获得所需的直流稳压电源。因此，掌握直流稳压电源的组成、工作原理、主要性能指标等基础知识，可为今后专业课程的学习打下坚实的基础。

学习导航

任务	重点	难点	关键能力
整流滤波电路	半波整流电路的基本工作原理； 桥式整流电路的基本工作原理； 电容滤波电路的基本工作原理； 典型桥式整流电容滤波电路分析	整流电路输入、输出波形变化； 滤波电路输入、输出波形变化	会半波整流电路分析与估算； 会桥式整流电路分析与估算； 会电容滤波电路分析与估算
稳压电路	串联型稳压电路的基本组成； 串联型稳压电路的工作原理； 三端固定式集成稳压器识读与应用； 三端可调式集成稳压器识读与应用； 直流稳压电源的主要性能指标	串联型稳压电路的基本组成及工作原理； 电网或负载变化引起直流稳压电源输出电压变化的稳压过程	会分析串联型稳压电路的稳压过程； 会识读集成稳压器参数指标及引脚排列与功能； 会用三端集成稳压器构成直流稳压电路； 会测试直流稳压电源的主要参数

任务二十二　整流滤波电路

能力目标

（1）会分析单相整流电路。
（2）会估算滤波电路参数。
（3）会估算整流滤波电路输出电压。

一、单相整流电路

整流电路形式较多，按整流器件是否受控可分为可控整流与不可控整流两种形式，按交流电输入方式可分为单相整流与三相整流两种形式。个人计算机、电视机等小功率电器，因整机功率较小，通常采用单相交流电源供电；可控整流主要应用于电力电子设备，本任务只讨论单相不可控整流滤波电路。

单相整流电路利用二极管的单向导电作用，将交流电转换为脉动直流电，通过后级滤波、稳压等处理后得到稳定的直流电。常用的单相整流电路有半波整流电路、桥式整流电路、全波整流电路和倍压整流电路等，本任务只讨论半波整流电路与桥式整流电路。

1. 半波整流电路

半波整流电路如图 6-1（a）所示，图 6-1（a）中，Tr 为工频电源降压变压器，用于将市电 220V 交流电压转换为半波整流电路所要求的低压交流电，同时保证直流电源与市电电网有效地隔离；VD 为整流二极管，在工程分析中一般将其视为理想二极管，即二极管正向导通管压降为 0V；R_L 为等效的负载电阻。

设变压器次级绕组电压 $u_2 = \sqrt{2}U_2 \sin \omega t$。当 u_2 为正半周（$0 \leq \omega t \leq \pi$）时，由图 6-1（a）可见，二极管 VD 因正向偏置而导通，流过二极管的电流 i_D 同时流经负载电阻 R_L，即 $i_O = i_D$，负载电阻上的电压 $u_O \approx u_2$。当 u_2 为负半周（$\pi \leq \omega t \leq 2\pi$）时，二极管因反向偏置而截止，$i_O \approx 0$，因此，输出电压 $u_O \approx 0$，此时 u_2 全部加在二极管两端，即二极管承受反向电压 $u_D = u_2$。

u_2、u_O、i_O、u_D 的波形如图 6-1（b）所示，负载电阻上得到单方向的脉动直流电压。因为只有 u_2 在正半周时才有输出，在负半周时没有输出，所以称为半波整流电路。

半波整流电路输出电压的平均值 U_O 为

$$U_O = \frac{1}{2\pi} \int_0^{2\pi} u_O \mathrm{d}(\omega t)$$

$$= \frac{1}{2\pi} \int_0^{\pi} \sqrt{2} U_2 \sin(\omega t) \mathrm{d}(\omega t)$$

$$U_O = \frac{\sqrt{2}}{\pi} U_2 = 0.45 U_2 \tag{6-1}$$

项目六 直流稳压电源安装与调试

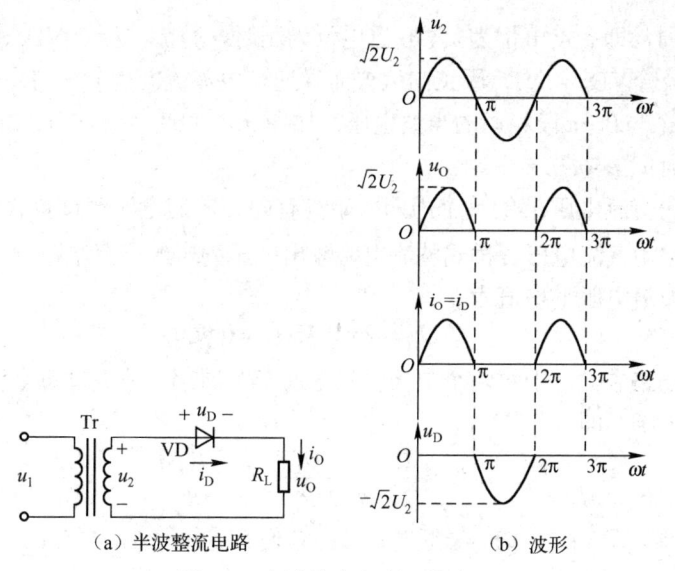

(a) 半波整流电路 (b) 波形

图 6-1 半波整流电路及其波形

流过二极管的平均电流 I_D 为

$$I_D = I_O = \frac{U_O}{R_L} = 0.45 \frac{U_2}{R_L} \tag{6-2}$$

二极管承受的反向峰值电压 U_{RM} 为

$$U_{RM} = \sqrt{2} U_2$$

半波整流电路结构简单，使用的元器件少，但整流效率低，输出电压脉动分量较大，因此，它只适用于要求不高的场合，如音频功率放大器功放级。

2. 桥式整流电路

为了克服半波整流电路整流效率低、输出电压脉动分量较大的缺点，常采用桥式整流电路，如图 6-2（a）所示。图 6-2（a）中，$VD_1 \sim VD_4$ 4 个整流二极管接成电桥形式，故称为桥式整流电路，其简化电路如图 6-2（b）所示。

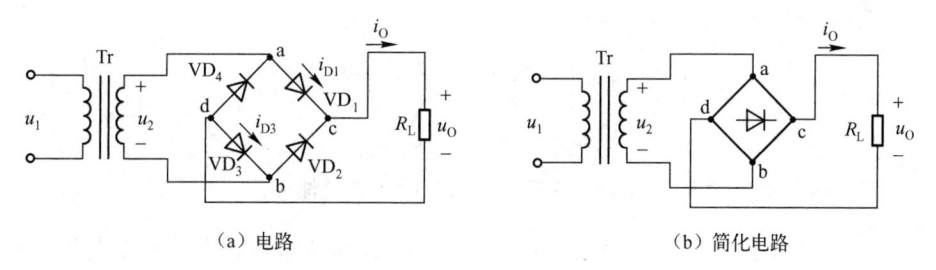

(a) 电路 (b) 简化电路

图 6-2 桥式整流电路

设变压器次级绕组电压 $u_2 = \sqrt{2} U_2 \sin \omega t$，其波形如图 6-3（a）所示。在 u_2 的正半周，即 a 点电位为正，b 点电位为负时，整流二极管 VD_1、VD_3 因承受正向电压而导通，电流流向为 a → VD_1 → R_L → VD_3 → b，此时整流二极管 VD_2、VD_4 因反向偏置而截止，负载电阻 R_L 上得到一个半波输出电压，如图 6-3（b）所示的 0～π 段，若略去二极管的正向压降，则 $u_O \approx u_2$。

在 u_2 的负半周，即 a 点电位为负、b 点电位为正时，整流二极管 VD_1、VD_3 因反向偏置而截止，整流二极管 VD_2、VD_4 因正向偏置而导通，电流流向为 b→ VD_2 → R_L → VD_4 →a，这时 R_L 上得到一个与 0~π 段相同的半波电压，如图 6-3（b）所示的 π~2π 段，若略去二极管的正向压降，则 $u_O \approx -u_2$。

由此可见，在交流电压 u_2 的整个周期内始终有同方向的电流流过负载电阻 R_L，故 R_L 上得到单方向全波脉动直流电压。桥式整流电路输出电压为半波整流电路输出电压的两倍，所以桥式整流电路输出电压平均值为

$$U_O = 2 \times 0.45 U_2 = 0.9 U_2 \tag{6-3}$$

在桥式整流电路中，由于每两个二极管只导通半个周期，故流过每个二极管的平均电流仅为负载电流的一半，即

$$I_D = \frac{1}{2} I_O = \frac{1}{2} \frac{U_O}{R_L} = 0.45 \frac{U_2}{R_L} \tag{6-4}$$

在 u_2 的正半周，即 VD_1、VD_3 导通时，可将它们看成短路，这样 VD_2、VD_4 就并联在 u_2 上，其承受的反向峰值电压为

$$U_{RM} = \sqrt{2} U_2 \tag{6-5}$$

同理，当 VD_2、VD_4 导通时，VD_1、VD_3 截止，其承受的反向峰值电压也为 $U_{RM} = \sqrt{2} U_2$。二极管承受电压的波形如图 6-3（d）所示。

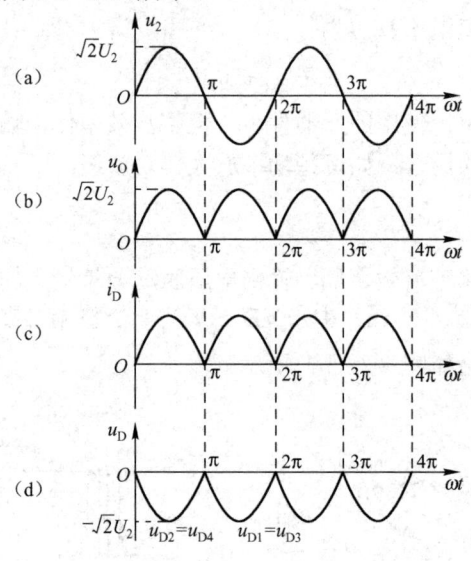

图 6-3 桥式整流电路电压、电流波形

由以上分析可知，桥式整流电路与半波整流电路相比，其输出电压提高，脉动成分减小。

将桥式整流电路的 4 个二极管制作在一起，封装成一个器件，称为整流桥堆，其外形如图 6-4 所示。a、b 端接交流输入电压，标有"~"符号；c、d 为直流输出端，c 端为正极性端，标有"+"符号，且整流桥堆实体外形存在明显标志；d 端为负极性端，标有"-"符号。

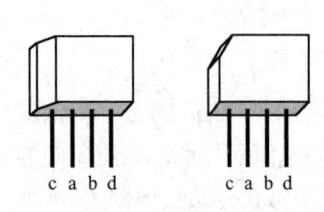

图 6-4 整流桥堆外形

二、滤波电路

整流电路可将交流电变为脉动直流电,但其中含有大量的交流成分,交流分量电压称为纹波电压。为了获得平滑的直流电压,应在整流电路后级加滤波电路,以滤去交流成分,得到平滑的直流电压。常见的滤波电路有电容滤波电路、电感滤波电路和 π 形 LC 滤波电路等。

1. 电容滤波电路

在桥式整流电路输出端与负载电阻 R_L 之间并联一个大容量电容,就构成了电容滤波电路,如图 6-5(a)所示。

设电容两端的初始电压为零,并假定在 $t=0$ 时接通电源,u_2 为正半周,当 u_2 由零上升时,VD_1、VD_3 导通,电容被充电,同时电流经 VD_1、VD_3 向负载电阻供电。如果忽略二极管正向电压降和变压器内阻,电容充电时间常数近似为零,在 u_2 达到最大值时,u_C 也达到最大值[见图 6-5(b)中 a 点],此时,$u_O = u_C \approx u_2$;然后 u_2 开始下降,但 u_2 下降较 u_C 慢,故 VD_1、VD_3 仍保持导通,此时仍保持 $u_O = u_C \approx u_2$,一直持续到 c 点;过 c 点后,u_2 下降速度快于 u_C 下降速度,此时,$u_C > u_2$,VD_1、VD_3 因反向偏置而截止,仅电容向负载电阻 R_L 放电,由于放电时间常数 $\tau = R_L C$,一般较大,电容电压 u_C 按指数规律缓慢下降;当 $u_O(u_C)$ 下降到图 6-5(b)中 b 点后,$|u_2| > u_C$,VD_2、VD_4 导通,电容再次被充电,输出电压增大,之后重复上述充、放电过程,便可得到如图 6-5(b)所示的输出电压波形,它近似为锯齿波直流电压。

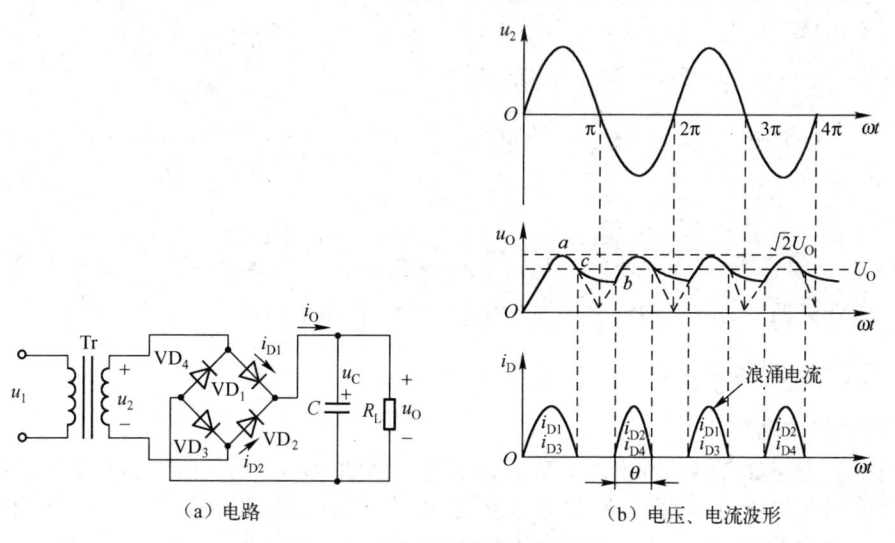

图 6-5 电容滤波电路及其波形

由图 6-5(b)可见,在桥式整流电路中接入滤波电容后,不仅输出电压变得平滑、纹波显著减小,而且输出电压的平均值也增大了。输出电压平均值 U_O 的大小与滤波电容 C 及负载电阻 R_L 的大小有关,当 C 一定时,R_L 越大,电容的放电时间常数 τ 就越大,其放电速度越慢,输出电压就越平滑,U_O 就越大。当负载电阻开路时,$U_O \approx \sqrt{2} U_2$。为了获得良好的滤波效果,一般取

$$R_LC \geq (3\sim5)\frac{T}{2} \tag{6-6}$$

式中，T 为输入交流电的周期。此时输出电压的平均值近似为

$$U_O = 1.2U_2 \tag{6-7}$$

在桥式整流电路采用电容滤波后，只有当 $|u_2| > u_C$ 时二极管才导通，故二极管的导通时间缩短，一个周期的导通角 $\theta < \pi$，如图 6-5（b）所示。由于电容充电的瞬时电流大，形成了浪涌电流，容易损坏二极管，故在选择二极管时，必须留有足够的电流裕量。一般可按 $I_F = (2\sim3)I_O$ 来选择二极管。

[例6-1] 单向桥式整流电容滤波电路如图 6-5（a）所示，交流电源频率 $f = 50\text{Hz}$，负载电阻 $R_L = 40\Omega$，要求输出电压 $U_O = 20\text{V}$。试求变压器次级电压有效值 U_2，并选择二极管和滤波电容。

解：由式（6-7）可得

$$U_2 = \frac{U_O}{1.2} = \frac{20\text{V}}{1.2} \approx 17\text{V}$$

通过二极管的电流平均值为

$$I_D = \frac{1}{2}I_O = \frac{1}{2}\frac{U_O}{R_L} = \frac{1}{2} \times \frac{20\text{V}}{40\Omega} = 0.25\text{A}$$

二极管承受的最高反向电压为

$$U_{RM} = \sqrt{2}U_2 = \sqrt{2} \times 17\text{V} \approx 24\text{V}$$

因此应选择 $I_F \geq (2\sim3)I_D = (0.5\sim0.75)\text{A}$，$U_{RM} > 24\text{V}$ 的二极管，查手册可选 4 个 1N4001 整流二极管（参数：$I_F = 1\text{A}$，$U_{RM} = 50\text{V}$）。

根据式（6-6），取 $R_LC = 4 \times \frac{T}{2}$，因为 $T = \frac{1}{f}$，故 $T = \frac{1}{50} = 0.02\text{s}$，所以

$$C = \frac{4 \times \frac{T}{2}}{R_L} = \frac{4 \times 0.02\text{s}}{2 \times 40\Omega} = 1000\mu\text{F}$$

因此可选取电容为 $1000\mu\text{F}$、耐压为 50V 的电解电容。

2. 其他形式的滤波电路

1）电感滤波电路

电感滤波电路如图 6-6 所示，电感 L 起着阻止负载电流变化并使之趋于平直的作用。在整流电路输出的电压中，直流分量由于电感近似于短路而全部加到负载电阻 R_L 两端的电压大小约为 $U_O = 0.9U_2$，交流分量由于电感的感抗远大于负载等效电阻，而大部分加在电感 L 上，故负载电阻 R_L 上只有很小的交流电压，从而达到了滤除交流分量的目的。一般电感滤波电路用于低电压、大电流的场合。

2）π 形 LC 滤波电路

为了进一步减小输出电压中的纹波，可采用如图 6-7 所示的 π 形 LC 滤波电路。由于电容 C_1、C_2 对交流的容抗很小，而电感 L 对交流感抗很大，因此，负载电阻 R_L 上的纹波电压很小。

当负载电流较小时,也可用电阻代替电感组成 π 形 RC 滤波电路。由于电阻要消耗功率,此时电源的损耗功率较大,电源效率降低。

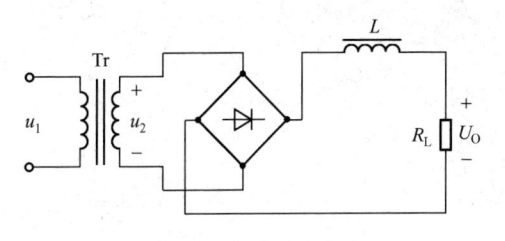

图 6-6　电感滤波电路

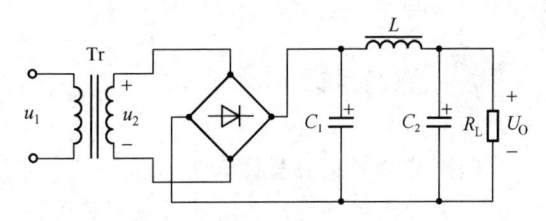

图 6-7　π 形 LC 滤波电路

能力训练

1. 选择题

(1) 整流的目的是 (　　)。
A. 将正弦波变成方波　　　　　　　　B. 将交流电变成直流电
C. 将高频信号变成低频信号

(2) 在桥式整流电路中,若其中一个二极管开路,则输出 (　　)。
A. 只有半周波形　　　　　　　　　　B. 为全波波形
C. 无波形,且变压器或整流管可能烧坏

(3) 在桥式整流电容滤波电路中,若 $U_2 = 15V$,则 $U_O =$ (　　) V。
A. 20V　　　　B. 18V　　　　C. 24V　　　　D. 9V

(4) 在桥式整流电路中,每个整流管的电流 $I_D =$ (　　)。
A. I_O　　　　B. $2I_O$　　　　C. $I_O/2$　　　　D. $I_O/4$

(5) 在桥式整流电路中,每个整流管承受的最大反向电压 $U_{RM} =$ _____。
A. U_2　　　　B. $\sqrt{2}U_2$　　　　C. $2\sqrt{2}U_2$　　　　D. $(\sqrt{2}/2)U_2$

2. 桥式整流电容滤波电路如图 6-8 所示,已知交流电源频率为 50Hz,变压器次级电压有效值 $U_2 = 10V$,$R_L = 50\Omega$,$C = 2200\mu F$。试问:

(1) 输出电压 U_O 等于多少?
(2) 当 R_L 开路时,U_O 等于多少?
(3) 当电容开路时,U_O 等于多少?
(4) 当二极管 VD_1 开路时,U_O 等于多少?

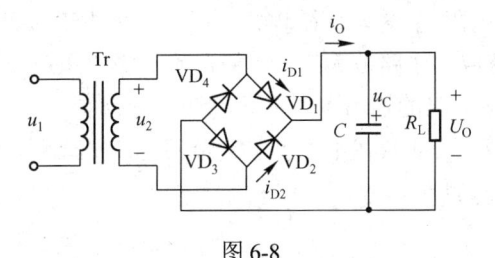

图 6-8

任务二十三 稳压电路

能力目标

（1）能分析串联型稳压电路。
（2）会正确应用三端固定式集成稳压器。
（3）会测试直流稳压电源的主要技术指标。

一、串联型稳压电路的工作原理

串联型稳压电路的基本组成如图 6-9 所示，它主要由调整电路、取样电路、基准电压电路和比较放大电路等部分组成。由于调整管和负载串联，故称为串联型稳压电路。

串联型稳压电路原理图如图 6-10 所示，图 6-10 中，VT 为调整管，它工作在线性放大区，故称为线性放大电路；R_1、R_2 和 R_P 组成取样电路；R 和稳压管 VD_Z 组成基准电压电路；集成运算放大器组成比较放大电路。

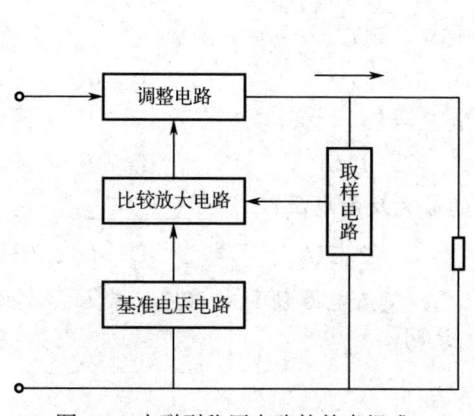

图 6-9 串联型稳压电路的基本组成

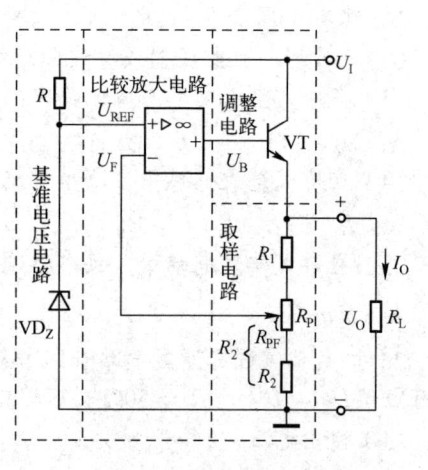

图 6-10 串联型稳压电路原理图

比较放大电路（集成运算放大器）的两输入端，同相输入端输入基准电压 U_{REF}，反相输入端输入 U_O 的取样电压 U_F，基准电压与取样电压的差值在集成运算放大器中进行放大。当输入电压 U_I 增大（或负载电阻 R_L 增大）引起输出电压 U_O 增大时，取样电压 U_F 随之增大，U_{REF} 与 U_F 的差值减小，经比较放大电路放大后，调整管的基极电压 U_B 减小，集电极电流 I_C 减小，输出电压 U_O 随之减小，使电路的输出电压上升趋势受到抑制，从而稳定了输出电压。

同理，输出电压 U_I 减小（或负载电阻 R_L 减小）引起 U_O 减小，电路产生与上述相反的稳压过程，亦将维持输出电压基本不变。

由图 6-10 可得

$$U_F = \frac{R_2'}{R_1 + R_2 + R_P} U_O$$

由集成运算放大器两输入端"虚短"可知 $U_F \approx U_{REF}$，所以电路输出电压为

$$U_O = \frac{R_1 + R_2 + R_P}{R_2'} U_{REF} \tag{6-8}$$

$$R_2' = R_2 + R_{P下} \tag{6-9}$$

调节电位器的动端，即可调节输出电压 U_O 的大小。

当电位器的动端调到最上端时，输出电压最低，U_{Omin} 为

$$U_{Omin} = \frac{R_1 + R_2 + R_P}{R_2 + R_P} U_{REF} \tag{6-10}$$

当电位器的动端调到最下端时，输出电压最高，U_{Omax} 为

$$U_{Omax} = \frac{R_1 + R_2 + R_P}{R_2} U_{REF} \tag{6-11}$$

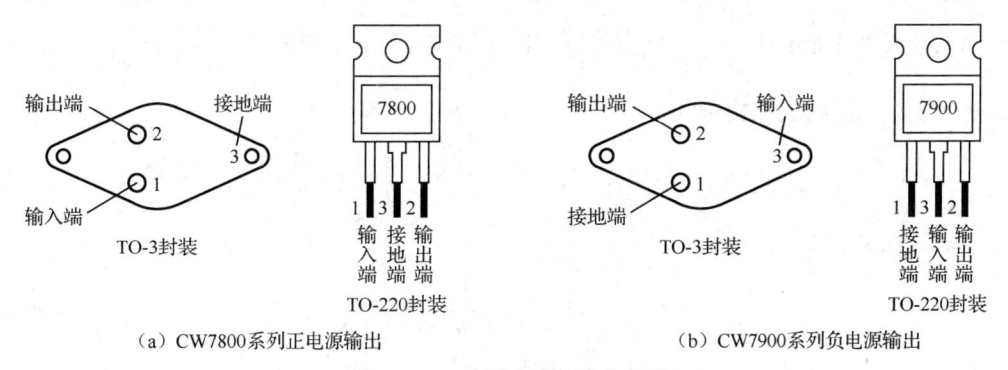

二、三端固定式集成稳压器

三端固定式集成稳压器通用产品有 CW7800 系列（正电源）和 CW7900 系列（负电源）。输出电压用具体型号的最后两个数字代表，有 5V、6V、8V、9V、12V、15V、18V、24V 等。输出电流以 78（或 79）后面加字母来区分，其中 L 表示 0.1A，M 表示 0.5A，无字母表示 1.5A。例如，CW7805 表示输出电压为+5V，额定输出电流为 1.5A。

图 6-11 所示为 CW7800 和 CW7900 系列塑封三端固定式集成稳压器的外形及引脚排列。

（a）CW7800系列正电源输出　　　　　　　（b）CW7900系列负电源输出

图 6-11　三端固定式集成稳压器

三、三端可调式集成稳压器

三端可调式集成稳压器不仅输出电压可调，而且稳压性能指标均优于三端固定式集成稳压器。调压范围为 1.25～37V，常用的正电压输出系列为 W117/217/317；常用的负电压输出系列为 W137/237/337。其中，W 表示稳压；第 1 位数字表示品级，"1"为军品级、"2"为工业级、"3"为民品级；后两位数字为"17"表示正电压输出，为"37"表示负电压输出。三端可调式集成稳压器如图 6-12 所示。

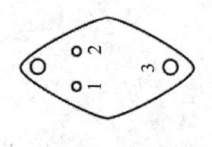

(a) TO-3 型示意图　　(b) TO-3 型实物图　　(c) TO-220 型示意图　　(d) TO-220 型实物图

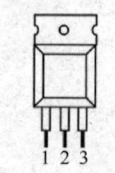

图 6-12　三端可调式集成稳压器

四、集成稳压器的应用

1. 基本应用电路

图 6-13 所示为 CW7800 系列集成稳压器的基本应用电路。由于输出电压取决于集成稳压器，图 6-13 中输出电压为 12V，最大输出电流为 1.5A。为了保证电路正常工作，要求输入电压比输出电压 U_O 至少高 2.5~3V。输入端电容 C_1 不仅可以抵消输入端较长接线的电感效应，以防止自激振荡，还可以抑制电源的高频脉冲干扰，一般取 0.1~1μF。输出电容 C_2、C_3 用以改善负载的瞬间动响应，消除电路的高频噪声，同时也具有消振作用。VD 是保护二极管，用来防止在输入端短路时，输出电容 C_3 所存储电荷通过集成稳压器内部放电而损坏元器件。CW7900 系列的接线与 CW7800 系列基本相同。

2. 提高输出电压的电路

提高输出电压的电路如图 6-14 所示，图 6-14 中 I_Q 为集成稳压器的静态工作电流，一般为 5mA，最大可达 8mA；U_{XX} 为集成稳压器的标准输出电压，要求 $I_1 = \dfrac{U_{XX}}{R_1} \geq 5I_Q$。由图 6-14 可得整个集成稳压器的输出电压为

$$U_O = U_{XX} + (I_1 + I_Q)R_2 = U_{XX} + \left(\dfrac{U_{XX}}{R_1} + I_Q\right) = \left(1 + \dfrac{R_2}{R_1}\right)U_{XX} + I_Q R_2 \tag{6-12}$$

若忽略 I_Q 的影响，则有

$$U_O \approx \left(1 + \dfrac{R_2}{R_1}\right)U_{XX} \tag{6-13}$$

由此可见，提高 R_2 与 R_1 的比值，可以提高 U_O。

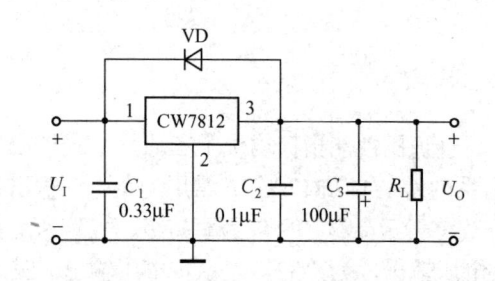

图 6-13　CW7800 系列集成稳压器的基本应用电路 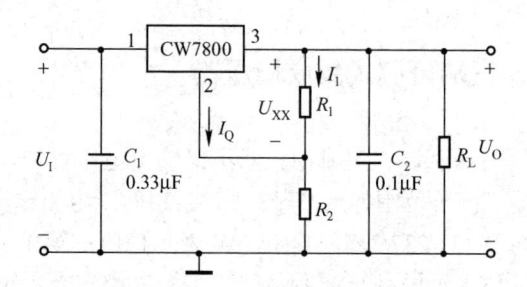　　图 6-14　提高输出电压的电路

3. 输出正、负电压的电路

图 6-15 所示为用 CW7815 和 CW7915 组成的正、负双电压同时输出的稳压电路。

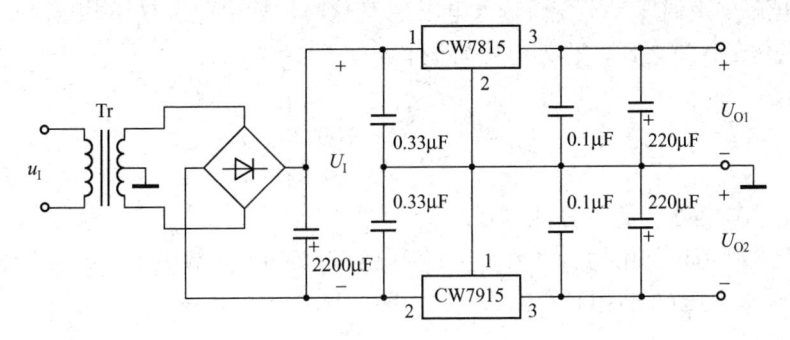

图 6-15 用 CW7815 和 CW7915 组成的正、负双电压同时输出的稳压电路

4. 恒流源电路

在集成稳压器输出端串入阻值合适的电阻,就可以构成恒流源电路,如图 6-16 所示。图 6-16 中,R_L 为输出负载电阻,电源输入电压 $U_I = 10V$,CW7805 采用金属封装,输出电压 $U_{23} = 5V$,因此,由图 6-16 可得向 R_L 输出的电流 I_O 为

$$I_O = \frac{U_{23}}{R} + I_Q \tag{6-14}$$

式中,I_Q 是集成稳压器的静态工作电流,由于受 U_I 及温度变化的影响,只有当 $U_{23}/R \gg I_Q$ 时,输出电流 I_O 才比较稳定。由图 6-16 可知,显然 U_{23}/R 比 I_Q 大得多,故 $I_O \approx 0.5A$,受 I_Q 的影响小。

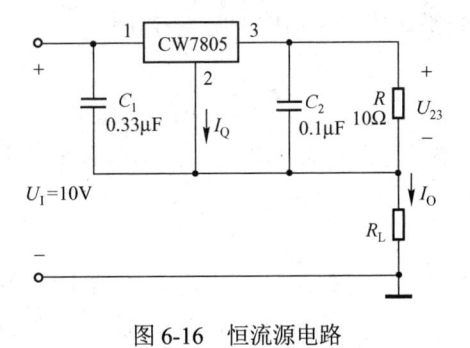

图 6-16 恒流源电路

五、直流稳压电源的主要技术指标

直流稳压电源的技术指标分为两种:一种是特性指标;另一种是质量指标。

1. 特性指标

(1) 输入电压及其变化范围。
(2) 输出电压及输出电压调节范围。
(3) 额定输出电流(电源正常工作时的最大输出电流)及过流保护电流。

2. 质量指标

(1) 电压调整率 S_U 或稳压系数 S_r。

当负载电流 I_O 及温度 T 不变而输入电压 U_I 变化时，输出电压 U_O 的相对变化量 $\Delta U_O/U_O$ 与输入电压变化量 ΔU_I 之比，称为电压调整率 S_U，即

$$S_U = \left. \frac{\Delta U_O/U_O}{\Delta U_I} \times 100\% \right|_{\substack{\Delta I_O=0 \\ \Delta T=0}} \qquad (6\text{-}15)$$

其单位为%/V。S_U 越小，稳压性能越好。

稳压性能的好坏也常用稳压系数 S_r 来说明，它定义为在负载电流 I_O 和温度 T 不变时，输出电压 U_O 和输入电压 U_I 的相对变化量之比，即

$$S_r = \left. \frac{\Delta U_O/U_O}{\Delta U_I/U_I} \right|_{\substack{\Delta I_O=0 \\ \Delta T=0}} \qquad (6\text{-}16)$$

(2) 电流调整率 S_I。

当输入电压 U_I 及温度 T 不变而输出电流 I_O 从零变到最大时，输出电压的相对变化量 $\Delta U_O/U_O$，称为电流调整率 S_I，即

$$S_I = \left. (\Delta U_O/U_O) \times 100\% \right|_{\substack{\Delta I_O=\Delta I_{Omax} \\ \Delta T=0, \Delta U_I=0}} \qquad (6\text{-}17)$$

(3) 输出电阻 R_O。

当输入电压 U_I 和温度 T 不变时，因 R_L 变化，导致负载电流变化了 ΔI_O，相应的输出电压变化了 ΔU_O，两者比值的绝对值称为输出电阻 R_O，即

$$R_O = \left. -\frac{\Delta U_O}{\Delta I_O} \right|_{\substack{\Delta U_I=0 \\ \Delta T=0}} \qquad (6\text{-}18)$$

其单位为 Ω。R_O 的大小反映了电源带负载的能力，其值越小，电源带负载能力越强。一般 $R_O < 1\Omega$。

(4) 温度系数 S_T。

当输入电压 U_I 和负载电流 I_O 不变时，由温度变化所引起的输出电压相对变化量 $\Delta U_O/\Delta U_O$ 与温度变化量 ΔT 之比，称为温度系数 S_T，即

$$S_T = \left. \frac{\Delta U_O/U_O}{\Delta T} \times 100\% \right|_{\substack{\Delta U_O=0 \\ \Delta I_O=0}} \qquad (6\text{-}19)$$

其单位为%/℃。

(5) 纹波电压及纹波抑制比 S_R。

纹波电压是指叠加在直流输出电压 U_O 上的交流电压，通常用有效值 U_O' 或峰值 U_{OP} 表示。在电容滤波电路中，负载电流越大，纹波电压也越大，因此纹波电压应在额定输出电流情况下测出。

纹波抑制比 S_R 定义为稳压电路输入纹波电压峰值 U_{IP} 与输出纹波电压峰值 U_{OP} 之比，用对数表示，即

$$S_{R} = 20\lg \frac{U_{IP}}{U_{OP}} \text{(dB)} \tag{6-20}$$

S_R 表示集成稳压器对其输入端引入的交流纹波电压的抑制能力。

> **能力训练**
>
> （1）串联型稳压电路由哪几部分组成？各组成部分的作用是什么？
> （2）串联型稳压电路中的放大环节所放大的对象是（　　）。
> A．基准电压　　　　　　B．取样电压　　　　　　C．基准电压与取样电压之差
> （3）在下列几种情况下，可选用什么型号的三端集成稳压器？
> ① $U_O = +15V$，R_L 最小值为 20Ω；
> ② $U_O = +5V$，R_L 最小值为 20Ω，最大负载电流 $I_{Omax} = 350mA$；
> ③ $U_O = -12V$，输出电流范围 $I_O = 10 \sim 80mA$。

技能训练十四　直流稳压电源的安装与调试

1．训练目的

（1）理解直流稳压电源的工作原理。
（2）会选择电路元器件。
（3）能调整直流稳压电源，会测试直流稳压电源的主要技术指标。

2．仪器、仪表及元器件

数字万用表（或指针式万用表）、交流毫伏表、自耦变压器（调压器）（0～250V，1000V·A）、负载电阻（0～510Ω，50W 滑动变阻器）、示波器。

3．训练内容

电路原理图如图 6-17 所示，训练步骤、内容及要求如表 6-1 所示。

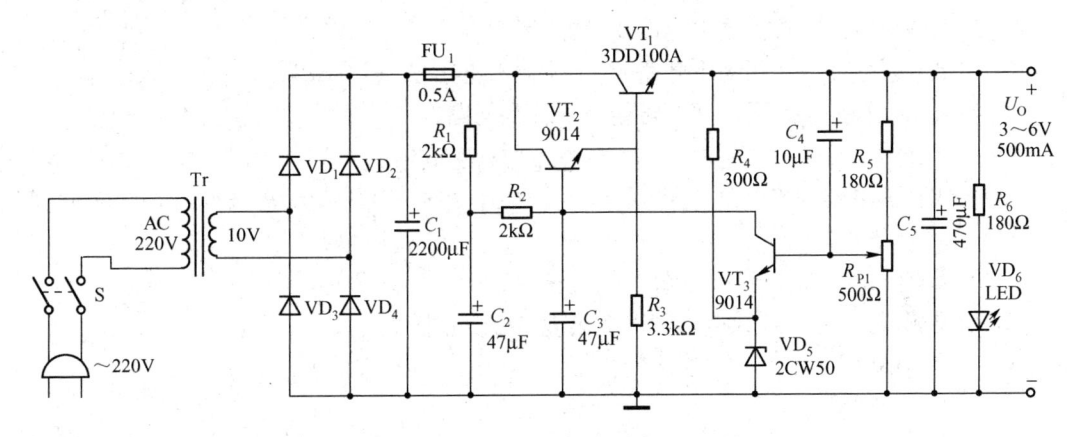

图 6-17　电路原理图

表 6-1 训练步骤、内容及要求

内容	技能点	训练步骤及内容	训练要求
电路连接	整流电路及滤波电路的正确连接	桥式整流电路连接	二极管极性正确
		滤波电路连接	电容极性正确
	调整电路的正确连接	复合管连接	连接正确
		外围电路连接	连接正确
	误差放大电路连接	基准、取样电路连接	连接正确
		放大电路连接	连接正确
	负载电路连接	负载电路连接	连接正确
		指示电路连接	连接正确
电路调整	整流滤波电路调整	通电测试 C_1 两端电压,即 U_I	准确判断测试点
		判断电路是否正常工作	会正确判断
	稳压电路调整	调整电位器	缓慢调节
		测试 U_O	会判断电路是否正常
指标测试	稳压系数测试	模拟市电 220V,额定负载,测 U_I、U_O	操作规范,结论正确
		模拟市电 242V,额定负载,测 U_I、U_O	
		模拟市电 198V,额定负载,测 U_I、U_O	
	输出电阻测试	接入负载,测 I_O、U_O	操作规范,结论正确
		断开负载,测 I_O、U_O	
	纹波电压测试	用示波器观察波形、测 U_{OP}	操作规范,结论正确
		用交流毫伏表测有效值 U_O'	

能力测试

一、基本能力测试

(1) 在如图 6-18 所示的桥式整流电路中,已知变压器次级电压有效值 $U_2 = 10\text{V}$,试问:
① 当电路正常时,直流输出电压 U_O 等于多少?
② 如果二极管虚焊(相当于开路),直流输出电压 U_O 等于多少?
③ 如果二极管 VD_1 接反,那么可能出现什么问题?
④ 如果 4 个二极管全部接反,那么可能出现什么问题?

(2) 桥式整流电容滤波电路如图 6-19 所示,$U_2 = 20\text{V}$(有效值),$R_L = 40\Omega$,$C = 1000\mu\text{F}$,试问:
① 如果有一个二极管开路,则 U_O 等于多少?
② 如果测得 U_O 为下列数值,则可能出现了什么故障?
A. $U_O = 18\text{V}$ B. $U_O = 28\text{V}$ C. $U_O = 9\text{V}$

图 6-18　　　　　　　　　　　　　　图 6-19

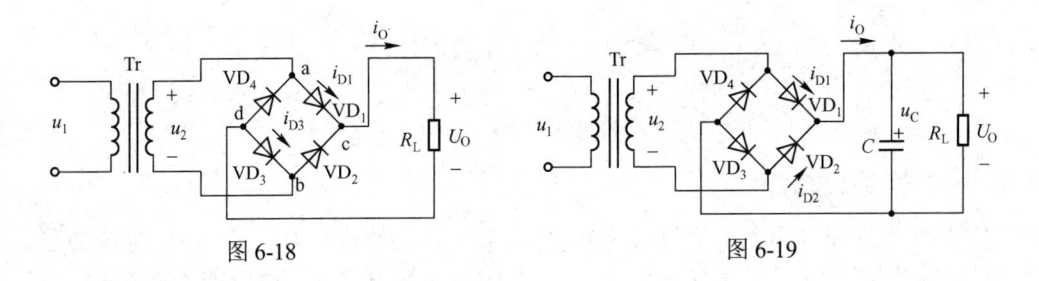

二、提升能力测试

（1）在桥式整流电路中，已知负载电阻 $R_L=20\Omega$，交流电频率为 50Hz，要求输出电压 $U_O=12V$，试求变压器次级电压有效值 U_2，并选择整流二极管和滤波电容。

（2）电路如图 6-20 所示。

① 要求当电位器的滑动端在最下端时，$U_O=15V$，电位器的阻值 R_W 应为多少？

② 在①小题选定的 R_W 值条件下，当电位器的滑动端在最上端时，U_O 等于多少？

③ 为了保证调整管很好地工作在放大状态，要求其管压降 U_{CE} 在任何情况下不低于 3V，则 U_I 应为多大？

④ 如果稳压管 VD_Z 的最小电流 $I_Z=5mA$，试确定电阻 R 的阻值。

（3）如图 6-21 所示，为了获得 $U_O=10V$ 的稳定输出电压，电阻 R_2 应为多少？假设三端集成稳压器的静态电流 I_Q 与 R_1、R_2 中的电流相比，可以忽略。

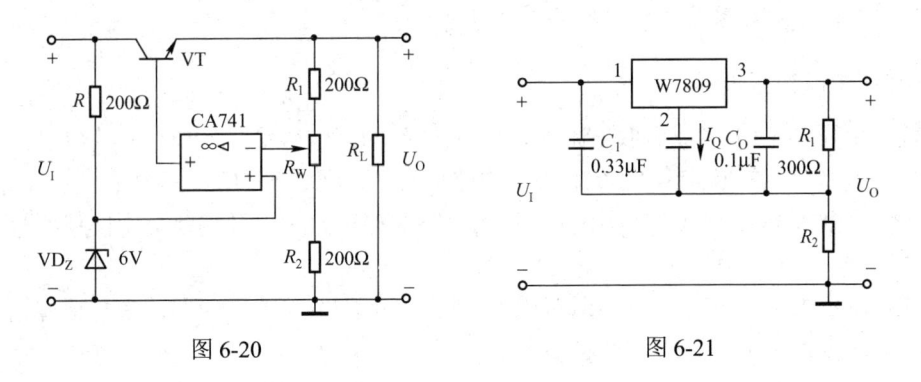

图 6-20　　　　　　　　　　　　　　图 6-21

项目小结

1．单相整流原理

利用二极管的单向导电作用，可将交流电变为直流电。

2．半波整流电路

半波整流电路结构简单，使用的元器件少，但整流效率低，输出电压脉动分量较大，因此，它只适用于要求不高的场合。

$$U_O = \frac{\sqrt{2}}{\pi}U_2 = 0.45U_2$$

$$I_\text{D} = I_\text{O} = \frac{U_\text{O}}{R_\text{L}} = 0.45\frac{U_2}{R_\text{L}}$$

$$U_\text{RM} = \sqrt{2}U_2$$

3. 桥式整流电路

桥式整流电路中的整流二极管接成电桥形式，故称为桥式整流，在交流电压 u_2 的整个周期内始终有同方向的电流流过负载电阻 R_L，故 R_L 上得到单方向全波脉动的直流电压。由此可见，桥式整流电路输出电压为半波整流电路输出电压的两倍。

$$U_\text{O} = 2 \times 0.45 U_2 = 0.9 U_2$$

$$I_\text{D} = \frac{1}{2}I_\text{O} = \frac{1}{2}\frac{U_\text{O}}{R_\text{L}} = 0.45\frac{U_2}{R_\text{L}}$$

$$U_\text{RM} = \sqrt{2}U_2$$

4. 电容滤波电路

在整流电路输出端与负载电阻之间并联一个大容量电容，利用电容的放大特性可构成电容滤波电路。为了获得良好的滤波效果，一般取

$$R_\text{L}C \geq (3 \sim 5)\frac{T}{2}$$

由于电容充电的瞬时电流大，形成了浪涌电流，容易损坏二极管，故在选择二极管时，必须留有足够的电流裕量。一般可按 $I_\text{F} = (2 \sim 3)I_\text{O}$ 来选择二极管。

5. 稳压电路稳压过程

当输入电压 U_I 增大（或负载电阻 R_L 增大）引起输出电压 U_O 增大时，取样电压 U_F 随之增大，U_REF 与 U_F 的差值减小，经比较放大电路放大后，调整管的基极电压 U_B 减小，集电极电流 I_C 减小，输出电压 U_O 随之减小，使稳压电路的输出电压上升趋势受到抑制，从而稳定输出电压。

同理，输出电压 U_I 减小（或负载电阻 R_L 减小）引起 U_O 减小，电路产生与上述相反的稳压过程，亦将维持输出电压基本不变。

6. 三端固定式集成稳压器

三端固定式集成稳压器通用产品有 CW7800 系列（正电源）和 CW7900 系列（负电源）。输出电压用具体型号的最后两个数字代表，有 5V、6V、8V、9V、12V、15V、18V、24V 等。输出电流以 78（或 79）后面加字母来区分，其中，L 表示 0.1A，M 表示 0.5A，无字母表示 1.5A。例如，CW7805 表示输出电压为+5V，额定输出电流为 1.5A。

7. 三端可调式集成稳压器

三端可调式集成稳压器不仅输出电压可调，而且稳压性能指标均优于三端固定式集成稳压器。调压范围为 1.25～37V，常用的正电压输出系列为 W117/217/317；常用的负电压输出系列为 W137/237/337。其中，W 表示稳压；第 1 位数字表示品级，"1"为军品级、"2"为工业级、"3"为民品级；后两位数字为"17"表示正电压输出，为"37"表示负电压输出。

项目自评表

序号	自评项目	自评内容	项目配分	项目得分	自评成绩
1	整流电路	单相半波整流电路工作原理	5分		
		单相半波整流电路输出电压计算	3分		
		单相全波整流电路工作原理	5分		
		单相全波整流电路输出电压计算	2分		
		整流二极管的选择	5分		
	滤波电路	滤波电路连接	5分		
		整流滤波电路输出电压估算	5分		
		滤波电容容量计算	5分		
		滤波电容耐压估算	5分		
2	串联型稳压电路	串联型稳压电路的基本组成	5分		
		串联型稳压电路的工作原理	5分		
		串联型稳压电路最大输出电压计算	5分		
		串联型稳压电路最小输出电压计算	5分		
	三端固定式集成稳压器	三端固定式集成稳压器的识别	5分		
		三端固定式集成稳压器的典型应用电路	10分		
		三端固定式集成稳压器的应用	5分		
	稳压电源的主要技术指标	稳压系数的概念及测试	10分		
		输出电阻的概念及测试	5分		
		纹波电压的概念及测试	5分		
能力缺失					
弥补办法					

项目七

逻辑代数基础

→ 学习指南

项目描述：数字电路是用来传输和处理数字信号的电路，广泛应用于数字通信、计算机、数字电视、自动控制、智能仪器仪表及航空航天等技术领域，并将日益深入到我们的日常生活中。

数字电路的研究内容可分为逻辑分析和逻辑设计两大类，数字电路的逻辑分析和逻辑设计的基本数学工具是逻辑代数，利用逻辑代数，可以把实际逻辑问题抽象为逻辑函数，并且可以用逻辑运算的方法解决逻辑电路的分析和设计问题，逻辑函数的化简是数字电路分析和设计的基础。因此，对相关行业的从业人员来说，掌握逻辑代数基础知识和基本技能十分重要。

学习导航

任务	重点	难点	关键能力
数制、数制转换与码制	数制间的相互转换；8421 码	数制间的相互转换	会数的表示和数制间的相互转换；能用 8421 码表示十进制数
逻辑函数的代数化简法	逻辑函数的关系；逻辑函数的表示；逻辑函数的基本公式；逻辑函数的代数法化简	逻辑函数的表示；逻辑函数的代数法化简	会逻辑函数的表示方法；会用代数法化简逻辑函数
逻辑函数的卡诺图化简法	逻辑函数的最小项表达式；逻辑函数的卡诺图表示；逻辑函数的卡诺图法化简	逻辑函数的卡诺图表示；逻辑函数的卡诺图法化简	会用卡诺图法化简逻辑函数

任务二十四 数制、数制转换与码制

能力目标

（1）会数的表示和数制间的相互转换。
（2）能用 8421 码表示十进制数。

一、数制

数制就是计数的方法，它是进位计数制的简称，即按进位的原则进行计数。在实际应用中，常用的数制有十进制、二进制、八进制和十六进制。数制有三个要素：基、权、进制。

基：数码的个数。例如，十进制数的基为 10。

权：数码所在位置表示数值的大小。例如，十进制数每一位的权值为 10^n。

进制：逢基进一。例如，十进制数逢十进一。

1．十进制数

在日常生活中，十进制数最为常见。十进制数常用字母 D 来表示，以 1999 为例，按位权展开后为

$$(1999)_D = 1\times 10^3 + 9\times 10^2 + 9\times 10^1 + 9\times 10^0$$

式中，1、9、9、9 称为数码；10^3、10^2、10^1、10^0 分别为十进制数各位的权值；每位数码与其对应权值的乘积称为加权系数。由此可见，十进制数的数值即各位加权系数之和。

2．二进制数

在数字电路和数字系统中，广泛采用二进制数。二进制数的基是 2，它仅有 0、1 两个数码，各位的权值为 2 的幂。在计数时低位和相邻高位之间的进位关系是"逢二进一"，借位关系是"借一当二"。二进制数常用字母 B 来表示。例如，4 位二进制数 1101 可以展开表示为

$$(1101)_B = 1\times 2^3 + 1\times 2^2 + 0\times 2^1 + 1\times 2^0$$

可以看出，二进制整数每一位的权值分别是 2^3、2^2、2^1、2^0。

3．八进制数

八进制数的基是 8，它有 0～7 八个数码，计数规则是"逢八进一""借一当八"，各位的权值为 8 的幂。八进制数常用字母 O 来表示。例如，八进制数 357 可以展开表示为

$$(357)_O = 3\times 8^2 + 5\times 8^1 + 7\times 8^0$$

4．十六进制数

十六进制数的基是 16，它有 0～9、A、B、C、D、E、F 十六个数码，计数规则是"逢十六进一""借一当十六"，各位的权值为 16 的幂。十六进制数常用字母 H 来表示。例如，

十六进制数 2FC 可以展开表示为

$$(2FC)_H = 2 \times 16^2 + 15 \times 16^1 + 12 \times 16^0$$

二、数制转换

数字系统和计算机中的原始数据经常用八进制数或十六进制数书写，而在数字系统和计算机内部，数则是用二进制数表示的，这样往往会遇到不同数制之间的转换问题。

1．任意进制数转换成十进制数

方法：按位权展开求和即得。例如，

$$(1101)_B = 1 \times 2^3 + 1 \times 2^2 + 0 \times 2^1 + 1 \times 2^0 = (13)_D$$

$$(357)_O = 3 \times 8^2 + 5 \times 8^1 + 7 \times 8^0 = (239)_D$$

$$(2FC)_H = 2 \times 16^2 + 15 \times 16^1 + 12 \times 16^0 = (764)_D$$

2．十进制数转换为二进制数

采用"除 2 取余法"，将十进制数连续除以基 2，依次取余数，直到商为 0 为止。第一个余数为二进制数的最低位，最后一个余数为最高位。

[例 7-1] 求出十进制数 25 的二进制数。

解：将 25 连续除以 2，直到商为 0。相应竖式为

```
2 | 25    …… 余数 1    最低位
2 | 12    …… 余数 0       ↑
2 |  6    …… 余数 0       |
2 |  3    …… 余数 1       |
2 |  1    …… 余数 1       |
    0     …… 余数 1    最高位
```

把所得余数按箭头方向从高到低排列起来便可得到 $(25)_D = (11001)_B$。

3．二进制数和八进制数的转换

1）二进制数转换为八进制数

采用"三位合一位"的方法，将二进制整数从最低位开始，依次向高位划分，每三位为一组（当最后一组不够三位时，高位用 0 补齐三位），然后把每组三位二进制数用相应的一位八进制数表示。

[例 7-2] 将二进制数 10111101 转换为八进制数。

解：将二进制数每三位划分为一组，然后写为八进制数即可。最后一组不足三位，高位补 0。

```
  ↓
010 111 101
 ↓   ↓   ↓
 2   7   5
```

所以，相应的八进制数为 $(275)_O$。

2）八进制数转换为二进制数

采用"一位分三位"的方法，将每位八进制数转换为三位二进制数。

[例7-3] 将八进制数526转换为二进制数。

解：将八进制数526的每一位转换为相应的三位二进制数。

$$\begin{matrix} 5 & 2 & 6 \\ \downarrow & \downarrow & \downarrow \\ 101 & 010 & 110 \end{matrix}$$

所以，$(526)_O = (101010110)_B$。

4．二进制数和十六进制数的转换

1）二进制数转换成十六进制数

采用"四位合一位"的方法，将二进制整数从最低位开始，依次向高位划分，每四位为一组（当最后一组不够四位时，高位用0补齐四位），然后把每组四位二进制数用相应的一位十六进制数表示。

[例7-4] 将二进制数11110011010转换为十六进制数。

解：将二进制数每四位划分为一组，然后写为十六进制数即可。最后一组不足四位，高位补0。

$$\begin{matrix} \downarrow & & \\ 0111 & 1001 & 1010 \\ \downarrow & \downarrow & \downarrow \\ 7 & 9 & A \end{matrix}$$

所以，相应的十六进制数为79A。

2）十六进制数转换为二进制数

采用"一位分四位"的方法，将每位十六进制数转换为四位二进制数。

[例7-5] 将十六进制数D3F5转换成二进制数。

解：将十六进制数D3F5的每一位转换为相应的四位二进制数。

$$\begin{matrix} D & 3 & F & 5 \\ \downarrow & \downarrow & \downarrow & \downarrow \\ 1101 & 0011 & 1111 & 0101 \end{matrix}$$

所以，$(D3F5)_H = (1101001111110101)_B$。

三、码制

数字系统中处理的信息（包括数值、文字、符号和控制命令等）都是用一定位数的二进制代码来表示的。因此，二进制代码不仅可以表示数值的大小，而且可以用来表示具有某些特定含义的信息。把用二进制代码表示具有某些特定含义的信息的方法称为编码，编码所遵循的规则称为码制。

十进制数码（0~9）是不能在数字电路中运行的，必须将其转换为二进制码。用四位二进制码表示一位十进制数码的编码方法称为二-十进制码，又称BCD（Binary Coded Decimal）码。常用BCD码如表7-1所示。

表 7-1　常用 BCD 码

十进制数	有权码				无权码		
	8421 码	5421 码	2421（A）码	2421（B）码	余 3 码	余 3 循环码	格雷码
0	0000	0000	0000	0000	0011	0010	0000
1	0001	0001	0001	0001	0100	0110	0001
2	0010	0010	0010	0010	0101	0111	0011
3	0011	0011	0011	0011	0110	0101	0010
4	0100	0100	0100	0100	0111	0100	0110
5	0101	1000	0101	1011	1000	1100	0111
6	0110	1001	0110	1100	1001	1101	0101
7	0111	1010	0111	1101	1010	1111	0100
8	1000	1011	1110	1110	1011	1110	1100
9	1001	1100	1111	1111	1100	1010	1101

8421 码是一种最基本的 BCD 码，应用较普遍，它取四位二进制码的前十种组合，即 0000～1001 分别表示十进制数码 0～9，由于四位二进制码从高位到低位的权值分别为 8、4、2、1，故称 8421 码，这种编码每一位的权值都是固定不变的，属于有权码。

5421 码和 2421 码也是有权码，从高位到低位的权值分别是 5、4、2、1 和 2、4、2、1。2421（A）码和 2421（B）码的编码方式不完全相同。由表 7-1 可以看出，2421（B）码具有互补性，0 和 9、1 和 8、2 和 7、3 和 6、4 和 5 这 5 对代码互为反码。

余 3 码是在 8421 码的基础上，把每个代码都加 0011 码而形成的。它的主要优点是执行十进制数相加时，不仅能正确地产生进位信号，还给减法运算带来了方便。

格雷码的特点是相邻两个代码之间仅有 1 位不同，其余各位均相同。计数电路在按格雷玛计数时，每次状态更新仅有 1 位代码变化，减少了出错的可能性。

在数字系统中，为了防止代码在传送过程中产生错误，还有其他的编码方法，如奇偶校验码、汉明码等。国际上还有一些专门处理字母、数字和字符的二进制代码，如 ISO 码、ASCII 码等，读者可参阅有关书籍了解相关内容。

[例 7-6]　将一个三位十进制数 473 用 8421 码表示。

解：将十进制数 473 的每一位用 8421 码表示即可。

$$\begin{matrix} 4 & 7 & 3 \\ \downarrow & \downarrow & \downarrow \\ 0100 & 0111 & 0011 \end{matrix}$$

所以，$(473)_D = (010001110011)_{8421BCD}$。

能力训练

（1）二进制数的基是_____，八进制数的基是_____，十六进制数的基是_____。

（2）数字系统和计算机中的原始数据经常用_____进制数或_____进制数书写，而在数字系统和计算机内部，数则是用_____进制数表示的。

（3）二-十进制码是用_____位二进制数表示一位十进制数的；余3码是在8421码的基础上，把每个代码都加_____码而形成的。

（4）十进制数15相应的二进制数是_____，相应的8421码是_____。

（5）二进制数11011转换为十进制数是_____，八进制数57转换为十进制数是_____，十六进制数3F转换为十进制数是_____。

（6）二进制数1101转换为八进制数是_____，转换为十六进制数是_____。

（7）八进制数78转换为二进制数是_____，十六进制数3A转换为二进制数是_____。

任务二十五　逻辑函数的代数化简法

能力目标

（1）会用真值表、函数式和逻辑图表示逻辑函数。
（2）能用代数法化简逻辑函数。

逻辑代数是英国数学家乔治·布尔创立的，又称布尔代数。它是一种描述客观事物逻辑关系的数学方法，是分析和设计数字电路的基础和数学工具。

逻辑代数中的变量称为逻辑变量，用字母 $A,B,C,\cdots$ 表示。逻辑变量只有0和1两种取值，0和1并不表示数值的大小，而是表示两种不同的逻辑状态。例如，用1和0表示是和非、真和假、高和低、有和无、开和关等。因此，逻辑代数所表示的是逻辑运算关系，而不是数量关系。

一、逻辑运算

1. 基本逻辑运算

基本逻辑运算有三种：与逻辑运算、或逻辑运算和非逻辑运算。

1）与逻辑运算

只有当决定某一事件的所有条件全部具备时，这一事件才会发生，这种逻辑关系称为与逻辑运算关系，简称与逻辑。用来描述与逻辑关系的电路如图7-1所示，图7-1中，A、B是两个串联的开关，Y是灯。显然，只有当两个开关A和B都闭合时，灯Y才会亮，所以Y与A、B之间满足与逻辑关系。设定逻辑变量：A、B 为输入逻辑变量，Y 为输出逻辑变量。与逻辑表达式为

$$Y=A \cdot B \text{（其中"·"可省略）} \tag{7-1}$$

式中，符号"·"表示与逻辑运算，又称逻辑乘。实现与逻辑的电路称为与门，与逻辑符号如图7-2所示，符号"&"表示与逻辑运算。

进行变量赋值：开关和灯的状态可用0和1来表示，设开关闭合为1，开关断开为0；灯亮为1，灯灭为0。由此可列出描述输出逻辑变量和输入逻辑变量之间关系的表格，称

为真值表。与逻辑真值表如表 7-2 所示，由真值表可见，与逻辑的运算口诀为"有 0 出 0，全 1 出 1"。

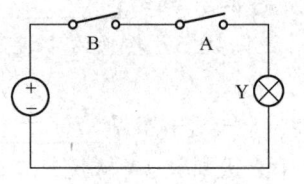

图 7-1 用来描述与逻辑关系的电路

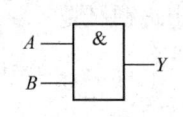

图 7-2 与逻辑符号

表 7-2 与逻辑真值表

A	B	Y
0	0	0
0	1	0
1	0	0
1	1	1

2）或逻辑运算

决定某一事件的各个条件中，只要有一个或一个以上条件具备，事件就会发生，这种逻辑关系称为或逻辑运算关系，简称或逻辑。用来描述或逻辑关系的电路如图 7-3 所示，图 7-3 中，A、B 是两个并联的开关，Y 是灯。显然，只要开关 A 或 B 任一个闭合，灯 Y 就会亮，所以 Y 与 A、B 之间满足或逻辑关系。设定逻辑变量：A、B 为输入逻辑变量，Y 为输出逻辑变量。或逻辑表达式为

$$Y=A+B \tag{7-2}$$

式中，符号"+"表示或逻辑运算，又称逻辑加。实现或逻辑的电路称为或门，或逻辑符号如图 7-4 所示，符号"≥1"表示或逻辑运算。

进行变量赋值：开关和灯的状态可用 0 和 1 来表示，设开关闭合为 1，开关断开为 0；灯亮为 1，灯灭为 0。表 7-3 所示为或逻辑真值表，或逻辑的运算口诀为"有 1 出 1，全 0 出 0"。

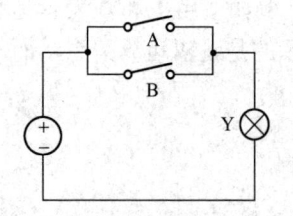

图 7-3 用来描述或逻辑关系的电路

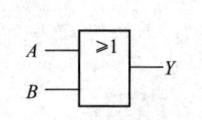

图 7-4 或逻辑符号

表 7-3 或逻辑真值表

A	B	Y
0	0	0
0	1	1
1	0	1
1	1	1

3）非逻辑运算

决定某一事件的条件具备，事件不会发生，条件不具备，事件反而发生，这种逻辑关系称为非逻辑关系，简称非逻辑。用来描述非逻辑关系的电路如图 7-5 所示。显然，如果开关 A 闭合，灯 Y 不会亮，而开关 A 断开，灯 Y 就亮，所以 Y 与 A 之间满足非逻辑关系。非逻辑表达式为

$$Y = \overline{A} \tag{7-3}$$

式中，符号"-"表示非逻辑运算，也称逻辑非、逻辑反。实现非逻辑的电路称为非门或反相器，非逻辑符号如图 7-6 所示，符号中用小圆圈"。"表示非，符号中"1"表示缓冲。表 7-4 所示为非逻辑真值表，非逻辑的运算口诀为"0 变 1，1 变 0"。

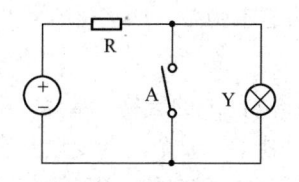

图 7-5 用来描述非逻辑关系的电路　　图 7-6 非逻辑符号

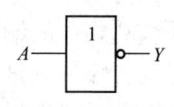

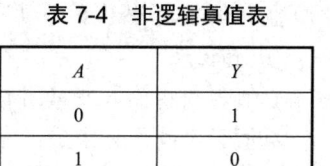

表 7-4　非逻辑真值表

A	Y
0	1
1	0

2. 组合逻辑运算

在实际问题中，事件的逻辑关系往往比单一的与、或、非要复杂得多，而任何复杂的逻辑关系都可以用与、或、非三种基本逻辑关系组合而成。表 7-5 所示为几种常见的组合逻辑运算。

表 7-5　几种常见的组合逻辑运算

逻辑运算	与非逻辑			或非逻辑			异或逻辑			同或逻辑			与或非逻辑		
逻辑表达式	$Y=\overline{AB}$			$Y=\overline{A+B}$			$Y=A\oplus B$ $=A\overline{B}+\overline{A}B$			$Y=A\odot B$ $=AB+\overline{AB}$			$Y=\overline{AB+CD}$		
逻辑符号	(&)			(≥1)			(=1)			(=1)			(& ≥1)		
真值表	A	B	Y	A	B	Y	A	B	Y	A	B	Y	A	B	Y
	0	0	1	0	0	1	0	0	0	0	0	1	0	0	1
	0	1	1	0	1	0	0	1	1	0	1	0	0	1	1
	1	0	1	1	0	0	1	0	1	1	0	0	1	0	1
	1	1	0	1	1	0	1	1	0	1	1	1	1	1	1

二、逻辑函数及其表示

1. 逻辑函数

对于任何一个逻辑问题，如果把引起事件的条件作为输入变量，把事件的结果作为输出变量，则该问题的因果关系是一种函数关系，可用逻辑函数来描述。

一般地，若输入变量 $A,B,C,\cdots$ 的取值确定后，输出变量 Y 的值也被唯一确定，则称 Y 是 $A,B,C,\cdots$ 的逻辑函数，记作 $Y=F(A,B,C,\cdots)$。

2. 逻辑函数的表示

同一个逻辑函数可以用逻辑真值表（简称真值表）、逻辑函数式和逻辑图等来表示。下面举一个实例来说明逻辑函数的建立过程及其表示方法。

图 7-7 所示为楼道照明开关电路，两个单刀双掷开关 A、B 分别安装在楼上和楼下。上楼时先在楼下开灯，上楼后再关灯；下楼时先在楼上开灯，下楼后再关灯。设用输入变量 A、B 分别表示开关 A、B 的工作状态，用 0 表示开关下拨，1 表示开关上拨；用输出变量 Y 表

示灯 Y 的状态，以 0 表示灯灭，1 表示灯亮，则 Y 是 A、B 的逻辑函数，即 $Y = F(A,B)$。

1）真值表

真值表是将输入变量所有取值组合和相应的输出函数值排列而成的表格。

真值表由两部分组成：左边一栏列出输入变量的所有取值组合。n 个输入变量共有 2^n 种不同变量取值组合，一般按二进制数递增的顺序列出。右边一栏列出相应的输出函数值。图 7-7 的真值表如表 7-6 所示。

用真值表表示逻辑函数，能直观、明了地反映输入变量取值和输出函数值之间的关系。在把一个实际逻辑问题抽象成数学问题时，使用真值表最方便。

2）逻辑函数式

逻辑函数式是用与、或、非等运算表示输出函数值与输入变量之间逻辑关系的代数式。

逻辑函数式书写简洁、方便，便于利用逻辑代数的公式和定律进行运算和变换。

由真值表求逻辑函数式的方法：将每一组使输出函数值为 1 的输入变量写成一个与项，在这些与项中，对于取值为 1 的变量，则该因子写成原变量，对于取值为 0 的变量，则该因子写成反变量，将这些与项相加，就得到逻辑函数式。由真值表 7-6 求得逻辑函数式为

$$Y = AB + \overline{AB} \tag{7-4}$$

3）逻辑图

逻辑图是用逻辑符号表示逻辑函数中各变量之间的逻辑关系的电路图。

逻辑图中的逻辑符号与实际的电路器件有着明显的对应关系，所以逻辑图比较接近工程实际。

将式（7-4）中的各逻辑运算用相应的逻辑符号代替，即可得到如图 7-8 所示的逻辑图。

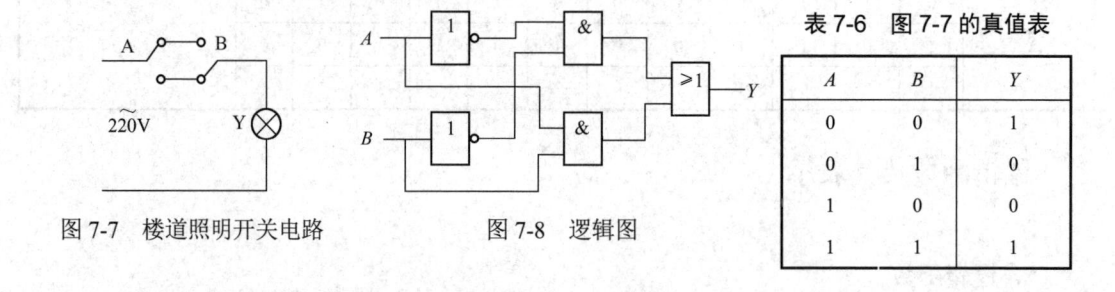

图 7-7 楼道照明开关电路

图 7-8 逻辑图

表 7-6 图 7-7 的真值表

A	B	Y
0	0	1
0	1	0
1	0	0
1	1	1

三、逻辑函数的化简

1. 逻辑代数的基本定律

逻辑代数的基本定律是化简和变换逻辑函数，以及分析和设计逻辑电路的基本工具。逻辑代数的基本定律如表 7-7 所示。

表 7-7 逻辑代数的基本定律

0-1 律	$0 \cdot 0 = 0$	$0 + 0 = 0$	$\overline{0} = 1$
	$0 \cdot 1 = 0$	$0 + 1 = 1$	$\overline{1} = 0$
	$1 \cdot 1 = 1$	$1 + 1 = 1$	

续表

0-1律	$0 \cdot A = 0$	$0 + A = A$	
	$1 \cdot A = A$	$1 + A = 1$	
重叠律	$A \cdot A = A$	$A + A = A$	
互补律	$A \cdot \bar{A} = 0$	$A + \bar{A} = 1$	
还原律	$\bar{\bar{A}} = A$		
交换律	$A \cdot B = B \cdot A$	$A + B = B + A$	
结合律	$A \cdot (B \cdot C) = (A \cdot B) \cdot C$	$A + (B + C) = (A + B) + C$	
分配律	$A(B + C) = AB + AC$	$A + BC = (A + B)(A + C)$	
反演律（摩根定律）	$\overline{AB} = \bar{A} + \bar{B}$	$\overline{A + B} = \bar{A} \cdot \bar{B}$	
吸收律	$A + AB = A$	$AB + A\bar{B} = A$	$A + \bar{A}B = A + B$
	$AB + \bar{A}C + BC = AB + \bar{A}C$	$AB + \bar{A}C + BCD = AB + \bar{A}C$	

可以证明表 7-7 中所列的基本定律。例如，证明吸收律 $AB + \bar{A}C + BC = AB + \bar{A}C$。

证明：$AB + \bar{A}C + BC = AB + \bar{A}C + BC(A + \bar{A})$

$$= AB + \bar{A}C + ABC + \bar{A}BC$$
$$= AB(1 + C) + \bar{A}C(1 + B)$$
$$= AB + \bar{A}C$$

2. 最简逻辑函数式及代数法化简

1) 最简逻辑函数式

同一逻辑函数逻辑功能确定，但其表达式并不是唯一的。实际中，逻辑函数式主要有 5 种形式，例如：

$Y = AB + \bar{A}C$ （与或式）

$\quad = (A + C)(\bar{A} + B)$ （或与式）

$\quad = \overline{\overline{AB} \cdot \overline{\bar{A}C}}$ （与非—与非式）

$\quad = \overline{\overline{A + C} + \overline{\bar{A} + B}}$ （或非—或非式）

$\quad = \overline{A\bar{B} + \bar{A}\bar{C}}$ （与或非式）

逻辑函数式越简单，实现的逻辑电路也越简单，从而可以节约元器件，降低成本，提高系统的工作速度和可靠性。因此，在设计逻辑电路时，化简逻辑函数是必要的。

与或式容易实现与其他形式的表达式相互变换，所以一般将逻辑函数化简成最简与或式。最简与或式的标准：一是与项个数最少；二是每个与项中的变量个数最少。这样才能保证逻辑电路中所需门电路的个数及门电路输入端的个数最少。

2) 代数法化简

逻辑函数代数法化简就是利用逻辑代数基本定律和公式对逻辑函数进行化简，又称公式化简法。常用的化简方法有并项法、吸收法、消去法和配项法。

（1）并项法。

利用公式 $AB + A\bar{B} = A$，将两项合并成一项，并消去一个变量。

[例 7-7] 化简逻辑函数 $Y = ABC + \overline{ABC} + BD$。

解：$Y = ABC + \overline{ABC} + BD = C + BD$

（2）吸收法。

利用公式 $A + AB = A$ 和 $AB + \overline{A}C + BC = AB + \overline{A}C$ 吸收多余项。

[例 7-8] 化简逻辑函数 $Y = \overline{AB} + \overline{A}D + \overline{B}E$。

解：$Y = \overline{AB} + \overline{A}D + \overline{B}E = \overline{A} + \overline{B} + \overline{A}D + \overline{B}E = \overline{A} + \overline{B}$

[例 7-9] 化简逻辑函数 $Y = ABC + \overline{A}D + \overline{C}D + BD$。

解：$Y = ABC + \overline{A}D + \overline{C}D + BD$
$= ABC + (\overline{A} + \overline{C})D + BD$
$= ABC + (\overline{AC})D + BD$
$= ABC + (\overline{AC})D$
$= ABC + \overline{A}D + \overline{C}D$

（3）消去法。

利用公式 $A + \overline{A}B = A + B$ 消去多余因子 $\overline{A}$。

[例 7-10] 化简逻辑函数 $Y = AB + \overline{A}C + \overline{B}C$。

解：$Y = AB + \overline{A}C + \overline{B}C$
$= AB + (\overline{A} + \overline{B})C$
$= AB + (\overline{AB})C$
$= AB + C$

（4）配项法。

利用公式 $A + A = A$ 重复写入某一项 A 或利用公式 $A + \overline{A} = 1$ 将某一项乘以 $(A + \overline{A})$。

[例 7-11] 化简逻辑函数 $Y = \overline{A}B\overline{C} + ABC + \overline{A}BC$。

解：$Y = \overline{A}B\overline{C} + ABC + \overline{A}BC$
$= \overline{A}B\overline{C} + ABC + \overline{A}BC + \overline{A}BC$
$= (\overline{A}B\overline{C} + \overline{A}BC) + (ABC + \overline{A}BC)$
$= \overline{A}B + BC$

[例 7-12] 化简逻辑函数 $Y = A\overline{B} + B\overline{C} + \overline{B}C + \overline{A}B$。

解：$Y = A\overline{B} + B\overline{C} + \overline{B}C + \overline{A}B$
$= A\overline{B} + B\overline{C} + \overline{B}C(A + \overline{A}) + \overline{A}B(C + \overline{C})$
$= A\overline{B} + B\overline{C} + A\overline{B}C + \overline{A}\overline{B}C + \overline{A}BC + \overline{A}B\overline{C}$
$= A\overline{B}(1 + C) + B\overline{C}(1 + \overline{A}) + \overline{A}C(B + \overline{B})$
$= A\overline{B} + B\overline{C} + \overline{A}C$

在实际化简逻辑函数时，往往需要综合利用上述几种方法，才能得到最简结果。

[例 7-13] 化简逻辑函数 $Y = AC + \overline{A}D + \overline{B}D + B\overline{C}$。

解：$Y = AC + \overline{A}D + \overline{B}D + B\overline{C}$

$$= AC + B\bar{C} + (\bar{A} + \bar{B})D$$
$$= AC + B\bar{C} + (\overline{AB})D$$
$$= AC + B\bar{C} + AB + (\overline{AB})D$$
$$= AC + B\bar{C} + AB + D$$
$$= AC + B\bar{C} + D$$

能力训练

1. 填空题

（1）三种基本逻辑关系是_____逻辑、_____逻辑和_____逻辑。

（2）与非逻辑的运算口诀是"_____，_____"；或非逻辑的运算口诀是"_____，_____"。

（3）同或逻辑的运算口诀是"_____，_____"；异或逻辑的运算口诀是"_____，_____"。

（4）对于任何一个逻辑问题，如果把引起事件的条件作为_____变量，把事件的结果作为_____变量，则该问题的因果关系是一种函数关系，可用逻辑函数来描述。

（5）逻辑变量只有两种取值，即_____和_____。

（6）同一个逻辑函数可以用_____、_____和_____等方法来表示。

（7）最简与或式的标准：一是_____；二是_____。

（8）逻辑函数式越简单，实现的逻辑电路也越简单，从而可以节约元器件，降低成本，提高系统的工作速度和可靠性。因此，在设计逻辑电路时，_____逻辑函数是必要的。

2. 根据文字描述建立逻辑函数真值表，写出逻辑函数式。

设有一个三变量逻辑函数 $Y(A,B,C)$，当变量组合取值完全一致时，输出为 1，否则输出为 0。

3. 利用逻辑代数基本定律和公式证明下列等式。

（1）$A \oplus 1 = \bar{A}$；

（2）$AB + \bar{A}C + \bar{B}C = AB + C$。

4. 利用代数法将下列逻辑函数化简成最简与或式。

（1）$Y = \overline{AB} + AC + \overline{BC}$；

（2）$Y = A\bar{B} + B + \bar{A}B$；

（3）$Y = AB + \bar{A}C + \bar{B}C$。

任务二十六　逻辑函数的卡诺图化简法

能力目标

（1）会用卡诺图表示逻辑函数。

（2）能用卡诺图法化简逻辑函数。

代数法化简逻辑函数的优点是适合任何复杂的逻辑函数化简，且对逻辑函数的变量个数无限制。它的缺点是要求灵活运用逻辑代数基本定律，化简时需要一定的化简技巧，且不易判断化简结果是否最简、最合理。卡诺图法化简简单、直观，当变量个数较少时，采用卡诺图法化简逻辑函数十分方便。

一、逻辑函数的最小项表达式

1. 最小项的定义

在逻辑函数中，如果一个乘积项包含了逻辑函数的所有变量，且每个变量在该乘积项中仅以原变量或以反变量的形式出现一次，则该乘积项称为该逻辑函数的一个最小项。

例如，两变量逻辑函数 $Y = F(A,B)$ 有 4 个最小项：$\overline{AB}$、$\overline{A}B$、$A\overline{B}$、AB。

三变量逻辑函数 $Y = F(A,B,C)$ 有 8 个最小项，如表 7-8 所示。通常，一个 n 变量的逻辑函数共有 2^n 个最小项。

2. 最小项的编号

为了叙述和书写方便，通常对最小项加以编号。编号方法：将最小项中的原变量用 1 表示，反变量用 0 表示，得到的二进制数所对应的十进制数，就是该最小项的编号，记为 m_i，其中下标 i 即最小项的编号。

例如，三变量 A、B、C 的最小项 $\overline{A}BC$，其变量取值为 011，对应的十进制数为 3，所以把 $\overline{A}BC$ 记为 m_3。三变量最小项及其编号如表 7-8 所示。

表 7-8　三变量最小项及其编号

A	B	C	最小项	编号	A	B	C	最小项	编号
0	0	0	$\overline{A}\,\overline{B}\,\overline{C}$	m_0	1	0	0	$A\overline{B}\,\overline{C}$	m_4
0	0	1	$\overline{A}\,\overline{B}C$	m_1	1	0	1	$A\overline{B}C$	m_5
0	1	0	$\overline{A}B\overline{C}$	m_2	1	1	0	$AB\overline{C}$	m_6
0	1	1	$\overline{A}BC$	m_3	1	1	1	ABC	m_7

3. 最小项表达式

若一个逻辑函数与或式中所有的乘积项均为最小项，则该与或式称为逻辑函数的最小项表达式，又称标准与或式。任何一个逻辑函数均可表示为唯一的最小项表达式。

[例 7-14]　将逻辑函数 $Y(A,B,C) = AB + BC$ 展开为最小项表达式。

解：$Y(A,B,C) = AB + BC$
$\qquad\qquad = AB(C + \overline{C}) + BC(A + \overline{A})$
$\qquad\qquad = ABC + AB\overline{C} + \overline{A}BC$

或者 $Y(A,B,C) = m_3 + m_6 + m_7 = \sum m(3,6,7)$。

二、逻辑函数的卡诺图表示

1. 卡诺图及其画法

卡诺图就是按照相邻性规则排列而成的最小项方格图，是由美国工程师卡诺首先提出的，最小项是组成卡诺图的基本单元，卡诺图中每个小方格对应一个最小项。

卡诺图排列规则：n变量的卡诺图有2^n个小方格；卡诺图中变量取值的排列符合相邻性原则，即逻辑相邻的最小项也呈几何相邻。

逻辑相邻是指如果两个最小项中只有一个变量不同，其余变量都相同，那么这两个最小项具有逻辑相邻性，称为逻辑相邻项。例如，三变量最小项$\overline{A}BC$和ABC是逻辑相邻项。几何相邻是指卡诺图中在排列位置上处于相接（紧挨着）、相对（任一行或任一列的两头）、相重（将卡诺图对折起来位置重合）的那些最小项。

二变量卡诺图如图7-9所示。设二变量A、B，共有$2^2=4$个最小项，分别记为m_0、m_1、m_2、m_3，故二变量卡诺图应有4个小方格，每个小方格对应一个最小项。

三变量卡诺图如图7-10所示。设三变量A、B、C，三变量卡诺图有$2^3=8$个小方格，每个小方格对应一个最小项。为使变量取值满足相邻性原则，B、C变量取值按00、01、11、10的顺序排列，即卡诺图中变量取值顺序是按照循环码排列的。图7-10中，每个小方格表示一个最小项，各最小项用编号表示。同理可得四变量卡诺图，如图7-11所示。

A\B	0	1
0	m_0	m_1
1	m_2	m_3

A\BC	00	01	11	10
0	m_0	m_1	m_3	m_2
1	m_4	m_5	m_7	m_6

AB\CD	00	01	11	10
00	m_0	m_1	m_3	m_2
01	m_4	m_5	m_7	m_6
11	m_{12}	m_{13}	m_{15}	m_{14}
10	m_8	m_9	m_{11}	m_{10}

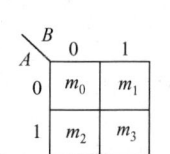

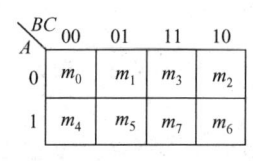

图7-9 二变量卡诺图　　图7-10 三变量卡诺图　　图7-11 四变量卡诺图

2. 逻辑函数的卡诺图表示

用卡诺图表示逻辑函数的方法如下：
（1）根据逻辑函数的变量个数画出变量卡诺图；
（2）在卡诺图上将函数中各最小项对应的小方格内填入1，其余的小方格内填入0或不填。

[例7-15] 画出逻辑函数$Y(A,B,C,D)=\sum m(0,1,12,13,15)$的卡诺图。

解：（1）画出四变量A、B、C、D的卡诺图。

（2）填图。在逻辑函数Y中的最小项m_0、m_1、m_{12}、m_{13}、m_{15}对应的小方格内填1，其余小方格内不填。函数Y的卡诺图如图7-12所示。

[例7-16] 用卡诺图表示逻辑函数$Y=A\overline{D}+\overline{AB(C+\overline{BD})}$。

解：（1）将逻辑函数化简为与或式。

$$Y=\overline{A}D+AB+B\overline{C}D$$

(2) 画出四变量卡诺图。

(3) 根据与或式直接填图。

与项 $\overline{A}D$ 对应最小项：同时满足 $A=0$，$D=1$ 的方格。$A=0$ 对应的方格在第一和第二行内，$D=1$ 对应的方格在第二和第三列内，行和列相交的方格即 $\overline{A}D$ 对应的 4 个最小项，在这 4 个方格中填 1。

与项 AB 对应最小项：同时满足 $A=1$，$B=1$ 的方格，即第三行的 4 个方格内填 1。

与项 $B\overline{C}D$ 对应最小项：同时满足 $B=1$，$C=0$，$D=1$ 的方格。$B=1$ 对应的方格在第二和第三行内，$CD=01$ 对应的方格在第二列内，行和列相交的方格即 $B\overline{C}D$ 对应的 2 个最小项，在这 2 个方格中填 1。函数 Y 的卡诺图如图 7-13 所示。

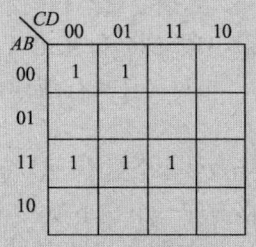

图 7-12 例 7-15 逻辑函数的卡诺图　　图 7-13 例 7-16 逻辑函数的卡诺图

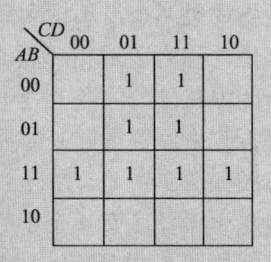

三、逻辑函数的卡诺图法化简

逻辑函数的卡诺图法化简就是在逻辑函数卡诺图中，合并相邻最小项。

1. 合并相邻最小项的规律

(1) 2 个相邻最小项合并成 1 项，消去 1 个变量，保留 2 个最小项的公因子，如图 7-14 所示。

(2) 4 个相邻最小项合并成 1 项，消去 2 个变量，保留 4 个最小项的公因子，如图 7-15 所示。

(3) 8 个相邻最小项合并成 1 项，消去 3 个变量，保留 8 个最小项的公因子，如图 7-16 所示。

一般地说，2^n 个相邻最小项合并成 1 项，消去 n 个变量，合并后的结果为 2^n 个最小项的公因子。

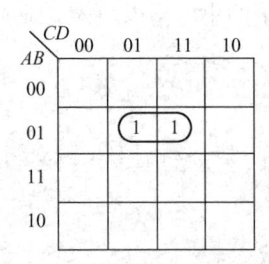

图 7-14 2 个相邻最小项合并
$\overline{A}B\overline{C}D + \overline{A}BCD = \overline{A}BD$

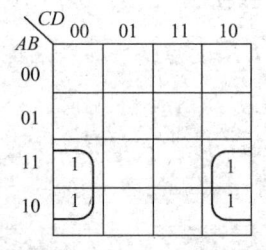

图 7-15 4 个相邻最小项合并
$AB\overline{CD} + \overline{A}B\overline{CD} + \overline{AB}\overline{CD} + A\overline{B}\overline{CD} = A\overline{D}$

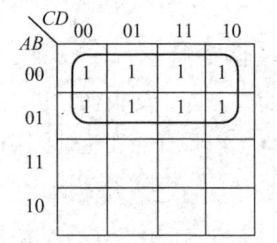

图 7-16 8 个相邻最小项合并
$\overline{A}$

2. 卡诺图法化简的步骤

利用卡诺图法化简逻辑函数一般可分三步进行：
（1）画出逻辑函数的卡诺图。
（2）画合并圈，合并相邻最小项。
画合并圈的原则：①每个圈包含 2^n 个相邻 1 的方格；②圈要尽可能大；③圈数要尽可能少；④每个圈中至少应有一个 1 从未被其他圈圈过；⑤圈完所有 1 的方格。
（3）由合并圈组写出最简与或式。
方法：写出每个合并圈对应的与项（圈内各最小项的公因子），然后把所得到的各与项相加。

[例 7-17] 用卡诺图法化简逻辑函数 $Y(A,B,C,D) = \sum m(0,2,4,5,6,7,9,15)$。

解：（1）画出函数 Y 的卡诺图，如图 7-17 所示。
（2）画出合并圈，合并相邻最小项。
（3）写出最简与或式。

$$Y = A\bar{B}CD + \bar{A}D + \bar{A}B + BCD$$

[例 7-18] 用卡诺图法化简逻辑函数 $Y = \bar{A}BCD + \bar{A}B\bar{C}D + A\bar{C}D + ABC + BD$。

解：（1）画出函数 Y 的卡诺图，如图 7-18 所示。
（2）画出合并圈，合并相邻最小项。
（3）写出最简与或式。

$$Y = \bar{A}B\bar{C} + A\bar{C}D + ABC + \bar{A}CD$$

图 7-17　例 7-17 逻辑函数的卡诺图　　图 7-18　例 7-18 逻辑函数的卡诺图

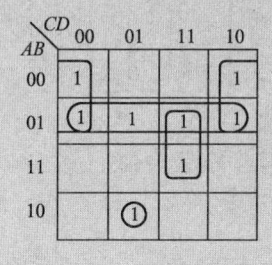

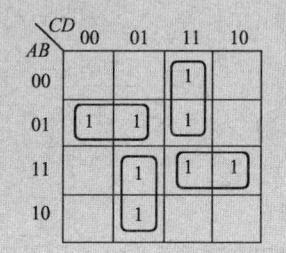

*3. 具有无关项的逻辑函数及其化简

1）逻辑函数中的无关项

在一个逻辑函数中，输入变量的某些取值组合根本不会出现，或者在输入变量的某些取值组合下函数值是 0 还是 1 对电路无影响，将这些输入变量取值所对应的最小项称为无关项。

例如，A、B、C 三个变量分别表示一台电动机的正转、反转和停止的命令，规定 $A=1$ 表示正转，$B=1$ 表示反转，$C=1$ 表示停止。因为电动机在任何时刻只能执行其中的一个命令，所以 ABC 的取值只能是 001、010、100，而 000、011、101、110、111 五种组合根本不可能出现。由于 000 不会出现，故 $\bar{A}\bar{B}\bar{C}$ 值不可能为 1，即 $\bar{A}\bar{B}\bar{C} = 0$，同理，$\bar{A}BC = 0$、$A\bar{B}C = 0$、$AB\bar{C} = 0$、$ABC = 0$，这种关系可以表示为

$$\bar{A}\bar{B}\bar{C} + \bar{A}BC + A\bar{B}C + AB\bar{C} + ABC = 0$$

或者可表示为

$$\sum d(0,3,5,6,7) = 0$$

式中，d 表示无关项。

2）利用无关项化简逻辑函数

利用无关项化简逻辑函数的具体步骤如下：

（1）画出逻辑函数的卡诺图。将函数式中所包含的最小项在卡诺图对应的方格中填 1，无关项在卡诺图对应的方格中填×。

（2）画合并圈，合并相邻最小项。原则：以圈 1 为前提，可把无关项方格作为 1 处理，画到相应合并圈中，以使圈大、圈数少。注意每个合并圈所包围的方格不能全是无关项。

（3）写出最简与或式。

[例 7-19]　用卡诺图法化简逻辑函数 $Y(A,B,C,D) = \sum m(0,1,4,6,9,13) + \sum d(2,3,5,7,10,11,15)$。

解：（1）画出函数 Y 的卡诺图，如图 7-19（a）所示。

（2）画出合并圈。共 2 个合并圈，如图 7-19（b）所示。

（3）写出最简与或式。

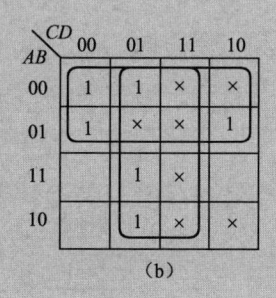

$$Y = \bar{A} + D$$

图 7-19　例 7-19 逻辑函数的卡诺图

能力训练

1. 填空题

（1）通常，一个 n 变量的逻辑函数，共有_____个最小项。

（2）三变量 A、B、C 的最小项 $AB\overline{C}$，其变量取值为_____，对应的十进制数为_____，所以把最小项 $AB\overline{C}$ 记为_____。

（3）若一个逻辑函数与或式中所有的乘积项均为最小项，则该与或式称为逻辑函数的_____表达式，又称_____与或式。

（4）卡诺图就是按照_____规则排列而成的_____方格图。卡诺图中每个小方格对应一个_____。

（5）一般地说，2^n 个相邻最小项合并成一项，消去_____个变量。

（6）逻辑函数的卡诺图法化简就是在逻辑函数的卡诺图中，合并_____最小项。

2. 将逻辑函数 $Y = AB + AC$ 展开为最小项表达式。

3. 用卡诺图法将下列逻辑函数化简为最简与或式。

（1） $Y = A\bar{B} + B\bar{C} + \bar{B}C + \bar{A}B$；

（2） $Y = A\bar{B} + B\bar{C}D + ABD + \bar{A}B\bar{C}D$；

（3） $Y(A,B,C) = \sum m(0,1,2,3,6,7)$；

（4） $Y(A,B,C,D) = \sum m(0,2,3,4,8,10,11)$。

能力测试

一、基本能力测试

1. 填空题

（1）二进制数 1101010 转换成十进制数是_____，转换成八进制数是_____，转换成十六进制数是_____。

（2）十进制数 513 对应的二进制数是_____，对应的 8421 码是_____，对应的十六进制数是_____。

（3）一个班级有 52 位学生，现采用二进制编码器对每位学生进行编码，则编码器输出至少_____位二进制数才能满足要求。

（4）逻辑代数中的基本运算关系是_____、_____、_____。

（5）一个班级中有 5 个班委，如果要开会，必须这 5 个班委委员全部同意才能召开，其逻辑关系属于_____逻辑（填"与"、"或"或"非"）。

（6）逻辑函数的常用表示方法有_____、_____、_____、_____；其中_____和_____具有唯一性。

（7）逻辑函数 $Y = AB + \bar{A}C$ 的最小项表达式为_____。

（8）逻辑函数 $Y = AB + C$ 的卡诺图中，使 $Y = 1$ 的方格有_____个。

（9）用逻辑函数的卡诺图法化简，在合并最小项时，每个圈中的最小项必须是_____个。

2. 单项选择题

（1）数字电路硬件能直接识别的信号是_____信号。

A. 二进制　　　B. 八进制　　　C. 十进制　　　D. 十六进制

（2）下列数中，最大的数是_____。

A. $(65)_O$　　B. $(111010)_B$　　C. $(57)_D$　　D. $(3D)_H$

（3）在什么情况下，"与非"运算的结果是逻辑 0_____。

A. 全部输入是 0　B. 任一个输入是 0　C. 仅一个输入是 0　D. 全部输入是 1

（4）已知逻辑函数 $Y = ABC + CD$，满足 $Y = 1$ 的是_____。

A. $A = 0$, $BC = 1$　B. $D = 1$, $BC = 1$　C. $AB = 1$, $CD = 0$　D. $C = 1$, $D = 0$

（5）标准与或式是由_____构成的逻辑表达式。

A. 与项相或　　B. 最小项相或　　C. 最大项相与　　D. 或项相与

（6）在一个三变量的逻辑函数中，最小项为_____。
A. AAC　　　　B. ABC　　　　C. AB　　　　D. $AB+AC$
（7）函数 $F(A,B,C)$ 中，符合逻辑相邻的是_____。
A. AB 和 $A\bar{B}$　　B. ABC 和 $A\bar{B}$　　C. AB 和 $\overline{AB}$　　D. ABC 和 $AB\bar{C}$
（8）在用卡诺图法化简 n 变量的逻辑函数时，圈内 1 的个数为_____。
A. 奇数　　　　B. 偶数　　　　C. 2^n　　　　D. 2^{n-1}

二、提升能力测试

（1）用代数法化简逻辑函数 $Y=AB+AC+\overline{BC}+\overline{AB}$。
（2）用卡诺图法化简逻辑函数 $Y(A,B,C,D)=\sum m(0,2,4,5,6,7,9,15)$。

项目小结

1. 数制

常用的数制有十进制、二进制、八进制和十六进制，数字系统和计算机中的原始数据经常用八进制数或十六进制数书写，而在数字系统和计算机内部，数则是用二进制数表示的。

把任意进制数转换成十进制数的方法是按位权展开求和；十进制整数转换为二进制数采用"除 2 取余法"；二进制数转换为八进制数采用"三位合一位"的方法；八进制数转换为二进制数采用"一位分三位"的方法；二进制数转换成十六进制数采用"四位合一位"的方法；十六进制数转换为二进制数采用"一位分四位"的方法。

2. 编码

把用二进制代码表示某些特定含义信息的方法称为编码，用四位二进制码表示一位十进制数码的编码方法称为二-十进制码，又称 BCD 码，8421 码是一种最基本的 BCD 码，它取四位二进制数的前十种组合，即 0000～1001 分别表示十进制数 0～9，由于四位二进制数从高位到低位的权值分别为 8、4、2、1，故称 8421 码。

3. 逻辑运算

基本逻辑关系是与逻辑、或逻辑和非逻辑，常用的组合逻辑有与非、或非、与或非、同或、异或。

与逻辑表达式为 $Y=A\cdot B$；或逻辑表达式为 $Y=A+B$。
非逻辑表达式为 $Y=\bar{A}$；与非逻辑表达式为 $Y=\overline{AB}$。
或非逻辑表达式为 $Y=\overline{A+B}$；与或非逻辑表达式为 $Y=\overline{AB+CD}$。
异或逻辑表达式为 $Y=A\bar{B}+\bar{A}B$；同或逻辑表达式为 $Y=AB+\overline{AB}$。

4. 逻辑函数的表示

对于任何一个逻辑问题，如果把引起事件的条件作为输入变量，把事件的结果作为输出变量，则该问题的因果关系是一种函数关系，可用逻辑函数来描述。

一般地，若输入变量 $A,B,C,\cdots$ 的取值确定后，输出变量 Y 的值也被唯一确定，则称 Y 是

$A,B,C,\cdots$ 的逻辑函数，记作 $Y=F(A,B,C,\cdots)$。

同一个逻辑函数可以用真值表、逻辑函数式和逻辑图等来表示。

5. 逻辑函数的代数化简法

逻辑函数式越简单，实现的逻辑电路也越简单，从而可以节约元器件，降低成本，提高系统的工作速度和可靠性。因此，在设计逻辑电路时，化简逻辑函数是必要的。

一般将逻辑函数化简成最简与或式，最简与或式的标准：与项个数最少；每个与项中的变量个数最少。

逻辑函数代数法化简就是利用逻辑代数基本定律和公式对逻辑函数进行化简，又称公式化简法。常用的化简方法有并项法、吸收法、消去法和配项法。

6. 逻辑函数的卡诺图化简法

在逻辑函数中，如果一个乘积项包含了逻辑函数的所有变量，且每个变量在该乘积项中仅以原变量或反变量的形式出现一次，则该乘积项称为该逻辑函数的一个最小项。

若一个逻辑函数与或式中所有的乘积项均为最小项，则该与或式称为逻辑函数的最小项表达式，又称标准与或式。任何一个逻辑函数均可表示为唯一的最小项表达式。

卡诺图就是按照相邻性规则排列而成的最小项方格图，是由美国工程师卡诺首先提出的，最小项是组成卡诺图的基本单元，卡诺图中每个小方格对应一个最小项。

用卡诺图表示逻辑函数的方法如下：

（1）根据逻辑函数的变量个数画出变量卡诺图；

（2）在卡诺图上将函数中各最小项对应的小方格内填入1，其余的小方格填入0或不填。

利用卡诺图法化简逻辑函数一般可分三步进行：

（1）画出逻辑函数的卡诺图。

（2）画合并圈，合并相邻最小项。

（3）由合并圈写出最简与或式。

项目自评表

序号	自评项目	自评内容	项目配分	项目得分	自评成绩
1	数制	数的二进制、八进制和十六进制表示	1分		
		任意进制数转换成十进制数	2分		
		十进制数转换为二进制数	2分		
		二进制数和八进制数的转换	2分		
		二进制数和十六进制数的转换	2分		
2	编码	用8421码表示十进制数	1分		
		8421码转换成相应的十进制数	1分		
3	逻辑函数及其表示	三种基本逻辑运算及其逻辑符号	5分		
		常用的复合逻辑运算及其逻辑符号	5分		
		逻辑函数的真值表、逻辑函数式和逻辑图表示	5分		

续表

序　号	自评项目	自评内容	项目配分	项目得分	自评成绩
4	逻辑函数的代数法化简	逻辑代数的基本定律	2分		
		逻辑函数的与非-与非式和最简与或式	2分		
		用代数法化简逻辑函数	20分		
5	逻辑函数最小项表达式	最小项及其编号	5分		
		逻辑函数最小项表达式	5分		
6	逻辑函数的卡诺图法化简	卡诺图的画法	5分		
		逻辑函数的卡诺图表示	10分		
		用卡诺图法化简逻辑函数	25分		
能力缺失					
弥补办法					

项目八

组合逻辑电路应用

学习指南

项目描述：能够实现各种基本逻辑关系的电路称为门电路，它是构成数字电路的基本逻辑单元，目前应用最广泛的门电路是 TTL 集成门电路和 CMOS 集成门电路。

组合逻辑电路是指在任何时刻输出状态仅取决于该时刻的输入状态，而与该时刻前的电路状态无关的逻辑电路。常用的中规模组合逻辑电路有编码器、译码器、数据选择器、加法器等，它们不仅是计算机中的基本逻辑部件，而且常常应用于其他数字系统，在高密度可编程逻辑器件 CPLD 出现后，它们又成为软件工具库中的标准器件以供调用。因此，从事电子与信息技术及相关行业的工程技术人员，应该具备集成门电路和组合逻辑电路的应用技能。

学习导航

任 务	重 点	难 点	关 键 能 力
集成门电路	集成门电路的逻辑功能； 集成门电路的引脚排列； 集成门电路的应用	集成门电路的应用	会识别集成门电路的逻辑功能及引脚排列图； 会测试集成门电路的逻辑功能
组合逻辑电路分析与设计	组合逻辑电路的分析方法； 组合逻辑电路的设计方法	组合逻辑电路的设计	会简单组合逻辑电路的分析； 会简单组合逻辑电路的设计
常用中规模组合逻辑电路	二进制译码器及其应用； 数据选择器及其应用	译码器的应用； 数据选择器的应用	会识别中规模组合逻辑电路的逻辑功能及引脚排列图； 会测试中规模组合逻辑电路的逻辑功能

任务二十七 集成门电路及其应用

能力目标

(1) 能识读集成门电路的引脚排列图。
(2) 会测试集成门电路的逻辑功能。
(3) 初步具有集成门电路的应用能力。

在数字电路中,能够实现各种逻辑运算关系的电子电路称为逻辑门电路,简称门电路,它是构成数字电路的基本单元。基本的逻辑门有与门、或门、非门。门电路输入信号和输出信号有高电平和低电平两种状态,一般用 1 表示高电平,用 0 表示低电平。

集成门电路主要有双极型的 TTL 集成门电路和单极型的 CMOS 集成门电路。

一、TTL 集成门电路

TTL 集成门电路的输入和输出结构均采用双极型晶体管,故称晶体管-晶体管逻辑(Transistor-Transistor Logic)门电路,简称 TTL 门电路。TTL 门电路具有生产工艺成熟、产品参数稳定、工作可靠、开关速度快等优点。

在 TTL 门电路中,常用的逻辑门是集成与非门。对于它们的内部结构,我们不做介绍,下面只讨论其外部特性。74LS00 引脚排列图如图 8-1 所示。

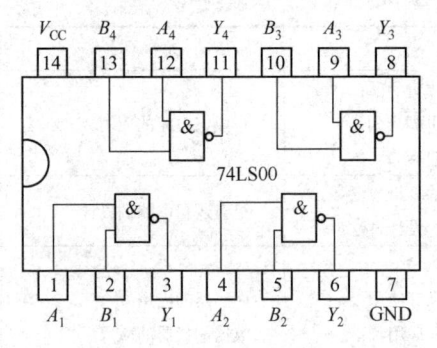

图 8-1 74LS00 引脚排列图

74LS00 为四 2 输入与非门,内部有四个独立的 2 输入端与非门,可以单独使用。该芯片能够实现的逻辑功能为 $Y_1 = \overline{A_1 \cdot B_1}$,$Y_2 = \overline{A_2 \cdot B_2}$,$Y_3 = \overline{A_3 \cdot B_3}$,$Y_4 = \overline{A_4 \cdot B_4}$,即 $Y = \overline{AB}$。

74LS00 采用双列直插式塑封,引脚按工作类型分为三类:①电源正极 V_{CC},电源负极 GND;②信号输入端(A、B);③信号输出端(Y)。

74LS00 有 14 个引脚,其中引脚 14 接电源正极 V_{CC}(+5V),引脚 7 接电源负极 GND,即接地(0V)。引脚编号顺序:以芯片缺口向左为参照,下排自左向右、上排自右向左由小到大编号。一般电源正极 V_{CC} 接缺口上排最左脚,电源负极 GND 接缺口下排最右脚。这种编号规律同样适用于其他集成电路。在使用时要特别注意芯片功能和引脚定义,按照定义进行正确连接。

为了合理选择和使用集成逻辑门,现对 TTL 与非门的主要参数做一下介绍。

1)输出高电平和低电平

输出高电平 U_{OH}:与输出逻辑 1 对应的输出电压值,其典型值为 3.6V,产品规定的最小值 $U_{OH(min)}$=2.4V。

输出低电平 U_{OL}:与输出逻辑 0 对应的输出电压值,其典型值为 0.3V,产品规定的最大值 $U_{OL(max)}$=0.4V。

2)输入高电平和低电平

输入高电平 U_{IH}:与输入逻辑 1 对应的输入电压值,其典型值为 3.6V,产品规定的最小值 $U_{IH(min)}$=1.8V。通常把 $U_{IH(min)}$ 称为开门电平,记作 U_{on},意为保证输出为低电平所允许的最低输入高电平。

输入低电平 U_{IL}:与输入逻辑 0 对应的输入电压值,其典型值为 0.3V,产品规定的最大值 $U_{IL(max)}$=0.8V。通常把 $U_{IL(max)}$ 称为关门电平,记作 U_{off},意为保证输出为高电平所允许的最高输入低电平。

3)噪声容限

当噪声电压叠加在输入信号的高、低电平上时,只要噪声电压的幅度不超过容许值,就不会影响门电路的输出逻辑状态。这个容许值通常称为噪声容限。噪声容限越大,抗干扰能力越强。

低电平噪声容限为 $U_{NL} = U_{off} - U_{IL}$。

U_{NL} 越大,表明与非门输入低电平时抗正向干扰的能力越强。

高电平噪声容限为 $U_{NH} = U_{IH} - U_{on}$。

U_{NH} 越大,表明与非门输入高电平时抗负向干扰的能力越强。

4)扇出系数

一个门电路输出端能够驱动同类型门电路的个数称为扇出系数 N,扇出系数用来反映 TTL 门电路的带负载能力。一般 TTL 门电路的扇出系数 $N \geq 8$。

二、CMOS 集成门电路

CMOS 集成门电路是由 PMOS 管和 NMOS 管构成的互补对称型 MOS 门电路,简称 CMOS 门电路。和 TTL 门电路相比,CMOS 门电路具有功耗低、电源电压范围宽、抗干扰能力强、带负载能力强、集成度高等优点,因而广泛应用于数字电路、计算机及仪表等。

CC4012 引脚排列图如图 8-2 所示。CC4012 为双 4 输入与非门,内部有两个独立的 4 输入端与非门,可以单独使用。该芯片能够实现的逻辑功能为 $Y = \overline{ABCD}$。

CC4012 采用双列直插式塑封,引脚按工作类型分为三类:①电源正极 V_{DD},电源负极 V_{SS}(一般接地);②信号输入端(A、B、C、D);③信号输出端(Y)。

CC4012 有 14 个引脚,其中引脚 14 接电源正极 V_{DD},引脚 7 接电源负极 V_{SS},即接地。引脚编号顺序:以芯片缺口向左为参照,下排最左引脚为 1 号,按逆时针方向由小到大编号。

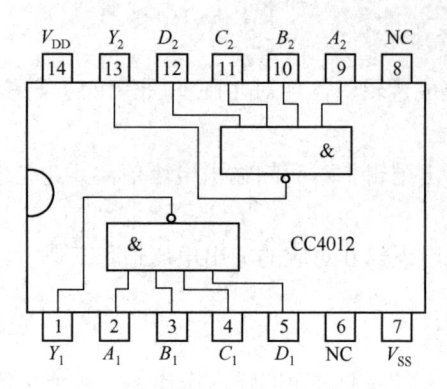

图 8-2 CC4012 引脚排列图

三、集成门电路的应用

1. 集成门电路使用注意事项

1）多余输入端处理

或门和或非门的多余输入端应接低电平，与门和与非门的多余输入端应接高电平，以保证正常的逻辑功能。具体地说，当多余输入端接高电平时，对于 TTL 门电路可做如下处理：悬空（相当于接高电平，但容易受到外界干扰）；直接接+V_{CC} 或通过 1～3 kΩ 电阻接+V_{CC}。对于 CMOS 门电路，不允许输入端悬空，应接+V_{DD}。当欲接低电平时，两种门电路均可直接接地。

当工作速度不高时，两种门电路多余输入端均可与使用输入端并联。

2）电源选用

TTL 门电路对直流电源要求较高，74LS 系列要求电源电压范围为 5V（±5%），电压稳定性高，纹波小。CMOS 门电路的电源电压范围较宽，如 CC4000 系列电源电压范围为 3～18V。电源电压选得越大，CMOS 门电路的抗干扰能力越强。

门电路电源电压极性不能接反，否则会导致器件损坏。规定 V_{CC} 或 V_{DD} 接电源正极，GND 或 V_{SS} 接电源负极（通常接地）。

3）输入电压范围

输入电压的容许范围：$-0.5V \leqslant u_i \leqslant V_{CC}$（$V_{DD}$）。

4）输出端的连接

除三态门、OC 门外，门电路输出端不得直接并联。输出端不允许直接接电源或地，否则可能造成器件损坏。每个门电路输出所带负载，不得超过它本身的负载能力。

*2. 集成门电路的应用举例

门电路是构成数字电路的基本逻辑部件，集成门电路应用广泛，下面举例说明。

1）用与门控制的报警器

图 8-3 所示为用与门控制的住宅防盗报警电路。

当与门的报警控制开关处于 OFF 状态，即 A 为低电平时，输出 Y 为低电平，不受输入 B 的控制，报警器输出固定电平，喇叭不响。当主人外出时，使与门的报警控制开关处于 ON 状态，即 A 为高电平，输出 Y 受输入 B 的控制：当房门关闭时，使输入 B 为低电平，输出 Y

仍为低电平,报警器输出仍为固定电平,喇叭不响;当有外人开门闯入时,使输入 B 为高电平,输出 Y 变成高电平,三极管 VT 导通,报警器输出为振荡信号,喇叭发出报警响声。

2)用或门控制的报警器

图 8-4 所示为用或门控制的住宅防盗报警电路。

当报警器控制开关为低电平(处于 OFF 状态)时,报警电路不工作,不产生振荡脉冲,输入 A 为一固定电平,喇叭不响;当报警器控制开关为高电平(处于 ON 状态)时,报警电路产生振荡脉冲,送到或门输入 A 端,此时输出 Y 受输入 B 控制;当主人外出房门关闭时,使输入 B 为高电平,输出 Y 为高电平,喇叭不响;当有外人开门闯入时,使输入 B 为低电平,输出 Y 随输入 A 的变化而变化,喇叭发出报警响声。

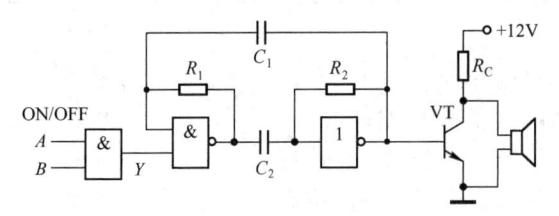

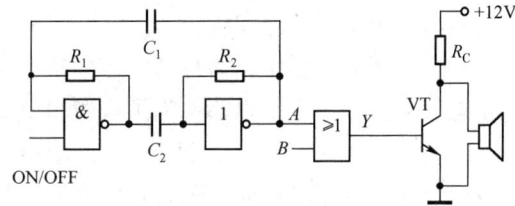

图 8-3 用与门控制的住宅防盗报警电路

图 8-4 用或门控制的住宅防盗报警电路

能力训练

(1)门电路输入信号和输出信号有_____和_____两种状态。

(2)扇出系数反映门电路的_____能力,噪声容限反映门电路的_____能力。

(3)在如图 8-5 所示 TTL 门电路中,要求实现规定的逻辑功能,其连接有无错误?如有错误请改正。

$Y_1 = \overline{AB}$

$Y_2 = \overline{A+B}$

$Y_3 = \overline{AB}$

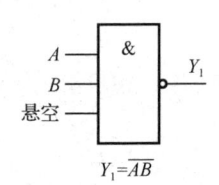

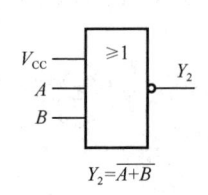

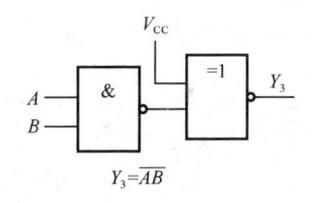

图 8-5 TTL 门电路

(4)图 8-6 所示均为 CMOS 门电路,试写出各电路的输出逻辑函数式。

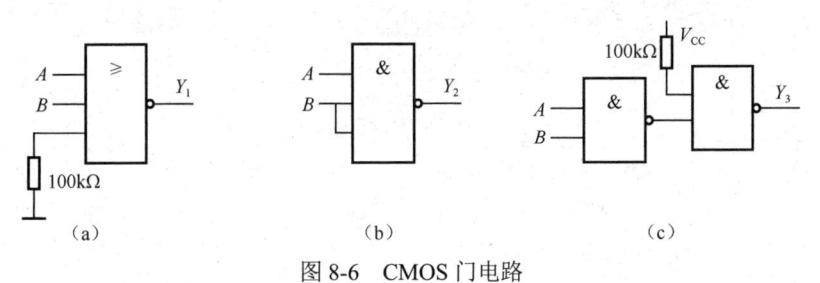

(a)　　　　(b)　　　　(c)

图 8-6 CMOS 门电路

*任务二十八　组合逻辑电路的分析和设计

能力目标

（1）能够分析组合逻辑电路的逻辑功能。
（2）初步具有设计简单组合逻辑电路的能力。

在数字系统中，根据逻辑功能的不同特点，数字逻辑电路可分为两大类：一类是组合逻辑电路；另一类是时序逻辑电路。

在一个逻辑电路中，若任意时刻的输出状态仅取决于该时刻的输入状态，而与电路原来的状态无关，则该逻辑电路称为组合逻辑电路，简称组合电路。

组合逻辑电路没有记忆功能，因此组合逻辑电路具有如下结构特点：第一，全部由门电路组成，即不含记忆单元；第二，信号只有从输入到输出的单向传输，没有从输出到输入的反馈回路。

组合逻辑电路的研究内容主要包括两方面：一是组合逻辑电路的分析；二是组合逻辑电路的设计。分析和设计组合逻辑电路的数学工具是逻辑代数。

一、组合逻辑电路的分析

组合逻辑电路的分析是指根据给定的组合逻辑电路图，找出输出信号与输入信号之间的逻辑关系，从而判断电路的逻辑功能。

组合逻辑电路的基本分析方法：写出逻辑函数式→化简或变换逻辑函数→列出逻辑函数的真值表→分析电路的逻辑功能。

[例8-1]　试分析如图 8-7 所示的组合逻辑电路的功能。
解：（1）写出逻辑函数式。由图 8-7 可得

$$Y_1 = \overline{ABC}$$
$$Y_2 = A \cdot Y_1 = A \cdot \overline{ABC}$$
$$Y_3 = B \cdot Y_1 = B \cdot \overline{ABC}$$
$$Y_4 = C \cdot Y_1 = C \cdot \overline{ABC}$$
$$Y = \overline{Y_2 + Y_3 + Y_4}$$
$$= \overline{A \cdot \overline{ABC} + B \cdot \overline{ABC} + C \cdot \overline{ABC}}$$

（2）化简逻辑函数。对 Y 进行化简可得

$$Y = \overline{(A+B+C) \cdot \overline{ABC}} = \overline{A}\,\overline{B}\,\overline{C} + ABC \qquad (8\text{-}1)$$

（3）列出逻辑函数的真值表。将输入变量 A、B、C 的各种取值组合代入式（8-1），求出相应的输出 Y 的值，可列出如表 8-1 所示的真值表。

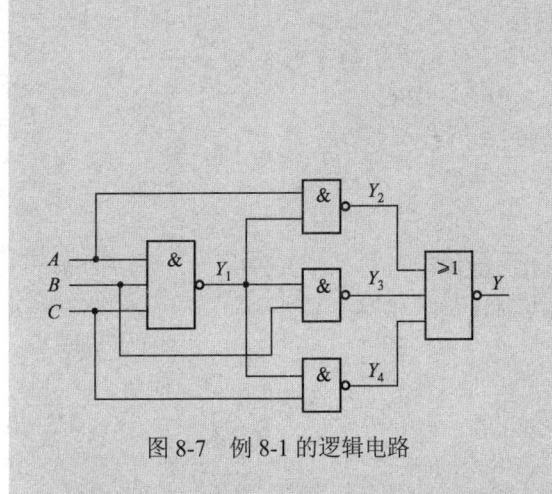

表 8-1 例 8-1 的真值表

输入			输出
A	B	C	Y
0	0	0	1
0	0	1	0
0	1	0	0
0	1	1	0
1	0	0	0
1	0	1	0
1	1	0	0
1	1	1	1

图 8-7 例 8-1 的逻辑电路

（4）分析电路的逻辑功能。由表 8-1 可以看出：当输入 A、B、C 都为 0 或都为 1 时，输出 Y 才为 1，否则输出 Y 为 0。因此，该组合逻辑电路具有检测"输入状态是否一致"的功能，故称判一致电路。

二、组合逻辑电路的设计

组合逻辑电路的设计是指根据实际问题的逻辑功能要求，设计能实现该逻辑功能的简单而又可靠的逻辑电路。组合逻辑电路的基本设计方法如下。

（1）分析设计要求，列出真值表。

实际问题的逻辑功能要求最初总是以文字形式来描述的，设计者必须对这些描述进行逻辑抽象，这是设计组合逻辑电路的关键。

① 首先，设定变量。把引起事件的条件作为输入变量，把事件的结果作为输出变量。

② 其次，状态赋值。依据输入、输出变量的状态进行逻辑赋值，即确定输入、输出变量的哪种状态用逻辑 0 表示，哪种状态用逻辑 1 表示。

③ 最后，列出真值表。

（2）根据真值表，写出逻辑函数式。

（3）选定器件类型，化简或变换逻辑函数。

① 当用小规模集成门电路设计时，用代数法或卡诺图法将逻辑函数化简为最简与或式，根据对门电路类型的要求，将最简与或式变换为与门电路类型相适应的最简式。

② 当用中规模集成组合逻辑器件设计时，应把逻辑函数式变换成与所用器件的逻辑表达式相同或类似的形式。

（4）根据化简或变换后的逻辑表达式，画出逻辑图。

[例 8-2] 设计一个判别获奖电路。在一个射击游戏中，射手可打三枪，一枪打鸟，一枪打鸡，一枪打兔子，规则是命中不少于两枪者获奖。用与非门实现上述功能。

解：（1）分析设计要求，列出真值表。设一枪打鸟、一枪打鸡、一枪打兔子分别用输入变量 A、B、C 表示，1 表示命中，0 表示没有命中；用输出变量 Y 表示判别结果，1 表示得奖，0 表示不得奖。由此可列出如表 8-2 所示的真值表。

（2）根据真值表，写出逻辑函数式。由表 8-2 可得到逻辑函数式为
$$Y = \bar{A}BC + A\bar{B}C + AB\bar{C} + ABC$$

（3）化简或变换逻辑函数。由图 8-8 化简得到最简与或式为
$$Y = AB + AC + BC$$

将上式变换成与非表达式为
$$Y = \overline{\overline{AB} \cdot \overline{AC} \cdot \overline{BC}} \tag{8-2}$$

（4）画逻辑图。根据式（8-2）画出如图 8-9 所示的逻辑图。

表 8-2 例 8-2 的真值表

输 入			输 出
A	B	C	Y
0	0	0	0
0	0	1	0
0	1	0	0
0	1	1	1
1	0	0	0
1	0	1	1
1	1	0	1
1	1	1	1

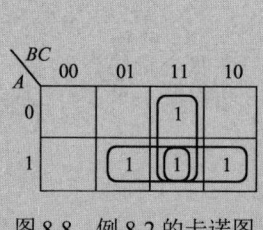

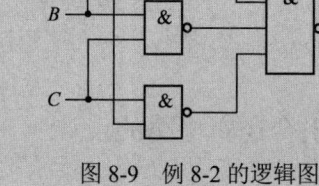

图 8-8 例 8-2 的卡诺图

图 8-9 例 8-2 的逻辑图

能力训练

（1）试分析如图 8-10 所示电路的逻辑功能。

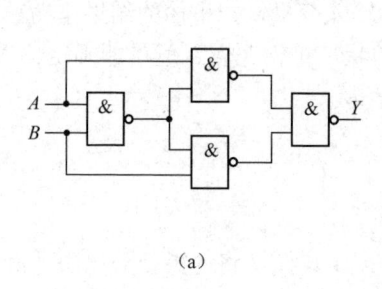

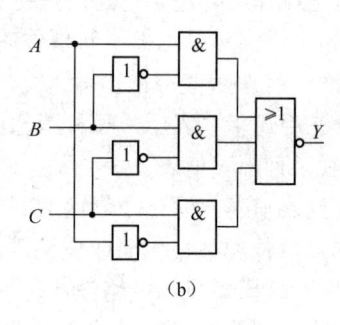

图 8-10

（2）某发电厂的抽水站有三台水泵，要求当有两台或三台水泵工作时，发出正常信号，否则不发出正常信号，试设计一个能发出正常信号的逻辑电路，用与非门实现。

（3）设计一个三人表决电路。当表决某个提案时，多数人同意，提案通过。用与非门实现。

（4）设计一个监视交通信号灯工作状态的逻辑电路。每组信号灯由红、黄、绿 3 盏灯组成，正常情况下，任何时刻必有 1 盏灯亮，且只允许有一盏灯亮，当出现其他状态时表明电路发生故障，要求发出故障信号，以提醒工作人员前去维修。

任务二十九　常用中规模组合逻辑电路及其应用

能力目标

（1）能识读常用中规模组合逻辑电路的逻辑功能和引脚排列图。
（2）会分析和测试常用中规模组合逻辑电路的逻辑功能。
（3）学会常用中规模组合逻辑电路的使用方法和典型应用。

常用中规模组合逻辑电路的种类很多，如编码器、译码器、数据选择器、加法器等。这些中规模组合逻辑电路应用非常广泛，本任务重点讨论其逻辑功能、使用方法及典型应用。

一、编码器

将具有特定意义的信息（如数字、文字、符号等）编成相应二进制代码的过程，称为编码。例如，十进制数 12 可用二进制代码 1100B 表示，也可用 8421 码 0001 0010 表示。又如，计算机键盘上面的每个键都对应着一个代码，一旦按下某个键，计算机内部的编码电路就将该键的电平信号转换成对应的代码。

n 位二进制代码有 2^n 个状态，可以表示 2^n 个信息。如果需要编码的信息数量为 N，则所需用的二进制代码的位数 n 应满足关系 $2^n \geq N$。

实现编码操作的逻辑电路称为编码器。按编码方式不同，编码器有普通编码器和优先编码器两类；按输出代码不同，编码器有二进制编码器和二-十进制编码器两类。

1. 普通编码器

普通编码器的功能是任何时刻只允许对一个输入信号进行编码。输入信号是相互排斥的，故又称互斥输入的编码器。

普通 n 位二进制编码器可用 n 位二进制代码来表示 2^n 个输入信号，又称 2^n 线-n 线编码器。普通二-十进制编码器可用 BCD 码来表示 10 个输入信号，又称 10 线-4 线编码器。

普通 3 位二进制编码器的原理框图如图 8-11 所示。图 8-11 中，$I_0 \sim I_7$ 为 8 个信号输入端，假设输入信号高电平有效（表示有编码请求）；Y_2、Y_1、Y_0 为 3 个代码输出端，输出 3 位二进制代码，故该编码器又称 8 线-3 线编码器。在实际应用时，可以把 8 个按钮或开关作为 8 个输入控制端，而把 3 个输出组合分别作为对应 8 个输入状态的代码。

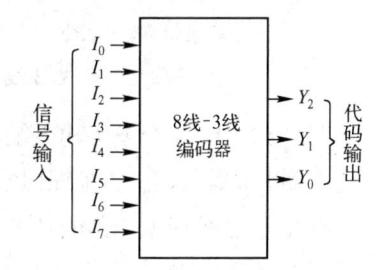

图 8-11　普通 3 位二进制编码器的原理框图

普通 3 位二进制编码器的真值表如表 8-3 所示，当某个输入为 1，其余输入为 0 时，就输出与该输入相对应的代码。例如，当输入 I_1=1 时，其余输入为 0，用输出 $Y_2Y_1Y_0$ =001 表示与 I_1 相对应的代码。编码器在任何时刻只能对一个输入信号进行编码，不允许有两个或两个以上的输入信号同时请求编码,即 $I_0 \sim I_7$ 这 8 个端的输入信号是互斥的。

表 8-3 普通 3 位二进制编码器的真值表

输入								输出		
I_0	I_1	I_2	I_3	I_4	I_5	I_6	I_7	Y_2	Y_1	Y_0
1	0	0	0	0	0	0	0	0	0	0
0	1	0	0	0	0	0	0	0	0	1
0	0	1	0	0	0	0	0	0	1	0
0	0	0	1	0	0	0	0	0	1	1
0	0	0	0	1	0	0	0	1	0	0
0	0	0	0	0	1	0	0	1	0	1
0	0	0	0	0	0	1	0	1	1	0
0	0	0	0	0	0	0	1	1	1	1

2. 优先编码器

在数字系统,特别是计算机系统中,常需要对若干个工作对象进行控制,如打印机、键盘、磁盘驱动器等。当几个部件同时发出服务请求时,就要求主机必须根据轻重缓急,按预先规定好的顺序允许其中的一个进行操作,即执行操作存在优先级的问题。优先编码器可以识别信号的优先级并对其进行编码。

优先编码器的功能是允许同时在几个输入端有输入信号,按输入信号排定的优先顺序,只对其中优先级最高的一个输入信号进行编码。在优先编码器中,优先级高的输入信号排斥优先级低的。

8 线-3 线优先编码器 74LS148 的逻辑功能示意图和引脚图如图 8-12 所示。

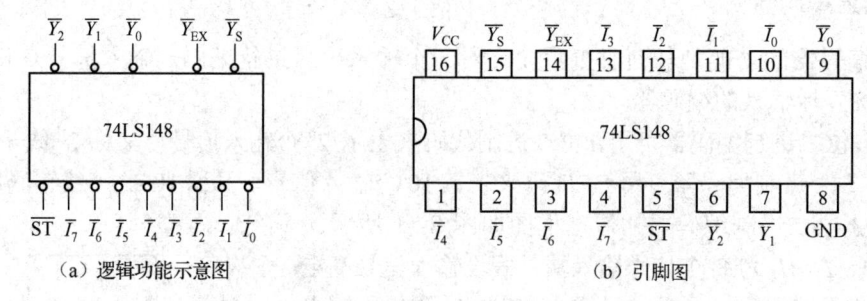

(a) 逻辑功能示意图　　(b) 引脚图

图 8-12 8 线-3 线优先编码器 74LS148 的逻辑功能示意图和引脚图

图 8-12 中,8 个编码输入端为 $\overline{I_0} \sim \overline{I_7}$(输入信号低电平有效,表示有编码请求),优先级从 $\overline{I_7}$ 到 $\overline{I_0}$ 依次降低;3 个编码输出端为 $\overline{Y_2}$、$\overline{Y_1}$、$\overline{Y_0}$(输出信号低电平有效,输出 3 位二进制反码)。为了扩展编码器的功能,74LS148 增设了 3 个辅助控制端,即输入端增加了选通输入端 $\overline{ST}$,输出端增加了选通输出端 $\overline{Y_S}$、扩展输出端 $\overline{Y_{EX}}$。

8 线-3 线优先编码器 74LS148 的功能表如表 8-4 所示。

表 8-4　8 线-3 线优先编码器 74LS148 的功能表

输入									输出				
$\overline{ST}$	$\overline{I_0}$	$\overline{I_1}$	$\overline{I_2}$	$\overline{I_3}$	$\overline{I_4}$	$\overline{I_5}$	$\overline{I_6}$	$\overline{I_7}$	$\overline{Y_2}$	$\overline{Y_1}$	$\overline{Y_0}$	$\overline{Y_S}$	$\overline{Y_{EX}}$
1	×	×	×	×	×	×	×	×	1	1	1	1	1
0	1	1	1	1	1	1	1	1	1	1	1	0	1
0	×	×	×	×	×	×	×	0	0	0	0	1	0
0	×	×	×	×	×	×	0	1	0	0	1	1	0
0	×	×	×	×	×	0	1	1	0	1	0	1	0
0	×	×	×	×	0	1	1	1	0	1	1	1	0
0	×	×	×	0	1	1	1	1	1	0	0	1	0
0	×	×	0	1	1	1	1	1	1	0	1	1	0
0	×	0	1	1	1	1	1	1	1	1	0	1	0
0	0	1	1	1	1	1	1	1	1	1	1	1	0

（1）选通输入端 $\overline{ST}$，又称使能端或片选端，低电平有效。当 $\overline{ST}=1$ 时，禁止 74LS148 工作，所有的输出端均被锁定在高电平，没有代码输出。当 $\overline{ST}=0$ 时，允许 74LS148 工作，对输入信号进行编码。例如，当 $\overline{I_7}=\overline{I_6}=1$、$\overline{I_5}=0$ 时，不管其他输入端 $\overline{I_0}\sim\overline{I_4}$ 为何值（0 或 1，表 8-4 中以×表示），只对 $\overline{I_5}$ 进行编码，其被编码为 010，为反码，其原码为 101。

（2）选通输出端 $\overline{Y_S}$。当 $\overline{ST}=0$，且 $\overline{I_0}\sim\overline{I_7}$ 均为 1（无编码输入）时，$\overline{Y_S}=0$。因此，$\overline{Y_S}=0$ 表示"电路工作，但无信号输入"。当两片 74LS148 串接使用时，只要将高位片的 $\overline{Y_S}$ 和低位片的 $\overline{ST}$ 相连，就可在高位片无信号输入的情况下，启动低位片工作，从而实现两片 74LS148 的优先级控制。

（3）扩展输出端 $\overline{Y_{EX}}$。它是输出代码的有效码标志，即 $\overline{Y_{EX}}=0$ 表示输出为有效码；$\overline{Y_{EX}}=1$ 表示输出为无效码。因此，$\overline{Y_{EX}}=0$ 表示"电路工作，且有信号输入"。在多片 74LS148 串联使用时，$\overline{Y_{EX}}$ 可作为输出位的扩展。

利用辅助控制端（选通输入端 $\overline{ST}$、选通输出端 $\overline{Y_S}$、扩展输出端 $\overline{Y_{EX}}$）可实现编码器功能扩展。

二、译码器

译码是编码的逆过程。编码是将具有特定意义的信息编成二进制代码，译码则是将表示特定意义信息的二进制代码翻译出来。实现译码功能的逻辑电路称为译码器。

译码器是数字系统和计算机中常用的一种逻辑电路。例如，计算机中需要将指令的操作码翻译成各种操作命令，存储器的地址译码系统要使用地址译码器，LED 显示器需要使用七段显示译码器等。

常用的译码器有二进制译码器、二-十进制译码器和显示译码器。

1. 二进制译码器

将二进制代码翻译成对应输出信号的电路，称为二进制译码器。若输入为 n 位二进制代码，则称 n 位二进制译码器，它有 2^n 个输出端，又称 n 线-2^n 线译码器。

1）3 位二进制译码器

3 位二进制译码器 74LS138 又称 3 线-8 线译码器，其逻辑功能示意图和引脚图如图 8-13 所示。图 8-13 中，3 个代码输入端分别为 A_2、A_1、A_0（输入 3 位二进制代码）；8 个译码输出端为 $\overline{Y_0} \sim \overline{Y_7}$（译码输出低电平有效）；3 个使能端（又称片选输入端）分别为 ST_A、$\overline{ST_B}$、$\overline{ST_C}$。3 线-8 线译码器 74LS138 的功能表如表 8-5 所示。

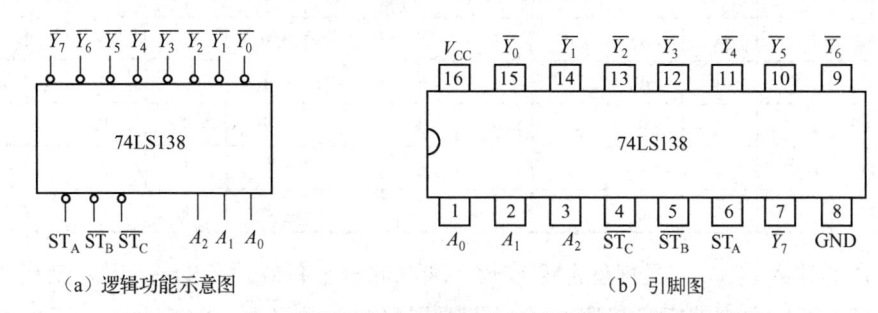

图 8-13　3 线-8 线译码器 74LS138 的逻辑功能示意图和引脚图

3 线-8 线译码器 74LS138 的功能表如表 8-5 所示。

表 8-5　3 线-8 线译码器 74LS138 的功能表

输入					输出							
ST_A	$\overline{ST_B}+\overline{ST_C}$	A_2	A_1	A_0	$\overline{Y_0}$	$\overline{Y_1}$	$\overline{Y_2}$	$\overline{Y_3}$	$\overline{Y_4}$	$\overline{Y_5}$	$\overline{Y_6}$	$\overline{Y_7}$
×	1	×	×	×	1	1	1	1	1	1	1	1
0	×	×	×	×	1	1	1	1	1	1	1	1
1	0	0	0	0	0	1	1	1	1	1	1	1
1	0	0	0	1	1	0	1	1	1	1	1	1
1	0	0	1	0	1	1	0	1	1	1	1	1
1	0	0	1	1	1	1	1	0	1	1	1	1
1	0	1	0	0	1	1	1	1	0	1	1	1
1	0	1	0	1	1	1	1	1	1	0	1	1
1	0	1	1	0	1	1	1	1	1	1	0	1
1	0	1	1	1	1	1	1	1	1	1	1	0

由表 8-5 可知，3 线-8 线译码器 74LS138 具有如下逻辑功能。

（1）当 $ST_A = 0$ 或 $\overline{ST_B}+\overline{ST_C} = 1$ 时，译码器禁止译码，输出 $\overline{Y_0} \sim \overline{Y_7}$ 均为 1，与输入 A_2、A_1、A_0 的取值无关。

（2）当 $ST_A = 1$ 且 $\overline{ST_B}+\overline{ST_C} = 0$ 时，译码器进行译码，译码输出低电平有效。译码器输出 $\overline{Y_0} \sim \overline{Y_7}$ 由输入 A_2、A_1、A_0 决定，对于任一组输入二进制代码，输出 $\overline{Y_0} \sim \overline{Y_7}$ 中只有一个与该代码对应的输出为 0，其余输出均为 1。

根据表 8-5 可得出 74LS138 的输出逻辑函数式为

$$\overline{Y}_0 = \overline{\overline{A}_2 \overline{A}_1 \overline{A}_0} = \overline{m}_0, \quad \overline{Y}_1 = \overline{\overline{A}_2 \overline{A}_1 A_0} = \overline{m}_1$$

$$\overline{Y}_2 = \overline{\overline{A}_2 A_1 \overline{A}_0} = \overline{m}_2, \quad \overline{Y}_3 = \overline{\overline{A}_2 A_1 A_0} = \overline{m}_3$$

$$\overline{Y}_4 = \overline{A_2 \overline{A}_1 \overline{A}_0} = \overline{m}_4, \quad \overline{Y}_5 = \overline{A_2 \overline{A}_1 A_0} = \overline{m}_5$$

$$\overline{Y}_6 = \overline{A_2 A_1 \overline{A}_0} = \overline{m}_6, \quad \overline{Y}_7 = \overline{A_2 A_1 A_0} = \overline{m}_7 \tag{8-3}$$

由式（8-3）可以看出，$\overline{Y}_0 \sim \overline{Y}_7$ 又是 A_2、A_1、A_0 这三个变量的全部最小项的译码输出，所以二进制译码器又称最小项译码器或变量译码器。

*2）二进制译码器的应用

n 位二进制译码器的输出给出了 n 个输入变量的全部 2^n 个最小项，即每个输出对应输入变量的一个最小项。而任何一个逻辑函数都可以变换为最小项表达式，所以用 n 位二进制译码器和附加门电路可以产生任何 n 变量的组合逻辑函数，即二进制译码器可作为逻辑函数发生器。

用二进制译码器构成逻辑函数发生器要注意两点。
（1）所选的二进制译码器的代码输入变量个数应与要实现的逻辑函数的变量数相等。
（2）当译码输出低电平有效时，应附加与非门；当译码输出高电平有效时，应附加或门。

[例8-3] 试用译码器和门电路实现逻辑函数 $Y = AB + AC + BC$ 的功能。

解：（1）根据逻辑函数的变量个数选择译码器。通常将译码器的代码输入变量作为函数的输入变量，由于逻辑函数 Y 中有 A、B、C 三个变量，故应选用 3 线-8 线译码器 74LS138，译码输出低电平有效。74LS138 译码器在正常工作时，使能端 $ST_A = 1$，$\overline{ST}_B = \overline{ST}_C = 0$。

（2）写出逻辑函数的最小项表达式：

$$Y = AB + AC + BC$$
$$= \overline{A}BC + A\overline{B}C + AB\overline{C} + ABC$$
$$= m_3 + m_5 + m_6 + m_7$$
$$= \overline{\overline{m}_3 \cdot \overline{m}_5 \cdot \overline{m}_6 \cdot \overline{m}_7} \tag{8-4}$$

（3）将逻辑函数 Y 和 74LS138 输出逻辑函数式进行比较。令 74LS138 的代码输入 $A_2 = A$，$A_1 = B$，$A_0 = C$，将式（8-3）和式（8-4）进行比较后得到

$$Y = \overline{\overline{Y}_3 \cdot \overline{Y}_5 \cdot \overline{Y}_6 \cdot \overline{Y}_7} \tag{8-5}$$

（4）画逻辑电路图。根据式（8-5）画出逻辑电路图，如图 8-14 所示。

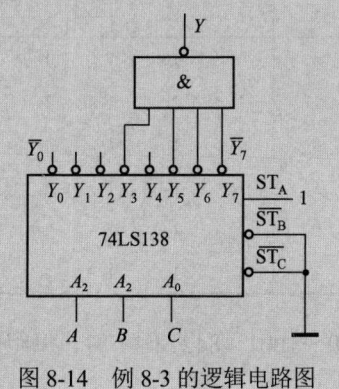

图 8-14 例 8-3 的逻辑电路图

2. 二-十进制译码器

将输入的二-十进制代码（BCD 码）翻译成 10 个对应输出信号的电路，称为二-十进制译码器。它有 4 个输入端和 10 个输出端，又称 4 线-10 线译码器。

4 线-10 线译码器 74LS42 的逻辑功能示意图和引脚图如图 8-15 所示。

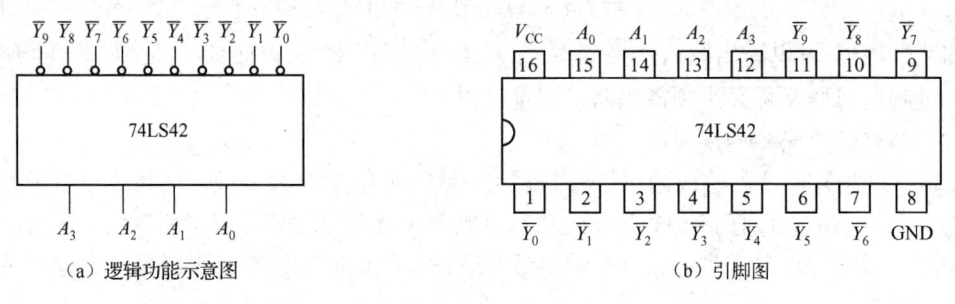

（a）逻辑功能示意图　　　（b）引脚图

图 8-15　4 线-10 线译码器 74LS42 的逻辑功能示意图和引脚图

图 8-15 中，4 个代码输入端为 $A_3 \sim A_0$（输入 8421 码），10 个译码输出端为 $\overline{Y}_0 \sim \overline{Y}_9$（译码输出低电平有效）。在 8421 码中，代码 1010～1111 这 6 种状态没有使用，即它们不属于 8421 码，故称为伪码。4 线-10 线译码器 74LS42 的功能表如表 8-6 所示。

表 8-6　4 线-10 线译码器 74LS42 的功能表

十进制数	输入				输出									
	A_3	A_2	A_1	A_0	$\overline{Y}_0$	$\overline{Y}_1$	$\overline{Y}_2$	$\overline{Y}_3$	$\overline{Y}_4$	$\overline{Y}_5$	$\overline{Y}_6$	$\overline{Y}_7$	$\overline{Y}_8$	$\overline{Y}_9$
0	0	0	0	0	0	1	1	1	1	1	1	1	1	1
1	0	0	0	1	1	0	1	1	1	1	1	1	1	1
2	0	0	1	0	1	1	0	1	1	1	1	1	1	1
3	0	0	1	1	1	1	1	0	1	1	1	1	1	1
4	0	1	0	0	1	1	1	1	0	1	1	1	1	1
5	0	1	0	1	1	1	1	1	1	0	1	1	1	1
6	0	1	1	0	1	1	1	1	1	1	0	1	1	1
7	0	1	1	1	1	1	1	1	1	1	1	0	1	1
8	1	0	0	0	1	1	1	1	1	1	1	1	0	1
9	1	0	0	1	1	1	1	1	1	1	1	1	1	0
伪码	1	0	1	0	1	1	1	1	1	1	1	1	1	1
	1	0	1	1	1	1	1	1	1	1	1	1	1	1
	1	1	0	0	1	1	1	1	1	1	1	1	1	1
	1	1	0	1	1	1	1	1	1	1	1	1	1	1
	1	1	1	0	1	1	1	1	1	1	1	1	1	1
	1	1	1	1	1	1	1	1	1	1	1	1	1	1

由表 8-6 可知，当输入 0000～1001（8421 码）时，每组输入代码均有唯一的一个相应输

出端输出有效电平。当输入伪码 1010~1111 时，译码器输出 $\overline{Y_0} \sim \overline{Y_9}$ 均为高电平（无效电平），译码器拒绝译码，电路不会产生错误译码，所以称该电路具有拒绝伪码输入的功能。

3. 显示译码器

在数字系统中，常需要用数码显示电路将数字量用十进制数码直观地显示出来。一方面，便于直接读取测量和运算的结果；另一方面，便于监视系统的工作情况。数码显示电路由显示译码器和显示器组成。下面分别介绍显示器和显示译码器。

1）七段字符显示器

七段字符显示器又称七段数码管，这种字符显示器由七段可发光的字段组合而成。利用字段的不同组合方式分别显示 0~9 十个数字，如图 8-16 所示。

（a）分段布置图　　　　　　（b）发光字段组合图

图 8-16　七段数字显示器

常见的七段字符显示器有半导体数码显示器和液晶显示器（LCD）。半导体数码显示器将要显示的字形分为七段，每段为一个发光二极管（LED），利用不同发光段组合显示不同的字形，故又称 LED 数码管。LED 数码管有共阴极和共阳极两类，其引脚图和内部接线图如图 8-17（a）所示，其中 a~g 用于显示 10 个数字 0~9，DP 用于显示小数点。

由图 8-17（b）、（c）可知，共阴极 LED 数码管的各 LED 的阴极相连，在使用时，通常将阴极接地。阳极输入（a~DP）为高电平点亮，由输出为高电平有效的译码器（如 74LS48）来驱动。共阳极 LED 数码管的各 LED 的阳极相连，在使用时，通常将阳极接电源。阴极输入（a~DP）为低电平点亮，由输出为低电平有效的译码器（如 74LS47）来驱动。工作时一般应注意串联合适的限流电阻。

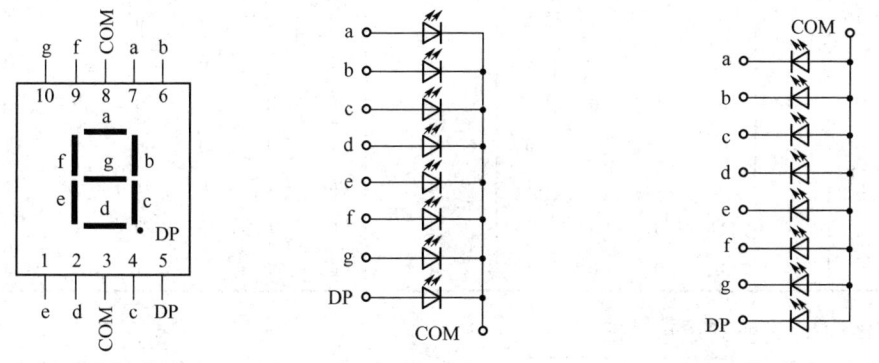

（a）引脚图和内部接线图　　（b）共阴极LED数码管的内部接线图　　（c）共阳极LED数码管的内部接线图

图 8-17　LED 数码管

2）七段显示译码器

显示译码器主要由译码器和驱动器两部分组成，通常二者集成在一块芯片上。显示译码器的功能是将输入的 BCD 码转换成相应的输出信号,来驱动七段 LED 数码管显示 0~9 十个数字。

七段显示译码器 74LS47 的逻辑功能示意图和引脚图如图 8-18 所示。

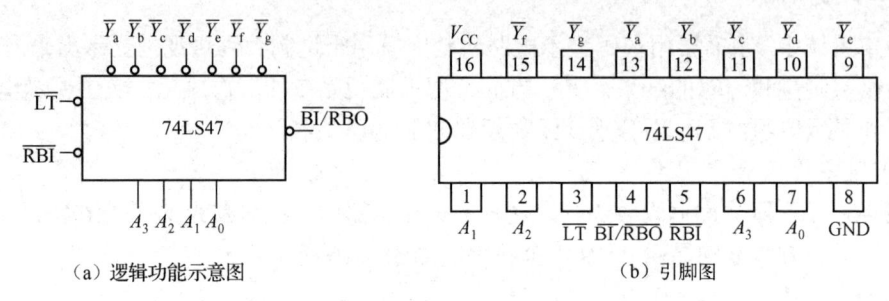

(a) 逻辑功能示意图

(b) 引脚图

图 8-18 七段显示译码器 74LS47 的逻辑功能示意图和引脚图

图 8-18 中,4 线代码输入 $A_3 \sim A_0$（输入 8421 码）;七段译码输出 $\overline{Y}_a \sim \overline{Y}_g$（译码输出低电平有效）,为七段 LED 数码管提供驱动信号,可以驱动共阳极 LED 数码管。三个辅助控制端:试灯输入端 $\overline{LT}$、灭零输入端 $\overline{RBI}$ 和灭灯输入端/灭零输出端 $\overline{BI}/\overline{RBO}$。74LS47 的功能表如表 8-7 所示。

表 8-7 74LS47 的功能表

功能或数字	输入							输出						
	$\overline{LT}$	$\overline{RBI}$	A_3	A_2	A_1	A_0	$\overline{BI}/\overline{RBO}$	$\overline{Y}_a$	$\overline{Y}_b$	$\overline{Y}_c$	$\overline{Y}_d$	$\overline{Y}_e$	$\overline{Y}_f$	$\overline{Y}_g$
试灯	0	×	×	×	×	×	1	0	0	0	0	0	0	0
灭灯	×	×	×	×	×	×	0（输入）	1	1	1	1	1	1	1
灭零	1	0	0	0	0	0	0	1	1	1	1	1	1	1
0	1	1	0	0	0	0	1	0	0	0	0	0	0	1
1	1	×	0	0	0	1	1	1	0	0	1	1	1	1
2	1	×	0	0	1	0	1	0	0	1	0	0	1	0
3	1	×	0	0	1	1	1	0	0	0	0	1	1	0
4	1	×	0	1	0	0	1	1	0	0	1	1	0	0
5	1	×	0	1	0	1	1	0	1	0	0	1	0	0
6	1	×	0	1	1	0	1	1	1	0	0	0	0	0
7	1	×	0	1	1	1	1	0	0	0	1	1	1	1
8	1	×	1	0	0	0	1	0	0	0	0	0	0	0
9	1	×	1	0	0	1	1	0	0	0	1	1	0	0

结合表 8-7,说明其逻辑功能。

(1) 试灯功能。当 $\overline{LT}=0$,$\overline{BI}/\overline{RBO}=1$ 时,输出 $\overline{Y}_a \sim \overline{Y}_g$ 均为 0,LED 数码管七段全亮,显示 8,可以测试 LED 数码管有无损坏。

(2) 灭灯（消隐）功能。只要 $\overline{BI}=0$,无论输入 $A_3A_2A_1A_0$ 为何种电平,$\overline{Y}_a \sim \overline{Y}_g$ 均为 1,LED 数码管各段熄灭（此时 $\overline{BI}/\overline{RBO}$ 为输入端）。

（3）灭零功能。设置灭零输入端$\overline{RBI}$的目的是把不希望显示的零熄灭掉。例如，对于数据 0018.90，若将前后多余的零熄灭，只显示 18.9，则显示结果更加醒目。

在$\overline{LT}=1$的前提下，只要$\overline{RBI}=0$且输入$A_3A_2A_1A_0=0000$，灭零输出端$\overline{RBO}=0$，$\overline{Y}_a \sim \overline{Y}_g$均为 1，数码管就可使本来应显示的 0 熄灭。因此，灭零输出端$\overline{RBO}=0$表示译码器处于灭零状态，该端主要用于显示多位数时多个译码器之间的连接。

（4）数码显示功能。当$\overline{LT}=1$，$\overline{BI}/\overline{RBO}=1$时，若输入 8421 码，则译码输出$\overline{Y}_a \sim \overline{Y}_g$上产生相应的驱动信号，使 LED 数码管显示 0～9。

[例 8-4] 用七段译码器 74LS47 和 LED 数码管设计一个七段数码显示电路。

解： 选择共阳极 LED 数码管，其 a～g 引脚通过一个 680Ω 的排阻（或 680Ω×7 的单个电阻）与 74LS47 译码输出端$\overline{Y}_a \sim \overline{Y}_g$对应连接，辅助控制端$\overline{LT}$、$\overline{RBI}$和$\overline{BI}/\overline{RBO}$接高电平，如图 8-19 所示，$A_3 \sim A_0$输入 8421 码，LED 数码管就能显示出相应的十进制数码 0～9。

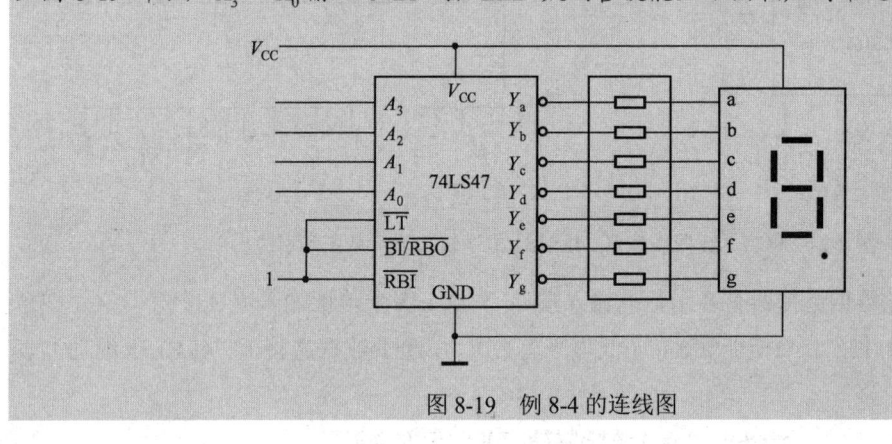

图 8-19 例 8-4 的连线图

三、数据选择器

1. 数据选择器的基本原理

根据地址输入（又称选择输入）信号从多路输入数据中选取其中一路数据作为输出的逻辑电路，称为数据选择器（Multiplexer，MUX），又称多路开关。数据选择器一般有 n 个地址输入端、2^n 个数据输入端，根据输入数据的路数不同，有 2 选 1、4 选 1、8 选 1 数据选择器等。

4 选 1 数据选择器的功能示意图如图 8-20 所示，可以看出，该数据选择器有 4 个数据输入端 D_3、D_2、D_1、D_0，1 个数据输出端 Y，2 个地址输入端 A_1、A_0。

由表 8-8 可以看出，当两位地址输入代码 A_1A_0 分别为 00、01、10、11 时，可从 4 路输入数据 $D_0 \sim D_3$ 中选择对应的一路输入数据送到输出端，如当输入地址代码 $A_1A_0=01$ 时，选择将输入数据 D_1 送到输出端，即 $Y=D_1$。

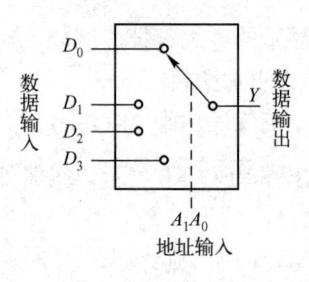

图 8-20 4 选 1 数据选择器的功能示意图

表 8-8 4 选 1 数据选择器真值表

地址输入		数据输入				数据输出
A_1	A_0	D_3	D_2	D_1	D_0	Y
0	0	×	×	×	D_0	D_0
0	1	×	×	D_1	×	D_1
1	0	×	D_2	×	×	D_2
1	1	D_3	×	×	×	D_3

2. 8 选 1 数据选择器 74LS151

74LS151 是 8 选 1 数据选择器,其逻辑功能示意图和引脚图如图 8-21 所示。

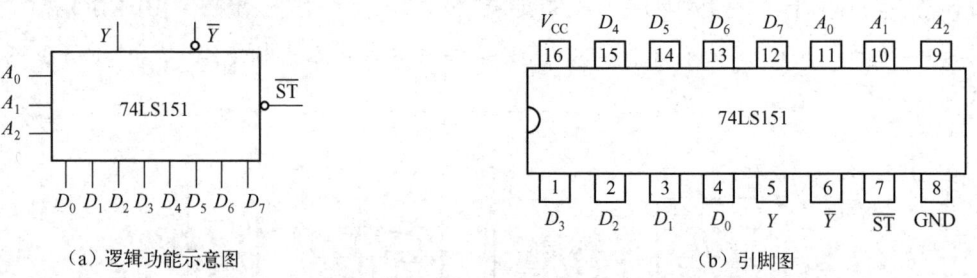

图 8-21 8 选 1 数据选择器 74LS151 的逻辑功能示意图和引脚图

可以看出,该数据选择器有 8 个数据输入端 $D_0 \sim D_7$,3 个地址输入端 A_2、A_1、A_0,2 个互补的输出端 Y 和 $\overline{Y}$,1 个使能端 $\overline{ST}$(低电平有效)。8 选 1 数据选择器 74LS151 的功能表如表 8-9 所示。

表 8-9 8 选 1 数据选择器 74LS151 的功能表

使能输入	地址输入			数据输出
$\overline{ST}$	A_2	A_1	A_0	Y
1	×	×	×	0
0	0	0	0	D_0
0	0	0	1	D_1
0	0	1	0	D_2
0	0	1	1	D_3
0	1	0	0	D_4
0	1	0	1	D_5
0	1	1	0	D_6
0	1	1	1	D_7

由表 8-9 可见,当 $\overline{ST}=1$ 时,输出 $Y=0$,输入数据被封锁;当 $\overline{ST}=0$ 时,数据选择器选通输出,输出逻辑函数式为

$$Y = (\overline{A}_2\overline{A}_1\overline{A}_0)D_0 + (\overline{A}_2\overline{A}_1 A_0)D_1 + (\overline{A}_2 A_1\overline{A}_0)D_2 + (\overline{A}_2 A_1 A_0)D_3$$
$$+ (A_2\overline{A}_1\overline{A}_0)D_4 + (A_2\overline{A}_1 A_0)D_5 + (A_2 A_1\overline{A}_0)D_6 + (A_2 A_1 A_0)D_7 \quad (8\text{-}6)$$

或
$$Y = m_0D_0 + m_1D_1 + m_2D_2 + m_3D_3 + m_4D_4 + m_5D_5 + m_6D_6 + m_7D_7$$

*3. 数据选择器的应用

2^n 选 1 数据选择器的输出逻辑函数一般表达式为

$$Y = \sum_{i=0}^{2^n-1} m_i D_i \quad (\overline{ST} = 0)$$

数据选择器在输入数据全部为 1 时，输出为地址变量全部最小项之和，而任何组合逻辑函数都可以写成最小项表达式，因此，可借助数据选择器实现组合逻辑函数的功能，构成函数发生器。

[例 8-5] 试用数据选择器实现逻辑函数 $Y = A\overline{B} + \overline{A}C + AB\overline{C}$ 的功能。

解：（1）选择数据选择器。由于逻辑函数 Y 中有 A、B、C 三个变量，所以选用 8 选 1 数据选择器 74LS151。74LS151 输出逻辑函数式为

$$Y' = (\overline{A}_2\overline{A}_1\overline{A}_0)D_0 + (\overline{A}_2\overline{A}_1A_0)D_1 + (\overline{A}_2A_1\overline{A}_0)D_2 + (\overline{A}_2A_1A_0)D_3$$
$$+ (A_2\overline{A}_1\overline{A}_0)D_4 + (A_2\overline{A}_1A_0)D_5 + (A_2A_1\overline{A}_0)D_6 + (A_2A_1A_0)D_7$$

（2）写出逻辑函数 Y 的最小项表达式：

$$Y = A\overline{B} + \overline{A}C + AB\overline{C}$$
$$= A\overline{B}(\overline{C} + C) + \overline{A}C(B + \overline{B}) + AB\overline{C}$$
$$= \overline{A}\overline{B}C + \overline{A}BC + A\overline{B}\overline{C} + A\overline{B}C + AB\overline{C}$$

（3）比较 Y 和 Y' 两式中最小项的对应关系。设 $Y = Y'$，数据选择器的地址输入为

$$A_2 = A, \quad A_1 = B, \quad A_0 = C \tag{8-7}$$

Y' 式中若包含 Y 式的最小项，则数据输入为 1；若不包含 Y 式的最小项，则数据输入为 0。由此将数据选择器数据输入端赋值为

$$D_0 = D_2 = D_6 = D_7 = 0, \quad D_1 = D_3 = D_4 = D_5 = 1 \tag{8-8}$$

（4）画逻辑电路图。根据式（8-7）和式（8-8）可画出如图 8-22 所示的逻辑电路图。

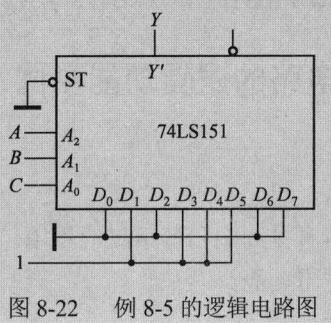

图 8-22　例 8-5 的逻辑电路图

能力训练

1. 填空题

（1）设需编码的信息数量为 N，需用的二进制代码的位数为 n，则它们之间应满足的关系是_____。

（2）编码器按编码方式不同可分为_____编码器和_____编码器两类。

（3）3位二进制编码器有_____个编码信号输入端、_____个代码输出端，又称____线-____线编码器。

（4）3位二进制译码器有_____个代码输入端、_____个译码输出端，又称____线-____线译码器。

（5）n个输入端的二进制译码器共有_____个最小项输出。

（6）二-十进制译码器有_____个输入端、_____个输出端，又称____线-____线译码器。

（7）显示译码器的功能是将输入的_____代码转换成相应的输出信号，来驱动_____显示0~9十个数字。

（8）4选1数据选择器有_____个地址输入端，_____个数据输入端。

（9）8选1数据选择器有_____个地址输入端，可选择_____个数据源。

2. 分析如图8-23所示的电路，写出输出逻辑函数式。

3. 试写出如图8-24所示的电路的输出逻辑函数式。

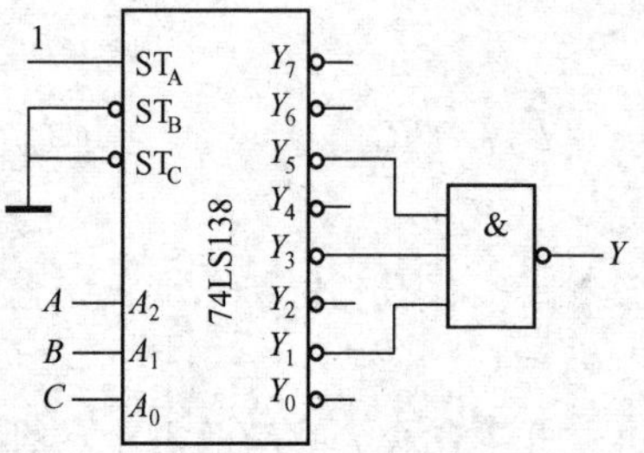

图 8-23

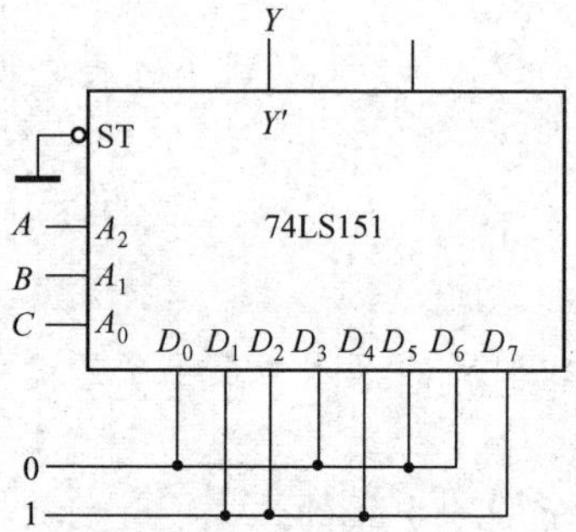

图 8-24

*4. 试用3线-8线译码器74LS138和门电路实现逻辑函数$Y = \overline{A}BC + A\overline{B}\overline{C} + BC$的功能。

*5. 试用8选1数据选择器74LS151实现逻辑函数$Y = AC + \overline{A}B\overline{C} + \overline{A}B\overline{C}$的功能。

技能训练十五　集成门电路的逻辑功能测试

1. 训练目的

（1）会识别集成门电路的引脚排列图和各引脚的作用。

（2）能测试集成门电路的逻辑功能。

（3）掌握集成门电路的初步应用。

2. 仪器、仪表及器件

（1）参考仪器、仪表：数字逻辑实验箱、数字万用表。

（2）参考器件：74LS00、74LS02、CC4012。

3. 训练内容

训练步骤、内容及要求如表 8-10 所示。

表 8-10 训练步骤、内容及要求

内 容	技 能 点	训练步骤及内容	训 练 要 求
集成门电路的识读	会识别集成门电路的引脚排列图	识读 74LS00	会查集成门电路手册
	能识别集成门电路引脚的作用	识读 74LS02	读懂集成门电路参数
	会识读集成门电路的逻辑功能	识读 CC4012	识别集成门电路引脚及功能
集成门电路的逻辑功能测试	会将集成门电路正确插入 IC 插座	测试 74LS00 的逻辑功能	电路连接与功能测试
	会进行电路连接与故障排除	测试 74LS02 的逻辑功能	自拟测试表格并做记录
	能进行电路测试与结果分析	测试 CC4012 的逻辑功能	分析结果、判断逻辑功能
集成门电路的初步应用（实现逻辑函数 $Y = AB + CD$ 的功能）	会正确选择集成门电路	画出用与非门实现的逻辑电路图	排除训练中出现的故障
	能正确进行电路连接	在数字逻辑实验箱上连接电路	判断设计是否正确
	会进行电路测试与结果分析	设计表格并测试逻辑功能	总结训练的收获与体会

技能训练十六 数码显示电路的制作与测试

1. 训练目的

（1）会识别集成译码器的引脚排列图和引脚的功能。
（2）能测试集成译码器的逻辑功能。
（3）会数码显示器的制作与测试。

2. 仪器、仪表及器件

（1）参考仪器、仪表：数字逻辑实验箱、数字万用表。
（2）参考器件：优先编码器 74LS148、六非门 74LS04、显示译码器 CC4511、LED 数码管 CL-5161AS。

3. 训练内容

数码显示器电路如图 8-25 所示，由编码电路、反相器和译码显示电路三部分组成。

编码电路：由优先编码器 74LS148、电平逻辑开关 S0~S7、限流电阻组成。优先编码器 74LS148 中，"74" 表示国际通用 74 系列，"L" 表示低功耗，"S" 表示肖特基型管（高速型），"148" 表示产品序号。在优先编码器 74LS148 中，$\overline{I_7}$ 的优先级最高，$\overline{I_0}$ 的优先级最低。

反相器：IC2 是集成反相器，可以选用 74LS04 芯片，其作用是将优先编码器 74LS148 输出的二进制反码转换成二进制码。

译码显示电路：由驱动器 CC4511、限流电阻和 LED 数码管 CL-5161AS 组成。例如，$\overline{I_5}$ 有效（低电平）时，74LS148 的输出为 5 的二进制反码，即 $\overline{Y_2Y_1Y_0} = 010$，则经反相器后输出为 101，经 CC4511 译码和驱动后，LED 数码管显示数字 "5"。

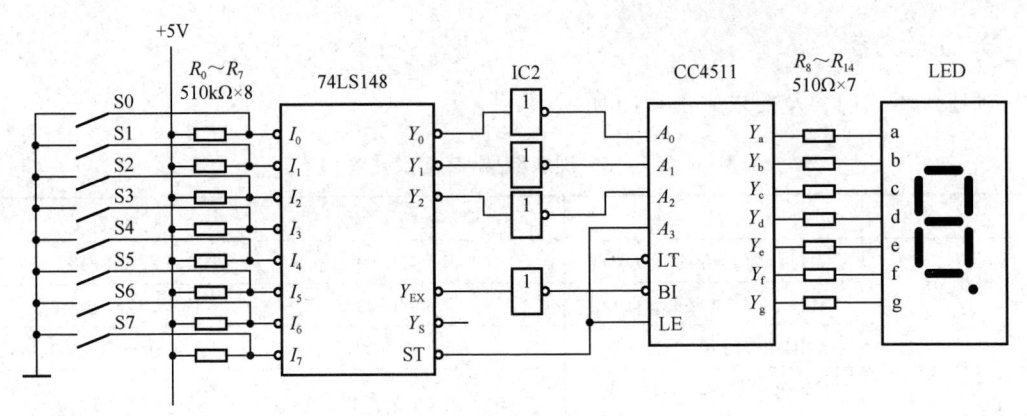

图 8-25 数码显示器

训练步骤、内容和要求如表 8-11 所示。

表 8-11 训练步骤、内容及要求

内 容	技 能 点	训练步骤及内容	训练要求
组合电路芯片的识读	会识别芯片引脚编号	识读芯片 74LS148	会查集成电路手册
	能识别芯片引脚作用	识读芯片 74LS04	读懂芯片参数
	会识读芯片逻辑功能	识读芯片 CC4511	识别芯片引脚及功能
组合电路芯片的功能测试	会将芯片正确插入 IC 插座	测试芯片 74LS148 逻辑功能	电路连接与功能测试
	会电路连接与故障排除	测试芯片 74LS04 逻辑功能	自拟测试表格并做记录
	能进行电路测试与结果分析	测试芯片 CC4511 逻辑功能	分析结果判断逻辑功能
数码显示器的制作与测试	会正确选择集成芯片	分析电路的逻辑功能	排除训练中出现的故障
	能正确进行电路连接	在数字实验箱上连接电路	判断设计是否正确
	会进行电路测试与结果分析	设计表格并测试逻辑功能	总结训练的收获与体会

能力测试

一、基本能力测试

1. 填空题

（1）三种基本逻辑门是_____、_____、_____。

（2）CMOS 逻辑门是_____极型的门电路，TTL 逻辑门是_____极型的门电路。

（3）CMOS 门电路的闲置输入端不能_____，对于与门应当接到_____电平，对于或门应当接到_____电平。

（4）在数字系统中，根据逻辑功能的不同特点，数字逻辑电路可分为两大类：一类是_____电路；另一类是_____电路。

（5）在数字电路中，任意时刻的输出信号只与该时刻的输入有关，而与该信号作用之前的原来状态无关的电路属于_____电路。

（6）若用二进制代码对 32 个字符进行编码，则需要_____位二进制数。

(7) 一个 3 线-8 线译码器，它的译码输入端有_____个，输出端有_____个。

(8) 驱动共阳极 LED 数码管的译码器的输出电平为_____有效，驱动共阴极 LED 数码管的译码器的输出电平为_____有效。

(9) 8 选 1 数据选择器 74LS151 有_____位地址码。

2. 单项选择题

(1) 对 TTL 与非门多余输入端的处理，不能将它们_____。
A．与有用输入端并联　B．接地　　　　　　C．接高电平　　　　D．悬空

(2) 欲将二输入端的与非门作为非门使用，其多余输入端的接法是_____。
A．接高电平　　　　　B．接低电平　　　　　C．悬空　　　　　　D．接地

(3) TTL 与门或与非门的闲置输入端的接法是接_____。
A．0.3V　　　　　　　B．0.7V　　　　　　　C．10V　　　　　　 D．3.6V

(4) 在下列逻辑电路中，不是组合逻辑电路的有_____。
A．译码器　　　　　　B．编码器　　　　　　C．全加器　　　　　D．寄存器

(5) 10 线-4 线优先编码器允许同时输入_____路信号。
A．1　　　　　　　　 B．9　　　　　　　　 C．10　　　　　　　D．1 多

(6) 8 线-3 线优先编码器允许同时输入_____路信号。
A．1　　　　　　　　 B．3　　　　　　　　 C．8　　　　　　　 D．10

(7) 在二进制译码器中，若输入有 3 位代码，则输出有_____信号。
A．2 个　　　　　　　B．4 个　　　　　　　C．8 个　　　　　　D．16 个

(8) 显示译码器的作用是_____。
A．将具有特定意义的二进制代码译成对应输出信号
B．将具有特定意义的信号编成对应二进制代码
C．输入 8421 码，输出对应显示驱动信号
D．从多路输入信号中选择一路信号输出

(9) 译码器辅以门电路后，更适用于实现多输出逻辑函数的功能，因为它的每个输出为_____。
A．或项　　　　　　　B．最小项　　　　　　C．与项之和　　　　D．最小项之和

(10) 在地址码控制下从多路输入信号中选择一路信号输出的电路是_____。
A．编码器　　　　　　B．译码器　　　　　　C．数字比较器　　　D．数据选择器

(11) 4 选 1 数据选择器，其地址输入（选择控制输入）端有_____个。
A．2　　　　　　　　 B．3　　　　　　　　 C．4　　　　　　　 D．5

二、提升能力测试

（1）用 3 线-8 线译码器 74LS138 构成的组合电路如图 8-26 所示。试分析电路输出的逻辑函数式。

（2）用数据选择器 74LS153 构成的组合电路如图 8-27 所示。试分析电路输出的逻辑函数式。

图 8-26　　　　　　　　　　图 8-27

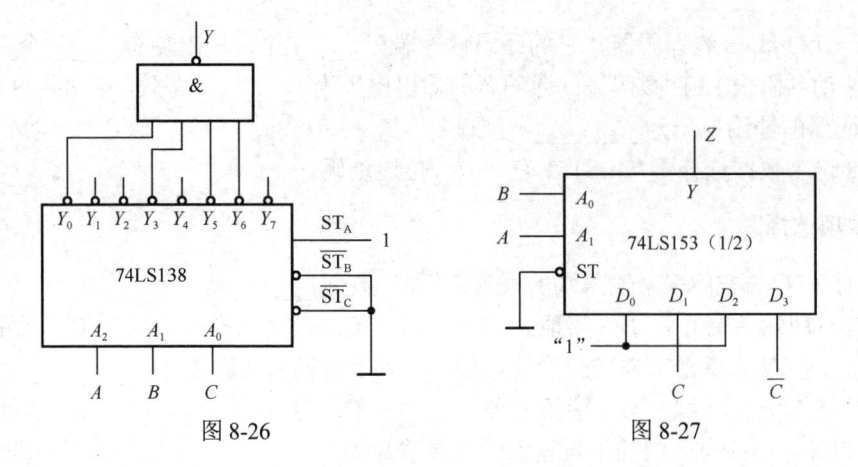

*（3）某汽车驾驶员培训班进行结业考试，有三名评判员，其中 A 为主评判员，B 和 C 为副评判员。评判时按照少数服从多数的原则，但必须主评判员认为合格才通过。试用与非门实现上述功能。

项目小结

1. 集成门电路

能够实现各种逻辑运算关系的电子电路称为逻辑门电路，简称门电路。基本的逻辑门有与门、或门、非门。集成门电路主要有双极型的 TTL 门电路和单极型的 CMOS 门电路。TTL 门电路的输入和输出结构均采用双极型晶体管，又称晶体管-晶体管逻辑门电路。CMOS 门电路是由 PMOS 管和 NMOS 管构成的互补对称型 MOS 门电路。

或门和或非门的多余输入端应接低电平，与门和与非门的多余输入端应接高电平，门电路输出端不允许直接接电源或地端。

2. 组合逻辑电路的分析

在一个逻辑电路中，任意时刻的输出状态仅取决于该时刻的输入状态，而与电路原来的状态无关，则该逻辑电路称为组合逻辑电路，简称组合电路。

组合逻辑电路的分析就是根据给定的组合逻辑电路图，找出输出信号与输入信号之间的逻辑关系，从而判断电路的逻辑功能。

组合逻辑电路的基本分析方法：写出逻辑函数式→化简或变换逻辑函数→列出逻辑函数的真值表→分析电路的逻辑功能。

3. 组合逻辑电路的设计

组合逻辑电路的设计就是根据实际问题的逻辑功能要求，设计出能实现该逻辑功能的简单而又可靠的逻辑电路。组合逻辑电路的基本设计方法：分析设计要求，列出真值表→根据真值表，写出逻辑函数式→选定器件类型，化简或变换逻辑函数→根据化简或变换后的逻辑表达式，画出逻辑图。

4. 常用的中规模组合逻辑电路

常用的中规模组合逻辑电路有编码器、译码器、数据选择器等。

实现编码操作的逻辑电路称为编码器。按编码方式不同,编码器有普通编码器和优先编码器两类;按输出代码不同,编码器有二进制编码器和二-十进制编码器两类。

实现译码功能的逻辑电路称为译码器,常用的译码器有二进制译码器、二-十进制译码器和显示译码器。

将二进制代码翻译成对应输出信号的电路称为二进制译码器。若输入为 n 位二进制代码,则称 n 位二进制译码器,它有 2^n 个输出端,又称 n 线-2^n 线译码器。用二进制译码器构成逻辑函数发生器要注意:所选的二进制译码器的代码输入变量数应与要实现的逻辑函数的变量数相等;当译码输出低电平有效时,应附加与非门;当译码输出高电平有效时,应附加或门。

将输入的二-十进制代码(BCD 码)翻译成 10 个对应输出信号的电路,称为二-十进制译码器。它有 4 个输入端和 10 个输出端,又称 4 线-10 线译码器。

显示译码器的功能是将输入的 BCD 代码转换成相应的输出信号,来驱动 LED 数码管显示 0~9 十个数字。

据地址输入(又称选择输入)信号从多路输入数据中选取其中一路数据作为输出的逻辑电路称为数据选择器。数据选择器一般有 n 个地址输入端、2^n 个数据输入端,根据输入端数据的路数不同,有 2 选 1、4 选 1、8 选 1 数据选择器等。

2^n 选 1 数据选择器的输出逻辑函数一般表达式为

$$Y = \sum_{i=0}^{2^n-1} m_i D_i \quad (\overline{ST} = 0)$$

当数据选择器在输入数据全部为 1 时,输出为地址变量全部最小项之和,而任何组合逻辑函数都可以写成最小项表达式,因此,可借助数据选择器实现组合逻辑函数的功能,构成函数发生器。

项目自评表

序号	自评项目	自评内容	项目配分	项目得分	自评成绩
1	集成门电路	集成逻辑门电路的分类	1 分		
		TTL 门电路的特点	2 分		
		TTL 与非门的主要参数	2 分		
		CMOS 门电路的特点	2 分		
2	集成门电路的识读	集成门电路 74LS00 和 CC4012 的引脚编号	1 分		
		集成门电路 74LS00 和 CC4012 的引脚作用	1 分		
		集成门电路 74LS00 和 CC4012 的逻辑功能	1 分		
3	集成门电路的应用	集成门电路闲置输入端的处理	2 分		
		集成门电路逻辑功能的测试	4 分		
		集成门电路的初步应用	4 分		

续表

序号	自评项目	自评内容	项目配分	项目得分	自评成绩
4	组合逻辑电路的分析和设计	组合逻辑电路及其特点	2分		
		组合逻辑电路的逻辑功能分析	8分		
		简单组合逻辑电路的设计	15分		
5	集成组合逻辑电路	74LS148的逻辑功能和引脚排列图	5分		
		74LS138的逻辑功能和引脚排列图	5分		
		74LS42的逻辑功能和引脚排列图	5分		
		74LS47的逻辑功能和引脚排列图	5分		
		74LS151的逻辑功能和引脚排列图	5分		
6	常用中规模组合逻辑电路	常用中规模组合逻辑电路引脚排列图的识读	5分		
		常用中规模组合逻辑电路逻辑功能的测试	10分		
		常用中规模组合逻辑电路的典型应用	15分		
能力缺失					
弥补办法					

项目九

时序逻辑电路应用

学习指南

项目描述：时序逻辑电路是指任意时刻的输出信号不仅取决于该时刻电路的输入信号，还取决于电路原来状态的逻辑电路。时序逻辑电路的基本单元是触发器，常用的中规模时序逻辑电路有计数器和寄存器。计数器不仅能对时钟脉冲个数进行计数，还可用于定时、分频、数字测量、运算和控制等电路，是现代数字系统中不可缺少的重要组成部分；寄存器用来暂时存放运算数据和运算结果，各种微机 CPU 中都包含寄存器。

555 定时器是一种将模拟电路和数字电路相结合的集成电路，可以用于产生脉冲信号，进行脉冲整形、脉冲展宽、脉冲调制等，使用灵活方便，应用广泛，通常只要在外部配接少量的元器件就可以组成很多应用电路。

学习导航

任　务	重　　点	难　　点	关　键　能　力
触发器	集成边沿 JK 触发器； 集成边沿 D 触发器	边沿 JK 触发器逻辑功能； 边沿 D 触发器逻辑功能	会识别集成触发器的逻辑功能及引脚排列图； 会测试集成触发器的逻辑功能
计数器	集成二进制计数器芯片； 集成十进制计数器芯片； 任意进制计数器的构成	集成计数器逻辑功能； 任意进制计数器的设计	会识别集成计数器的逻辑功能及引脚排列； 会测试集成计数器的逻辑功能； 会集成计数器的初步应用
寄存器	集成移位寄存器	移位寄存逻辑功能分析	会识别集成寄存器的引脚排列； 会测试集成寄存器的逻辑功能
555 定时器	由 555 定时器构成单稳态触发器； 由 555 定时器构成施密特触发器； 由 555 定时器构成多谐振荡器	单稳态触发器工作原理； 施密特触发器工作原理； 多谐振荡器工作原理	会用 555 定时器构成三种典型应用电路

任务三十 触发器及其应用

能力目标

（1）能识读集成触发器的引脚排列图。
（2）会分析和测试集成触发器的逻辑功能。
（3）学会集成触发器的应用技能。

在数字系统中，不但要对数字信号进行算术运算和逻辑运算，而且需要将运算的结果保存起来，这就需要具有记忆功能的逻辑单元。触发器（Flip Flop，FF）是具有记忆功能的单元电路，由门电路构成，专门用来接收、存储运算结果，输出 0、1 代码。一个触发器可存储 1 位二进制代码，存储 n 位二进制代码需用 n 个触发器。

触发器有双稳态、单稳态和无稳态（多谐振荡器）等几种类型。这里主要介绍双稳态触发器，其输出有两个稳定状态 0、1。只有输入触发信号有效时，输出状态才可能转换，否则输出将保持不变。

根据电路结构的不同，触发器可分为基本 RS 触发器、同步 RS 触发器、边沿触发器。

根据逻辑功能的不同，触发器可分为 RS 触发器、JK 触发器、D 触发器、T 触发器和 T′ 触发器。

根据触发工作方式不同，触发器可分为上升沿、下降沿触发器和高电平、低电平触发器。

一、基本 RS 触发器

基本 RS 触发器又称 RS 锁存器，在各种触发器中，它的结构最简单，是各种复杂结构触发器的基本组成部分。

1. 电路组成

基本 RS 触发器也称 RS 锁存器。由两个与非门构成的基本 RS 触发器的逻辑电路图如图 9-1（a）所示，该触发器有两个触发信号输入端 $\overline{S}_D$、$\overline{R}_D$ 和两个互补信号输出端 Q、$\overline{Q}$，其逻辑符号如图 9-1（b）所示。

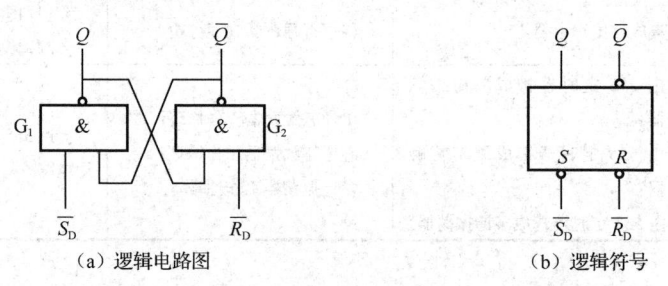

(a) 逻辑电路图　　　　　　　　(b) 逻辑符号

图 9-1　由两个与非门构成的基本 RS 触发器

2. 逻辑功能分析

1) 逻辑功能

$Q=0$、$\bar{Q}=1$ 的状态,称为 0 状态;$Q=1$、$\bar{Q}=0$ 的状态,称为 1 状态。

(1) 当 $\bar{R}_D=0$、$\bar{S}_D=1$ 时,触发器置 0。因 $\bar{R}_D=0$,G_2 输出 $\bar{Q}=1$,这时 G_1 输入均为高电平 1,输出 $Q=0$,触发器被置 0。使触发器处于 0 状态的输入端 $\bar{R}_D$ 称为置零端或复位端,低电平有效。

(2) 当 $\bar{R}_D=1$、$\bar{S}_D=0$ 时,触发器置 1。因 $\bar{S}_D=0$,G_1 输出 $Q=1$,这时 G_2 输入均为高电平 1,输出 $\bar{Q}=0$,触发器被置 1。使触发器处于 1 状态的输入端 $\bar{S}_D$ 称为置 1 端或置位端,低电平有效。

(3) 当 $\bar{R}_D=1$、$\bar{S}_D=1$ 时,触发器保持原状态不变。若触发器处于 $Q=0$、$\bar{Q}=1$ 的 0 状态,则 $Q=0$ 反馈到 G_2 的输入端,G_2 因输入有低电平,输出 $\bar{Q}=1$;$\bar{Q}=1$ 又反馈到 G_1 的输入端,G_1 输入均为高电平 1,输出 $Q=0$,电路保持 0 状态不变。

(4) 当 $\bar{R}_D=0$、$\bar{S}_D=0$ 时,触发器状态不定。这时触发器 $Q=\bar{Q}=1$,这既不是 1 状态,也不是 0 状态。在实际中,这种情况是不允许的,为了保证基本 RS 触发器正常工作,$\bar{R}_D$、$\bar{S}_D$ 不能同时为 0,要求 $\bar{R}_D+\bar{S}_D=1$。

由以上分析可知,基本 RS 触发器具有置 0、置 1 和保持三种功能。

2) 特性表

把输入信号作用前的状态称为现态,用 Q^n 表示;把输入信号作用后的状态称为次态,用 Q^{n+1} 表示。表示触发器次态 Q^{n+1} 与输入信号和电路原有状态(现态 Q^n)之间关系的真值表,称为特性表。由两个与非门构成的基本 RS 触发器的特性表如表 9-1 所示。

表 9-1 由两个与非门构成的基本 RS 触发器的特性表

$\bar{R}_D$	$\bar{S}_D$	Q^n	Q^{n+1}	功能
0	0	0	×	状态不定
0	0	1	×	不允许
0	1	0	0	置 0
0	1	1	0	
1	0	0	1	置 1
1	0	1	1	
1	1	0	0	保持
1	1	1	1	

3) 特性方程

触发器次态 Q^{n+1} 与输入 $\bar{S}_D$、$\bar{R}_D$ 及现态 Q^n 之间关系的逻辑表达式,称为特性方程。根据特性表可画出 Q^{n+1} 的卡诺图,如图 9-2 所示,由此可得其特性方程为

$$\begin{cases} Q^{n+1}=S_D+\bar{R}_D Q^n \\ \bar{R}_D+\bar{S}_D=1 \text{(约束条件)} \end{cases}$$

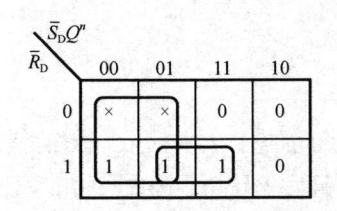

图 9-2 基本 RS 触发器 Q^{n+1} 的卡诺图

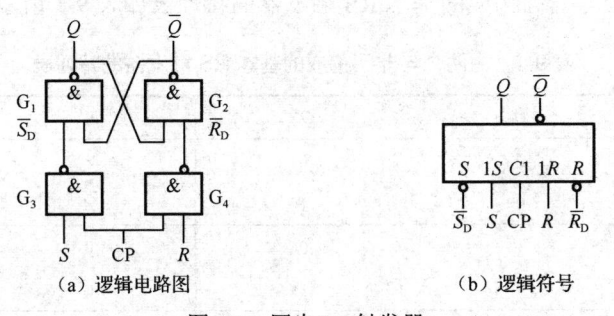

二、同步 RS 触发器

基本 RS 触发器的输入信号一直影响其输出状态，按控制类型，基本 RS 触发器属于非时钟控制触发器。其缺点是输出状态一直受输入信号控制，当输入信号出现扰动时输出状态将发生变化；不能实现时序控制，即不能在要求的时间或时刻由输入信号控制输出状态；与输入端连接的数据线不能用来传送其他信号，否则在传送其他信号时将改变存储器的输出数据。为了克服非时钟控制触发器的上述不足，给触发器增加了时钟脉冲输入端 CP。这种增加了时钟脉冲控制功能的 RS 触发器称为同步 RS 触发器。

1．电路组成

在基本 RS 触发器输入端各串接一个与非门，便构成同步 RS 触发器，其逻辑电路图如图 9-3（a）所示。图 9-3（a）中，G_3、G_4 为控制门，R、S 为信号输入端，CP 为时钟脉冲输入端，简称钟控端。$\overline{R}_D$ 端称为异步置 0 端，$\overline{S}_D$ 端称为异步置 1 端，当触发器正常工作时，取 $\overline{R}_D = \overline{S}_D = 1$。同步 RS 触发器的逻辑符号如图 9-3（b）所示。

图 9-3 同步 RS 触发器

2．逻辑功能分析

1）逻辑功能

（1）当 CP = 0 时，G_3、G_4 被封锁，输出都为 1，触发器状态保持不变，即 $Q^{n+1} = Q^n$。

（2）当 CP = 1 时，G_3、G_4 解除封锁，工作情况与基本 RS 触发器相同。

2）特性表

同步 RS 触发器的特性表如表 9-2 所示。

表 9-2 同步 RS 触发器的特性表

R	S	Q^n	Q^{n+1}	功能
0	0	0	0	保持
0	0	1	1	
0	1	0	0	置1
0	1	1	0	（触发器状态和 S 相同）
1	0	0	1	置0
1	0	1	1	（触发器状态和 S 相同）
1	1	0	0	状态不定
1	1	1	1	不允许

3）特性方程

表示触发器次态 Q^{n+1} 与输入 R、S 及现态 Q^n 之间关系的逻辑表达式，称为特性方程。根据特性表可画出 Q^{n+1} 的卡诺图，如图 9-4 所示，由此可得其特性方程为

$$\begin{cases} Q^{n+1} = S + \bar{R}Q^n \text{（CP}=1\text{期间有效)} \\ RS = 0 \text{（约束条件）} \end{cases}$$

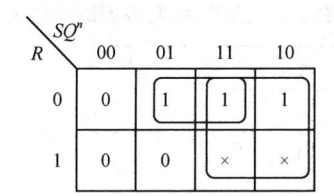

图 9-4 同步 RS 触发器 Q^{n+1} 的卡诺图

同步 RS 触发器克服了基本 RS 触发器对输出状态直接控制的缺点，采用选通控制，即只有当时钟控制端 CP 电平有效时，触发器才接收输入数据，否则输入数据将被禁止接收。时钟控制有高电平触发与低电平触发两种类型。

三、边沿触发器

同步 RS 触发器在时钟控制电平有效期间，仍存在干扰信息直接影响输出状态的问题。边沿触发器只有在时钟脉冲的上升沿或下降沿到达时接收输入信号，电路状态才发生变化，而在其他时间内，电路状态不会发生变化，从而提高了触发器工作的可靠性和抗干扰能力。所谓上升沿，是指 CP 由 0 变到 1 的时刻，下降沿是指 CP 由 1 变到 0 的时刻。

边沿触发又可分为上升沿触发和下降沿触发，如图 9-5 所示。在集成电路内部，通过电路的反馈控制来实现边沿触发，具体电路可参阅相关书籍。集成触发器的种类较多，下面以集成 JK 触发器和 D 触发器为例说明其逻辑功能及应用。

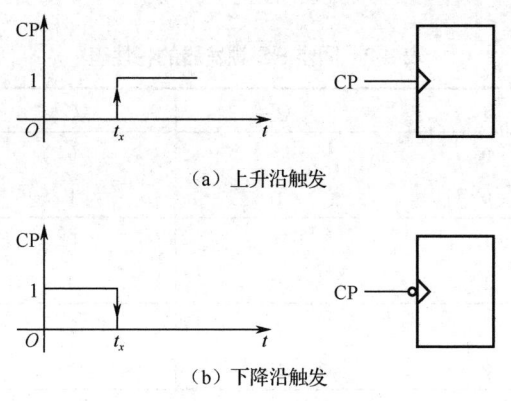

(a) 上升沿触发

(b) 下降沿触发

图 9-5 边沿触发及表示符号

1. 边沿 JK 触发器

边沿 JK 触发器是一种双输入触发器，功能完善，应用广泛。

1）逻辑功能和逻辑符号

边沿 JK 触发器的逻辑符号如图 9-6 所示，J 和 K 为信号输入端，CP 为时钟脉冲输入端，CP 下降沿触发，其特性表如表 9-3 所示。

表 9-3 边沿 JK 触发器的特性表

CP	J	K	Q^n	Q^{n+1}	功能
0、1 或 ↑	×	×	×	Q^n	保持
↓	0	0	0	0	保持
↓	0	0	1	1	($Q^{n+1} = Q^n$)
↓	0	1	0	0	置 0
↓	0	1	1	0	(触发器状态和 J 相同)
↓	1	0	0	1	置 1
↓	1	0	1	1	(输出状态和 J 相同)
↓	1	1	0	1	翻转
↓	1	1	1	0	($Q^{n+1} = \bar{Q}^n$)

边沿 JK 触发器的特性方程为

$$Q^{n+1} = J\bar{Q}^n + \bar{K}Q^n \quad （\text{CP 下降沿到达时刻有效}）$$

下降沿触发 JK 触发器的时序图如图 9-7 所示（触发器初始状态为 0）。

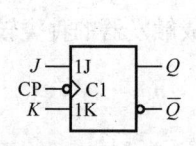

图 9-6 边沿 JK 触发器逻辑符号 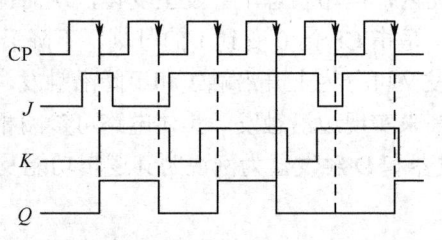　　图 9-7 下降沿触发 JK 触发器的时序图

如果将 JK 触发器的 J、K 端接在一起作为输入端 T，则可构成 T 触发器，$T=0$ 时实现保持功能，$T=1$ 时实现翻转功能。若 T 始终为 1，则构成的触发器有翻转功能，即可实现计数，该触发器称为 T′ 触发器，又称计数型触发器。

2）集成边沿 JK 触发器 74LS112

74LS112 为双边沿 JK 触发器，CP 下降沿触发，$\overline{R}_D$ 为异步置 0 端，$\overline{S}_D$ 为异步置 1 端，均为低电平有效。74LS112 的引脚排列的和逻辑符号如图 9-8 所示。

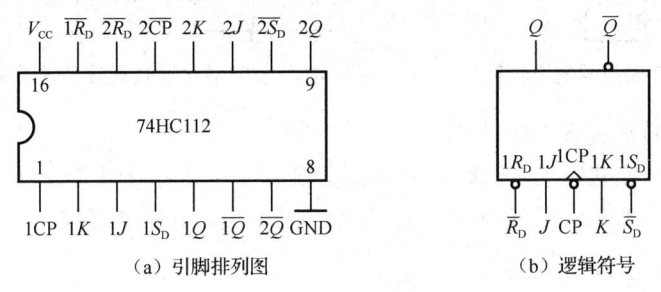

(a) 引脚排列图　　(b) 逻辑符号

图 9-8　74LS112 的引脚排列图和逻辑符号

74LS112 的逻辑功能表如表 9-4 所示。

表 9-4　74LS112 的逻辑功能表

$\overline{R}_D$	$\overline{S}_D$	CP	J	K	Q^{n+1}	功能说明
0	0	×	×	×	1	不允许
0	1	×	×	×	0	异步置 0
1	0	×	×	×	1	异步置 1
1	1	↓	0	0	Q^n	保持
1	1	↓	0	1	0	置 0
1	1	↓	1	0	1	置 1
1	1	↓	1	1	$\overline{Q^n}$	翻转

2. 边沿 D 触发器

1）逻辑功能和逻辑符号

边沿 D 触发器的逻辑符号如图 9-9 所示，D 为信号输入端，CP 为时钟脉冲输入端，CP 上升沿触发，其特性表如表 9-5 所示。

表 9-5　边沿 D 触发器的特性表

CP	D	Q^n	Q^{n+1}	功能
0、1 或 ↓	×	×	Q^n	保持
↑	0	0	0	置 0
↑	0	1	0	
↑	1	0	1	置 1
↑	1	1	1	

由表 9-5 可得到边沿 D 触发器的特性方程为

$$Q^{n+1} = D \quad (\text{CP 上升沿到达时刻有效})$$

上升沿触发 D 触发器的时序图如图 9-10 所示（触发器初始状态为 0）。

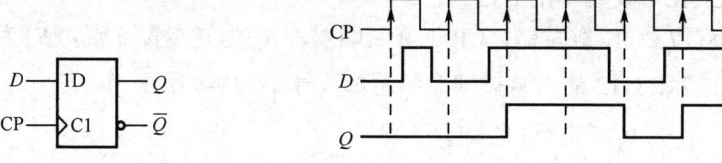

图 9-9 边沿 D 触发器的逻辑符号   图 9-10 上升沿触发 D 触发器的时序图

2）集成边沿 D 触发器 74LS74

74LS74 由两个独立的上升沿触发 D 触发器组成，它的引脚排列图和逻辑符号如图 9-11 所示。图 9-11 中，$\overline{R}_D$ 为异步置 0 端，$\overline{S}_D$ 为异步置 1 端，低电平有效。

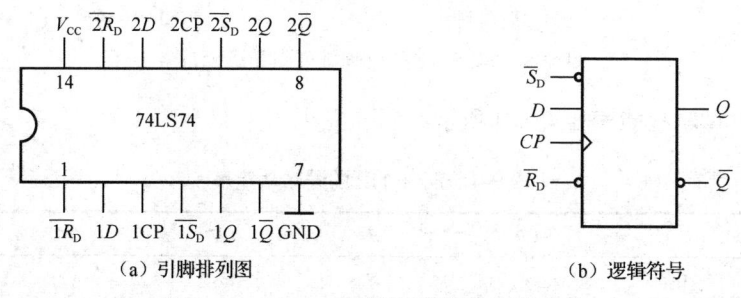

（a）引脚排列图   （b）逻辑符号

图 9-11 74LS74 的引脚排列图和逻辑符号

74LS74 的逻辑功能表如表 9-6 所示，CP 上升沿触发，工作时应取 $\overline{R}_D = \overline{S}_D = 1$。

表 9-6 74LS74 的逻辑功能表

$\overline{R}_D$	$\overline{S}_D$	D	CP	Q^{n+1}	功能说明
0	1	×	×	0	异步置 0
1	0	×	×	1	异步置 1
1	1	0	↑	0	置 0
1	1	1	↑	1	置 1
1	1	×	0	Q^n	保持
0	0	×	×	1	不允许

3）D 触发器的应用

图 9-12 所示为由一个 D 触发器组成的二分频电路。输入 1kHz 的连续脉冲 CP，用示波器观察输入 CP 和输出 Q 的波形，其频率为 500Hz。

由 D 触发器附加必要的门电路构成四路抢答器，如图 9-13 所示。在工作之前，四路输出 $Q_0 \sim Q_3$ 均为 0，对应的指示灯 $LED_0 \sim LED_3$ 都不亮。在开始工作（抢答开始）时，哪一个开关被按下，对应的输出就为 1，点亮相应的指示灯，同时相应的反相输出端为 0，使门 G_2 输出 0，将门 G_3 封锁，再按任何开关，CP 都不起作用。这样很容易根据灯亮的情况判断是哪一路最先抢答的。

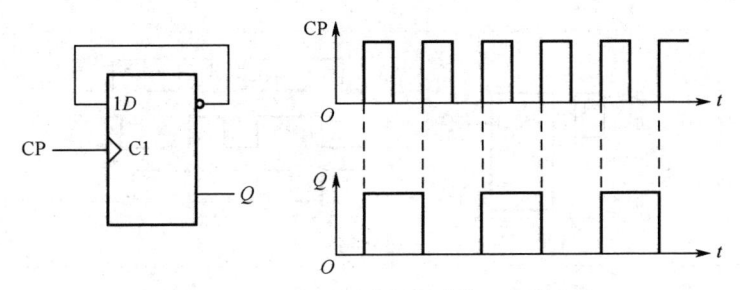

图 9-12　由一个 D 触发器组成的二分器电路

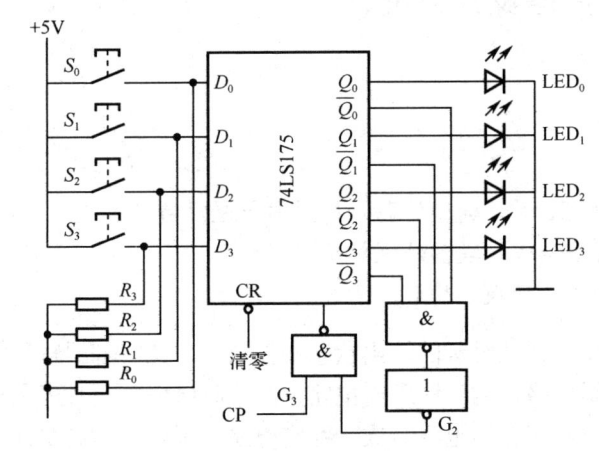

图 9-13　四路抢答器电路

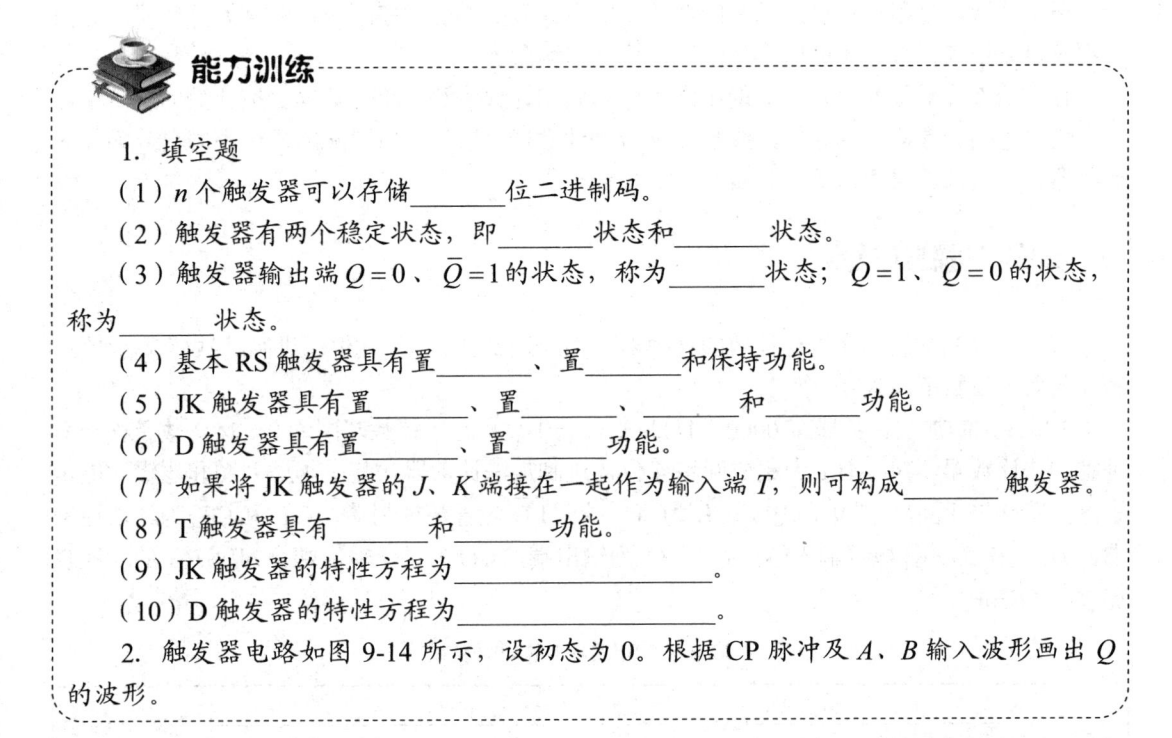

能力训练

1. 填空题

（1）n 个触发器可以存储_____位二进制码。

（2）触发器有两个稳定状态，即_____状态和_____状态。

（3）触发器输出端 $Q=0$、$\bar{Q}=1$ 的状态，称为_____状态；$Q=1$、$\bar{Q}=0$ 的状态，称为_____状态。

（4）基本 RS 触发器具有置_____、置_____和保持功能。

（5）JK 触发器具有置_____、置_____、_____和_____功能。

（6）D 触发器具有置_____、置_____功能。

（7）如果将 JK 触发器的 J、K 端接在一起作为输入端 T，则可构成_____触发器。

（8）T 触发器具有_____和_____功能。

（9）JK 触发器的特性方程为_____。

（10）D 触发器的特性方程为_____。

2. 触发器电路如图 9-14 所示，设初态为 0。根据 CP 脉冲及 A、B 输入波形画出 Q 的波形。

图 9-14

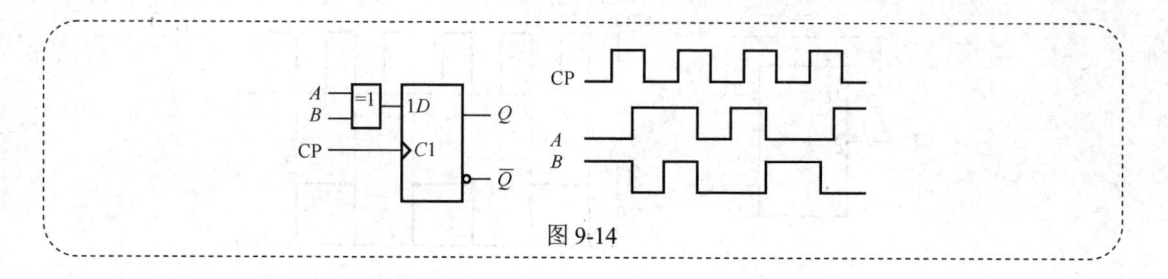

任务三十一　计数器及其应用

能力目标

（1）能看懂中规模集成计数器的引脚排列图和逻辑功能图。
（2）会测试中规模集成计数器的逻辑功能。
（3）能用中规模集成计数器构成任意进制计数器。

在一个逻辑电路中，任意时刻的输出状态不仅取决于该时刻的输入状态，还与电路原来的状态有关，则该逻辑电路称为时序逻辑电路，简称时序电路。时序逻辑电路具有如下结构特点：第一，由组合电路和存储电路组成，存储电路必不可少；第二，存在内部反馈。典型的时序逻辑电路有计数器和寄存器。

所谓计数，是指统计输入脉冲的个数。实现计数操作的时序逻辑电路称为计数器。计数器不仅可以用来计数，还可以用来定时、分频和测量等。

计数器按计数脉冲引入方式的不同可分为同步计数器和异步计数器；按计数的进制不同可分为二进制计数器、十进制计数器及 N 进制计数器；按计数值增减的规律不同可分为加法计数器、减法计数器和可逆计数器。

一、集成二进制计数器

按照二进制数的顺序进行计数的计数器称为二进制计数器。n 位二进制计数器又称 2^n 进制计数器，计数范围为 $0 \sim 2^n-1$。

4 位二进制加法计数器有 0000～1111 十六个计数状态，计数范围为 0～15，故又称十六进制加法计数器。74LS161 为集成同步 4 位二进制加法计数器，其引脚排列图和逻辑功能示意图如图 9-15 所示。图 9-15 中，$\overline{CR}$ 为清零端，$\overline{LD}$ 为置数控制端，CT_T 和 CT_P 为计数控制端，$D_0 \sim D_3$ 为并行数据输入端，$Q_0 \sim Q_3$ 为输出端，CO 为进位输出端。74LS161 的功能表如表 9-7 所示。

表 9-7　74LS161 的功能表

输入									输出				说明
$\overline{CR}$	$\overline{LD}$	CT_T	CT_P	CP	D_3	D_2	D_1	D_0	Q_3	Q_2	Q_1	Q_0	
0	×	×	×	×	×	×	×	×	0	0	0	0	异步清零

续表

$\overline{CR}$	$\overline{LD}$	CT_T	CT_P	CP	D_3	D_2	D_1	D_0	Q_3	Q_2	Q_1	Q_0	说明
1	0	×	×	↑	d_3	d_2	d_1	d_0	d_3	d_2	d_1	d_0	同步置数 $CO=Q_3Q_2Q_1Q_0$
1	1	1	1	↑	×	×	×	×		计数			
1	1	0	×	×	×	×	×	×		保持			
1	1	×	0	×	×	×	×	×		保持			

由表 9-7 可知，74LS161 具有如下主要功能。

（1）异步清零功能。当 $\overline{CR}=0$ 时，无论有无时钟脉冲 CP 和其他信号输入，计数器都将被清零，即 $Q_3Q_2Q_1Q_0=0000$。由于清零与 CP 无关，所以称为异步清零。

（2）同步置数功能。当 $\overline{CR}=1$，$\overline{LD}=0$ 时，时钟脉冲 CP 上升沿到来，$D_0 \sim D_3$ 端并行输入的数据 $d_0 \sim d_3$ 被置入计数器，即 $Q_3Q_2Q_1Q_0=d_3d_2d_1d_0$。由于置数操作必须有 CP 上升沿相配合，故称同步置数。

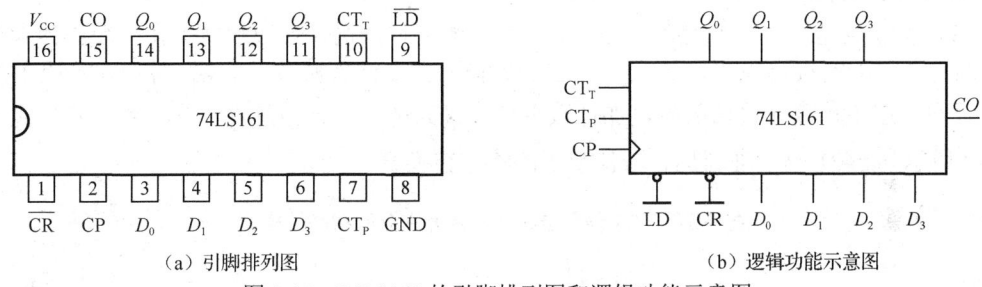

图 9-15 74LS161 的引脚排列图和逻辑功能示意图

（3）计数功能。当 $\overline{CR}=\overline{LD}=1$ 且 $CT_T=CT_P=1$ 时，CP 端输入计数脉冲，计数器进行 4 位二进制加法计数，此时进位输出 $CO=Q_3Q_2Q_1Q_0$，即由 $Q_0 \sim Q_3$ 决定。

（4）保持功能。当 $\overline{CR}=\overline{LD}=1$ 且 $CT_T \cdot CT_P=0$ 时，计数器保持原来的状态不变。

二、集成十进制计数器

十进制加法计数器有 0000～1001 十个计数状态，计数范围为 0～9。74LS192 为集成同步十进制可逆计数器，其引脚排列图和逻辑功能示意图如图 9-16 所示。图 9-16 中，CR 为清零端，高电平有效；$\overline{LD}$ 为置数控制端，低电平有效；CP_U 为加计数时钟输入端；CP_D 为减计数时钟输入端；$D_0 \sim D_3$ 为并行数据输入端；$Q_0 \sim Q_3$ 为输出端；$\overline{CO}$ 为进位输出端；$\overline{BO}$ 为借位输出端。74LS192 的功能表如表 9-8 所示。

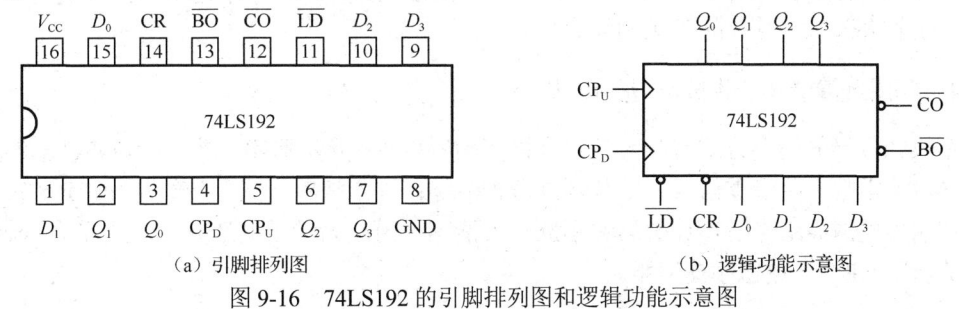

图 9-16 74LS192 的引脚排列图和逻辑功能示意图

表 9-8 74LS192 的功能表

| \multicolumn{8}{c}{输入} | \multicolumn{4}{c}{输出} | 说　明 |
CR	$\overline{LD}$	CP_U	CP_D	D_3	D_2	D_1	D_0	Q_3	Q_2	Q_1	Q_0	
1	×	×	×	×	×	×	×	0	0	0	0	异步清零
0	0	×	×	d_3	d_2	d_1	d_0	d_3	d_2	d_1	d_0	异步置数
0	1	↑	1	×	×	×	×	\multicolumn{4}{c}{加法计数}	
0	1	1	↑	×	×	×	×	\multicolumn{4}{c}{减法计数}	
0	1	1	1	×	×	×	×	\multicolumn{4}{c}{保持}	

由表 9-8 可知，74LS192 具有如下逻辑功能。

（1）异步置 0 功能。当 CR 为高电平"1"时，计数器直接被清零。

（2）异步置数功能。当 CR 为低电平，$\overline{LD}$ 也为低电平时，数据直接从置数端 D_0、D_1、D_2、D_3 置入计数器。

（3）计数功能。当 CR 为低电平，$\overline{LD}$ 为高电平时，执行计数功能。在执行加计数功能时，减计数端 CP_D 接高电平，计数脉冲由 CP_U 输入；在计数脉冲上升沿进行 8421 码十进制加法计数。在执行减计数功能时，加计数端 CP_U 接高电平，计数脉冲由减计数端 CP_D 输入。表 9-9 所示为 8421 码十进制加、减计数器的状态转换表。

表 9-9 8421 码十进制加、减计数器的状态转换表

加法计数 →

	输入脉冲数	0	1	2	3	4	5	6	7	8	9
输出	Q_3	0	0	0	0	0	0	0	0	1	1
	Q_2	0	0	0	0	1	1	1	1	0	0
	Q_1	0	0	1	1	0	0	1	1	0	0
	Q_0	0	1	0	1	0	1	0	1	0	1

← 减法计数

三、任意进制计数器

集成计数器一般有 4 位二进制、8 位二进制或十进制计数器。设现有 M 进制计数器，要设计一个 N 进制计数器，只要 $N<M$，就可以在 M 进制计数器的顺序计数过程中跳过 $(M-N)$ 个状态，从而获得 N 进制计数器。

1. 利用反馈清零法构成 N 进制计数器

集成计数器的清零方式有异步清零和同步清零两种。异步清零方式与计数脉冲 CP 无关，只要异步清零端出现清零信号，计数器立即被清零；同步清零方式与计数脉冲 CP 有关，同步清零端出现清零信号后，计数器并不立刻被清零，而是为清零创造条件，还需要再输入一个计数脉冲 CP，计数器才被清零。

反馈清零法是在现有集成计数器的有效计数循环中，选取一个中间状态译码输出产生清零信号，加到集成计数器的清零端，使计数器计数到此状态后立即返回零状态重新开始计数。

在利用计数器的清零功能构成 N 进制计数器时，并行数据输入端可接任意数据，具体方法如下。

（1）写出 N 进制计数器状态的二进制代码。异步清零方式利用状态 S_N，同步清零方式利用状态 S_{N-1}。

（2）写出反馈清零函数。

（3）画逻辑电路图。

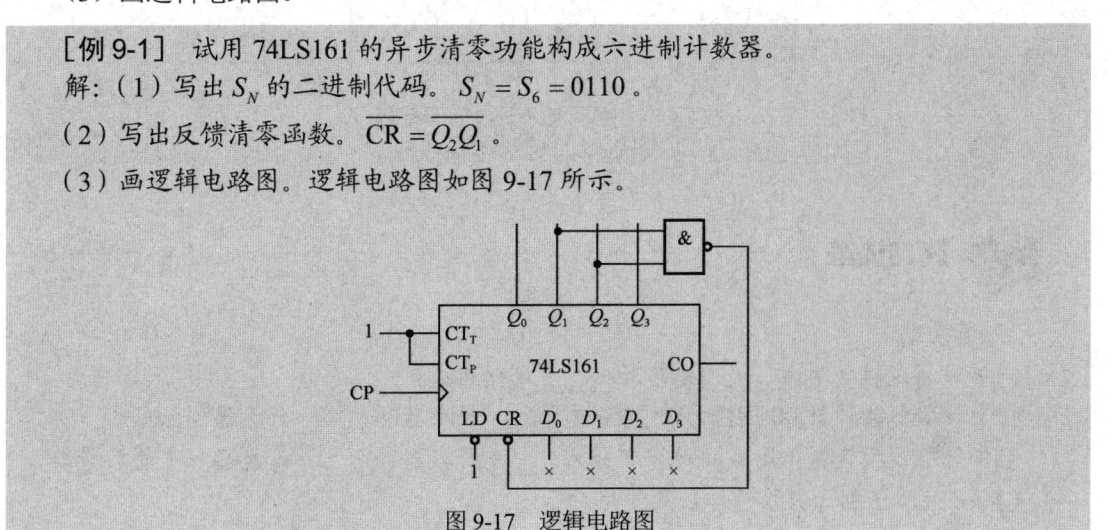

[例 9-1] 试用 74LS161 的异步清零功能构成六进制计数器。
解：（1）写出 S_N 的二进制代码。$S_N = S_6 = 0110$。
（2）写出反馈清零函数。$\overline{CR} = \overline{Q_2 Q_1}$。
（3）画逻辑电路图。逻辑电路图如图 9-17 所示。

图 9-17 逻辑电路图

2. 利用反馈置数法构成 N 进制计数器

集成计数器的置数方式有异步置数和同步置数两种。异步置数方式与计数脉冲 CP 无关，只要异步置数端出现置数信号，计数器立即被置数；同步置数方式与计数脉冲 CP 有关，同步置数端出现置数信号后，计数器并不立刻被置数，还需要再输入一个计数脉冲 CP 才能将预置数置到计数器中。

反馈置数法根据设计选定的 N 进制计数器状态，确定计数器预置数状态，计数器从预置数状态开始计数，计满 N 个状态后译码产生置数信号，加到集成计数器的置数端，使计数器返回到预置数状态，跳过剩余的不用状态，从而获得 N 进制计数器。

利用计数器的置数功能构成 N 进制计数器的方法如下。

（1）确定计数器计数状态和预置数状态。

（2）写出计数器状态的二进制代码。当预置数为全 0 时，取前 N 个计数状态，则异步置数方式利用状态 S_N，同步清零方式利用状态 S_{N-1}。

（3）写出反馈置数函数。

（4）画逻辑电路图。

[例 9-2] 试用 74LS161 的同步置数功能构成十进制计数器。
解：74LS161 是十六进制计数器，置数状态在 0000～1111 这 16 个状态中任选。
（1）确定计数器计数状态和预置数状态。取置数状态 $S_0 = Q_3 Q_2 Q_1 Q_0 = 0000$，预置数

$D_3D_2D_1D_0$=0000,计数范围为0000～1001。

(2)写出计数器状态的二进制代码。S_{N-1}=S_9=1001。

(3)写出反馈置数函数。$\overline{LD} = \overline{Q_3Q_0}$。

(4)画逻辑电路图。逻辑电路图如图9-18所示。

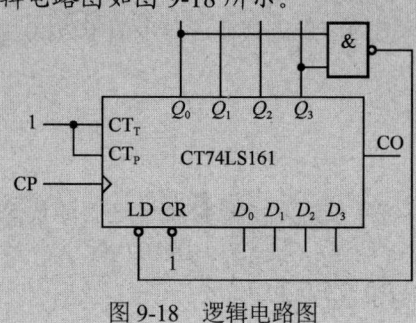

图9-18 逻辑电路图

能力训练

1. 填空题

(1)时序逻辑电路由_____电路和_____电路组成。

(2)计数器按计数脉冲引入方式可分为_____计数器和_____计数器。

(3)计数器按计数值增减的规律可分为_____计数器、_____计数器和可逆计数器。

(4)n位二进制计数器的计数范围为_____。

(5)4位二进制加法计数器有_____个计数状态,计数范围为_____,故又称十_____制加法计数器。

(6)4位二进制加法计数器74LS161输出的是_____二进制数。

(7)十进制加法计数器有_____计数状态,计数范围为_____。

(8)同步十进制可逆计数器74LS192输出的是_____码。

(9)设现有M进制计数器,要设计一个N进制计数器,只要$N < M$,就可以在M进制计数器的顺序计数过程中跳过_____个状态,从而获得N进制计数器。

(10)集成计数器的清零方式有_____清零和_____清零两种。

2. 计数器电路如图9-19所示,试分析该电路为几进制计数器。

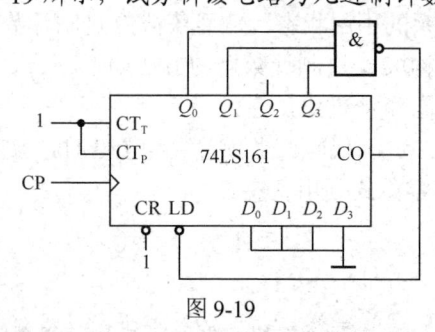

图9-19

3. 试用74LS161的同步置数功能构成七进制计数器。

4. 试用74LS192的异步清零功能构成十进制计数器。

任务三十二　寄存器及其应用

能力目标

（1）能分析寄存器的工作原理。
（2）学会寄存器的应用技能。

暂时存储二进制数据或代码的操作叫作寄存。例如，出外旅游时把小行李暂时寄存在车站或码头的暂存处，在自选商场将提包交给服务员暂时保管，都是寄存。

具有寄存功能的电路称为寄存器。寄存器是一种基本的时序逻辑电路，在计算机和其他数字设备中广泛应用。寄存器通常分为数码寄存器和移位寄存器两大类，由于 1 个触发器可存放 1 位二进制代码，一个 n 位的数码寄存器或移位寄存器需要由 n 个触发器组成，因此，触发器是组成数码寄存器和移位寄存器的基本单元电路。

一、数码寄存器

数码寄存器是存放二进制代码的电路。4 位集成数码寄存器 74LS175 的引脚排列图和逻辑功能示意图如图 9-20 所示。图 9-20 中，$\overline{CR}$ 是清零端，$D_0 \sim D_3$ 是并行数据输入端，$Q_0 \sim Q_3$ 是并行数据输出端，CP 是控制时钟脉冲输入端。

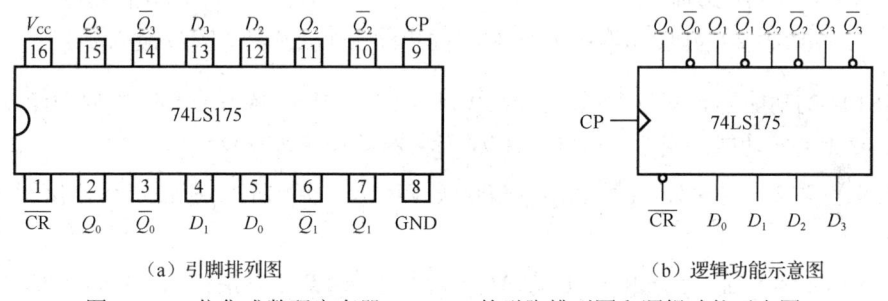

(a) 引脚排列图　　　　(b) 逻辑功能示意图

图 9-20　4 位集成数码寄存器 74LS175 的引脚排列图和逻辑功能示意图

表 9-10 所示为 74LS175 的功能表。由表 9-10 可知，74LS175 具有如下主要功能。

（1）异步清零功能。无论寄存器中原来有无数码，只要 $\overline{CR} = 0$，就立即将 4 个 D 触发器置零，即 $Q_3Q_2Q_1Q_0$=0000。

（2）并行送数功能。当 $\overline{CR} = 1$ 时，只要送数时钟脉冲 CP 上升沿到来，并行数据输入端 $D_3 \sim D_0$ 输入的数据 $d_3 \sim d_0$ 都被置入 4 个 D 触发器，即 $Q_3Q_2Q_1Q_0$=$d_3d_2d_1d_0$，由 $Q_3Q_2Q_1Q_0$ 并行输出数据。

（3）保持功能。在 CP 上升沿以外的时间，寄存器中寄存数码保持不变。

表 9-10　74LS175 的功能表

$\overline{CR}$	CP	D_3	D_2	D_1	D_0	Q_3	Q_2	Q_1	Q_0	工作模式
0	×	×	×	×	×	0	0	0	0	异步清零
1	↑	d_3	d_2	d_1	d_0	d_3	d_2	d_1	d_0	数据寄存
1	1	×	×	×	×	保持				数据保持
1	0	×	×	×	×	保持				数据保持

表头：输入 | 输出 | 工作模式

二、移位寄存器

移位寄存器是具有存放数码和使数码逐位左移或右移功能的电路。4 位集成双向移位寄存器 74LS194 的引脚排列图和逻辑功能示意图如图 9-21 所示。图 9-21 中，$\overline{CR}$ 是清零端，$D_0 \sim D_3$ 是并行数据输入端，D_{SR} 是右移位串行数据输入端，D_{SL} 是左移位串行数据输入端，M_1 和 M_0 为工作方式控制端，$Q_0 \sim Q_3$ 是并行数据输出端，CP 为移位时钟脉冲输入端。

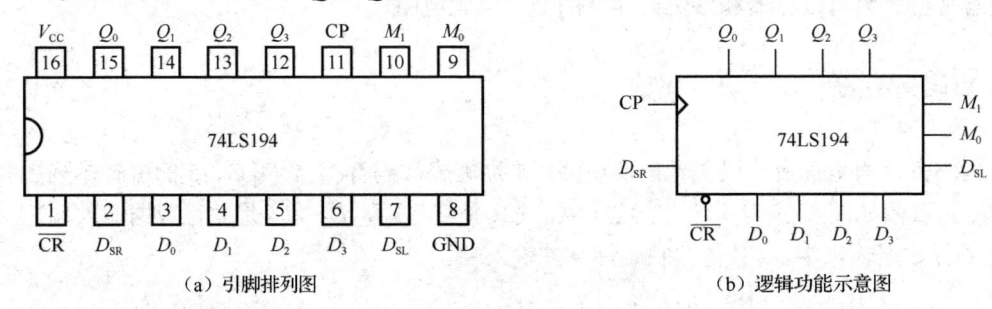

图 9-21　4 位集成双向移位寄存器 74LS194 的引脚排列图和逻辑功能示意图

74LS194 的功能如表 9-11 所示。由表 9-11 可知，74LS194 具有如下主要功能。

（1）异步清零功能。当 $\overline{CR} = 0$ 时，移位寄存器清零，即 $Q_3Q_2Q_1Q_0 = 0000$。

（2）保持功能。当 $\overline{CR} = 1$ 且 $M_1M_0 = 00$ 或 CP 无上升沿时，移位寄存器保持原来的状态不变。

（3）并行送数功能。当 $\overline{CR} = 1$ 且 $M_1M_0 = 11$ 时，在 CP 上升沿作用下，$D_3 \sim D_0$ 输入的数据 $d_3 \sim d_0$ 并行送入寄存器，即 $Q_3Q_2Q_1Q_0 = d_3d_2d_1d_0$。

（4）右移位串行送数功能。当 $\overline{CR} = 1$ 且 $M_1M_0 = 01$ 时，在 CP 上升沿作用下，实现左移位功能，D_{SR} 端输入数据依次串行送入寄存器，D_{SR} 为串行输入，Q_3 为串行输出。

（5）左移位串行送数功能。当 $\overline{CR} = 1$ 且 $M_1M_0 = 10$ 时，在 CP 上升沿作用下，执行左移位功能，D_{SL} 端输入数据依次串行送入寄存器，D_{SL} 为串行输入，Q_0 为串行输出。

表 9-11　74LS194 的功能表

$\overline{CR}$	M_1	M_0	CP	D_{SL}	D_{SR}	D_0	D_1	D_2	D_3	Q_0	Q_1	Q_2	Q_3	工作模式
0	×	×	×	×	×	×	×	×	×	0	0	0	0	异步清零

续表

$\overline{CR}$	M_1	M_0	CP	D_{SL}	D_{SR}	D_0	D_1	D_2	D_3	Q_0	Q_1	Q_2	Q_3	工作模式
1	×	×	0	×	×	×	×	×	×	保持				数据保持
1	1	1	↑	×	×	d_0	d_1	d_2	d_3	d_0	d_1	d_2	d_3	并行置数
1	0	1	↑	×	1	×	×	×	×	1	Q_0	Q_1	Q_2	右移输入 1
1	0	1	↑	×	0	×	×	×	×	0	Q_0	Q_1	Q_2	右移输入 0
1	1	0	↑	1	×	×	×	×	×	Q_1	Q_2	Q_3	1	左移输入 1
1	1	0	↑	0	×	×	×	×	×	Q_1	Q_2	Q_3	0	左移输入 0
1	0	0	×	×	×	×	×	×	×	保持				数据保持

能力训练

（1）用以暂时存放数码的数字逻辑部件，称为_____，根据作用不同可分_____和_____两大类。

（2）寄存器是用来存放二进制代码的逻辑电路。1 个触发器存放_____位二进制代码，存放 n 位二进制代码，需_____个触发器，通常由边沿触发器构成。

（3）移位寄存器是具有二进制代码的_____和_____功能的电路。

（4）_____用来产生一组按照事先规定的顺序脉冲。

任务三十三　集成 555 定时器及其应用

能力目标

（1）能识读 555 定时器的引脚排列图。
（2）学会 555 定时器的基本应用技能。

555 定时器又称时基电路，是一种模拟和数字功能相结合的中规模集成器件，可广泛用于波形产生与变换、测量与控制、家用电器和电子玩具等方面。

按照内部元器件的不同，555 定时器可分为双极型（又称 TTL 型）定时器和单极型（又称 CMOS 型）定时器两种，双极型定时器内部采用的是三极管，单极型定时器内部采用的是场效应管；按单片电路中包括定时器的个数可以分为单时基定时器和双时基定时器。常用的单时基定时器有双极型定时器 5G555 和单极型定时器 CC7555，常用的双时基定时器有双极型定时器 5G556 和单极型定时器 CC7556。

一、集成 555 定时器

CC7555 的引脚排列图及逻辑功能示意图如图 9-22 所示。图 9-22 中，V_{SS} 为接地端；$\overline{TR}$

为触发端（低触发端）；OUT 为输出端；$\overline{R}_D$ 为复位端（低电平有效）；CO 为电压控制端；TH 为阈值端（高触发端）；DIS 为放电端；V_{DD} 为电源端。

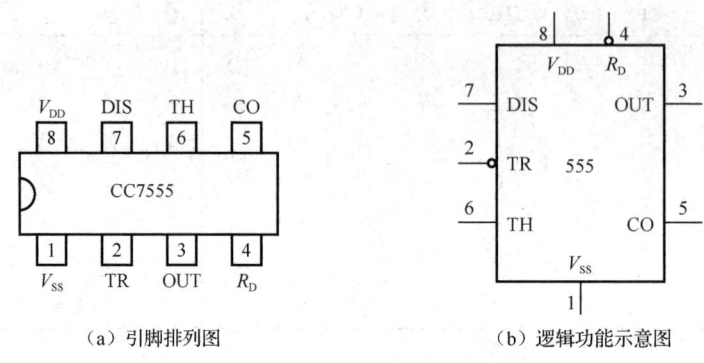

（a）引脚排列图　　　（b）逻辑功能示意图

图 9-22　CC7555 的引脚排列图及逻辑功能示意图

CC7555 的功能表如表 9-12 所示，可以归纳为"同低出高，同高出低，不同保持"。"同低出高"是指高触发端、低触发端同时低于各自的参考电压，输出为高电平。

表 9-12　CC7555 的功能表

TH	$\overline{TR}$	$\overline{R}_D$	OUT
×	×	0	0
$>2V_{DD}/3$	$>V_{DD}/3$	1	0
$<2V_{DD}/3$	$<V_{DD}/3$	1	0
$<2V_{DD}/3$	$>V_{DD}/3$	1	保持原状态

二、由 555 定时器构成的施密特触发器

施密特触发器（Schmitt Trigger）是经常使用的脉冲波形变换电路，是一种双稳态触发器，具有 0 和 1 两个稳定状态，它具有如下两个重要特性。

（1）电平触发器。它能将缓慢变化的波形变换为边沿陡峭的矩形脉冲。

（2）滞回特性。输入信号从低电平上升的过程中电路对应的触发转换电平（阈值电压）与输入信号从高电平下降过程中电路对应的触发转换电平是不同的。

1. 电路组成

由 555 定时器构成的施密特触发器的电路图如图 9-23（a）所示，高触发端 TH 与低触发端 $\overline{TR}$ 接在一起作为触发信号 u_i 的输入端，OUT 端输出信号 u_o，电压控制端 CO 外接一个 $0.01\mu F$ 的滤波电容，以提高电路的稳定性。

2. 工作原理

设输入信号 u_i 的波形为三角波，如图 9-23（b）所示。根据 555 定时器功能表可得：

（1）当 $u_i < \frac{1}{3}V_{DD}$ 时，为"同低出高"，u_o 输出高电平；当 $\frac{1}{3}V_{DD} < u_i < \frac{2}{3}V_{DD}$，为"不同保

持", u_o 仍为高电平。

(2) 当 $u_i > \frac{2}{3}V_{DD}$ 时，为"同高出低"，u_o 输出低电平；当 u_i 下降到 $\frac{2}{3}V_{DD}$ 以下，但还大于 $\frac{1}{3}V_{DD}$ 时，为"不同保持"，u_o 仍为低电平。

(3) 当 u_i 继续下降到小于 $\frac{1}{3}V_{DD}$ 时，为"同低出高"，u_o 输出高电平。

3. 施密特触发器的主要参数

施密特触发器的电压滞回特性如图 9-23（c）所示，施密特触发器的主要静态参数如下。

1）上限阈值电压 U_{T+}

在 u_i 上升过程中，输出电压 u_o 由高电平 U_{OH} 跳跃到低电平 U_{OL} 时所对应的输入电压值，称为上限阈值电压 U_{T+}，$U_{T+} = \frac{2}{3}V_{DD}$。

2）下限阈值电压 U_{T-}

在 u_i 下降过程中，输出电压 u_o 由低电平 U_{OL} 跳跃到高电平 U_{OH} 时所对应的输入电压值，称为下限阈值电压 U_{T-}，$U_{T-} = \frac{1}{3}V_{DD}$。

3）回差电压 ΔU_T

回差电压又称滞回电压，定义 $\Delta U_T = U_{T+} - U_{T-} = \frac{1}{3}V_{DD}$。

若电压控制端 CO 外接电压为 U_{CO}，则将有 $U_{T+} = U_{CO}$，$U_{T-} = \frac{1}{2}U_{CO}$，$\Delta U_T = \frac{1}{2}U_{CO}$。

(a) 电路图　　　　　　　(b) 波形图　　　　　　(c) 电压滞回特性

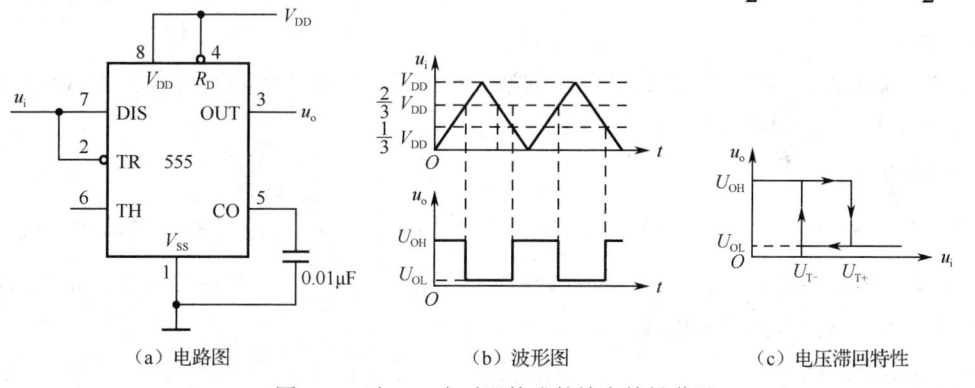

图 9-23　由 555 定时器构成的施密特触发器

三、由 555 定时器构成的单稳态触发器

单稳态触发器广泛用于脉冲整形、延时、定时等，其工作特性如下。
(1) 有一个稳定状态和一个暂稳态。
(2) 在外加触发信号作用下，电路从稳定状态翻转到暂稳态。

（3）暂稳态维持一段时间后，电路自动返回稳定状态。暂稳态的持续时间取决于电路本身的参数。

1. 电路组成

由 555 定时器构成的单稳态触发器的电路图如图 9-24（a）所示，低触发端 $\overline{TR}$ 作为触发信号 u_i 的输入端，同时将高触发端 TH 与放电端 DIS 相连后和 R、C 相连，通过 R 接电源 V_{DD}，通过 C 接地。

2. 工作原理

电路的工作波形图如图 9-24（b）所示。

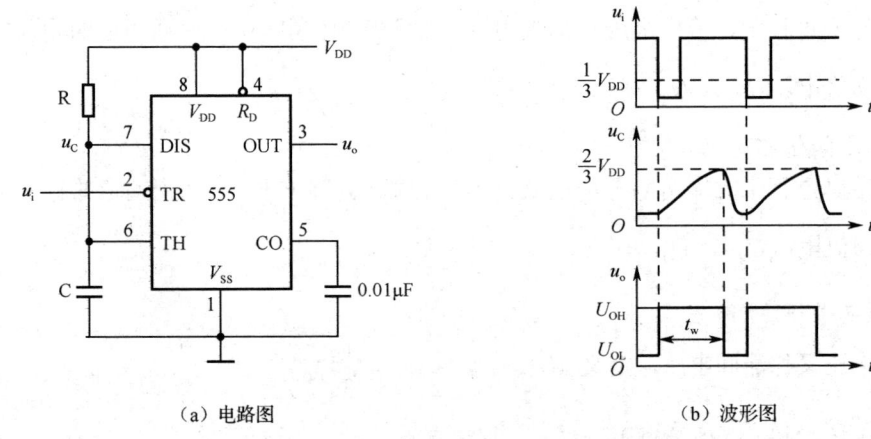

（a）电路图　　　　　　　　　　（b）波形图

图 9-24　由 555 定时器构成的单稳态触发器

1）稳态

当电路无触发信号时，u_i 为高电平，电路工作在稳定状态，即输出 u_o 保持为低电平，电容 C 迅速放电，电容电压 $u_C \approx 0$。

2）暂稳态

在负脉冲 u_i 作用下，低电平端 $\overline{TR}$ 的触发电平低于 $\frac{1}{3}V_{DD}$，$U_{TH} < \frac{2}{3}V_{DD}$，$U_{TR} < \frac{1}{3}V_{DD}$，则"同低出高"，输出 u_o 为高电平，电路进入暂稳态。在暂稳态阶段，电容 C 充电，充电回路为 $V_{DD} \rightarrow R \rightarrow C \rightarrow$ 地，充电时间常数 $\tau \approx RC$。

3）自动返回稳态

当电容电压上升到 $\frac{2}{3}V_{DD}$ 时，$U_{TH} \geq \frac{2}{3}V_{DD}$，$U_{TR} \geq \frac{1}{3}V_{DD}$，则"同高出低"，输出 u_o 由高电平变为低电平，暂稳态结束，电容 C 经放电管放电到 0V，因放电速度快，在这个阶段，输出 u_o 维持低电平。

3. 输出脉冲宽度

输出脉冲宽度 $t_w \approx 1.1RC$，调节定时元件，可以改变输出脉冲宽度。

四、由 555 定时器构成的多谐振荡器

多谐振荡器是能够产生矩形脉冲的自激振荡器，由于矩形脉冲中除包含基波外，还包含许多高次谐波，因此，这类振荡器又称多谐振荡器。多谐振荡器一旦起振后，电路没有稳态，只有两个暂稳态，它们交替变化，输出连续的矩形脉冲信号，因此，它又称无稳态电路，常用作脉冲信号源。

1. 电路组成

由 555 定时器构成的多谐振荡器的电路图如图 9-25（a）所示，放电端 DIS 经 R_1 接到 V_{DD} 上，同时 DIS 端对地接 R_2、C 积分电路，积分电路 C 再接到高触发端 TH 和低触发端 $\overline{TR}$ 端。

2. 工作原理

1）暂稳态 I

电容 C 充电，充电回路为 $V_{DD} \to R_1 \to R_2 \to C \to$ 地，充电时间常数 $\tau_1 = (R_1 + R_2)C$，电容 C 上电压 u_C 随时间按指数规律上升，当 $\frac{1}{3}V_{DD} < u_C < \frac{2}{3}V_{DD}$ 时，则用"不同保持"，即输出 u_o 暂稳在高电平。当电容 C 上电压上升到 $\frac{2}{3}V_{DD}$ 时，则用"同高出低"，即输出 u_o 由高电平变为低电平，电容充电结束。

2）暂稳态 II

电容 C 放电，放电回路为 $C \to R_2 \to$ 放电管 $\to$ 地，放电时间常数 $\tau_2 = R_2C$，电容 C 上电压 u_C 随时间按指数规律下降，输出 u_o 维持在低电平。当电容 C 上电压下降到 $\frac{1}{3}V_{DD}$ 时，则用"同低出高"，即输出 u_o 由低电平变为高电平，电容放电结束。电容 C 又开始充电，进入暂稳态 I。

因此，电容 C 上电压 u_C 将在 $\frac{2}{3}V_{DD}$ 和 $\frac{1}{3}V_{DD}$ 之间来回充电和放电，从而使电路产生振荡，输出矩形脉冲，电路的工作波形图如图 9-25（b）所示。

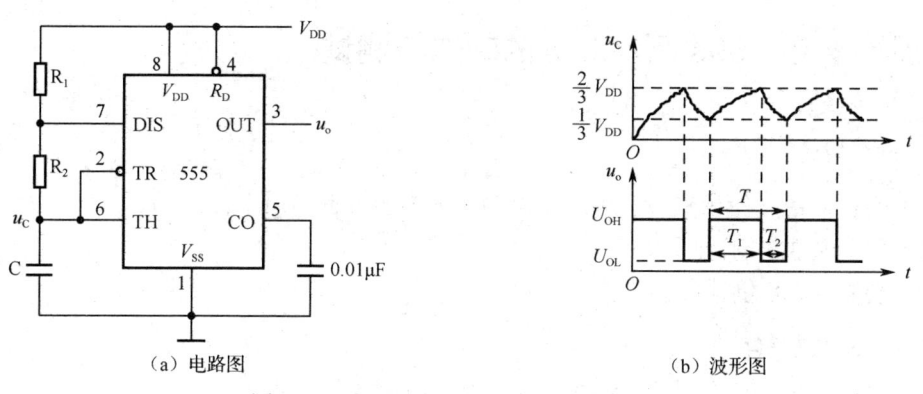

（a）电路图　　　　（b）波形图

图 9-25　由 555 定时器构成的多谐振荡器

3. 振荡周期

两个暂稳态维持时间 T_1 和 T_2 的计算公式为

$$T_1 = 0.7(R_1 + R_2)C \ ; \ T_2 = 0.7R_2C$$

振荡周期为

$$T = T_1 + T_2 = 0.7(R_1 + 2R_2)C$$

能力训练

1. 填空题

（1）555 定时器的逻辑功能可以归纳为"_____，_____，不同保持"。

（2）施密特触发器有____和____两个稳态。

（3）单稳态触发器有____个稳态和____个暂稳态。

（4）多谐振荡器是能够产生____脉冲的自激振荡器，它有____个暂稳态。

2. 图 9-26 所示为由 555 定时器组成的单稳态触发器。已知 $V_{DD}=10\text{V}$，$R=100\text{k}\Omega$，$C=0.01\mu\text{F}$，试求输出脉冲宽度 t_W。

3. 图 9-27 所示为由 555 定时器组成的多谐振荡器。已知 $V_{DD}=10\text{V}$，$C=0.1\mu\text{F}$，$R_1=100\text{k}\Omega$，$R_2=24\text{k}\Omega$。试计算多谐振荡器的振荡频率。

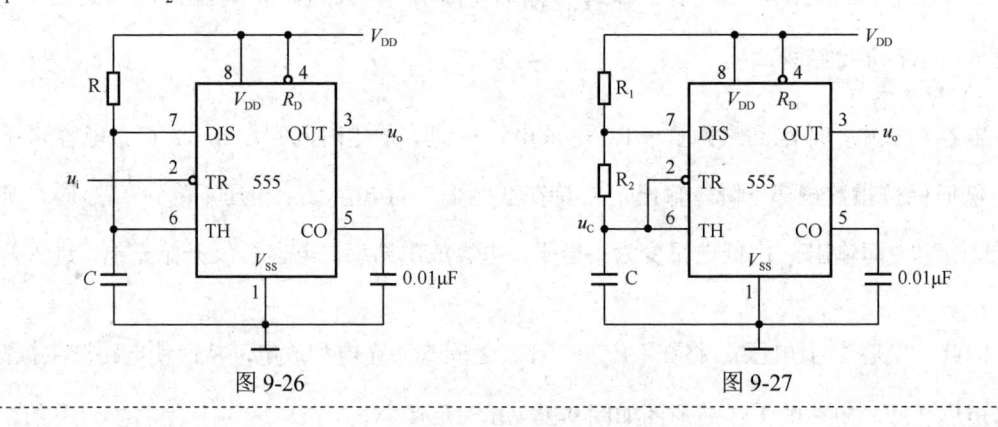

图 9-26　　　　　　　　图 9-27

技能训练十七　30s 倒计时器的制作与测试

1. 训练目的

（1）会识别集成计数器 74LS192 的引脚排列图和引脚的功能。

（2）能安装 30s 倒计时器。

（3）会测试 30s 倒计时器。

2. 仪器、元器件

（1）参考仪器：数字逻辑实验箱。

（2）参考元器件：集成计数器 74LS192、译码显示器件。

3. 训练内容

30s 倒计时器的仿真设计逻辑电路如图 9-28 所示。计数器从 30 开始递减计数，预设置数应为 30，相应的计数状态为 00110000，即个位计数器 U1 置数 0000，十位计数器 U2 置数 0011。个位计数器 U1（从 9 减计数到 0 时）的～BO 端（发出低电平信号，平时为高电平）发出一个负脉冲作为十位计数器 U2 减计数时钟信号，十位计数器 U2 减 1 计数；当十位计数器 U2 和个位计数器 U1 都处于全 0 状态时，十位计数器 U2 的～BO=～LOAD=0，计数器完成置数作用，此后，～BO=～LOAD=1，计数器在减计数脉冲作用下，进入下一轮 30s 递减计数。

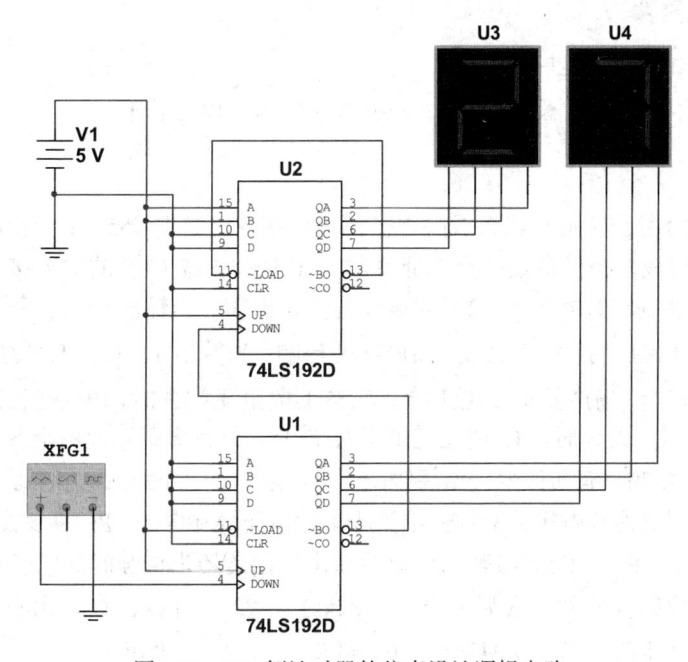

图 9-28 30s 倒计时器的仿真设计逻辑电路

训练步骤、内容和要求如表 9-13 所示。

表 9-13 训练步骤、内容及要求

内容	技能点	训练步骤及内容	训练要求
集成计数器的识读	会识别芯片引脚编号	识读芯片 74LS192	会查集成电路手册
	能识别芯片引脚作用	识读芯片 74LS192	读懂芯片参数
	会识别芯片逻辑功能	识读芯片 74LS192	识别芯片引脚及功能
集成计数器的逻辑功能测试	会电路连接与故障排除	测试芯片 74LS192 逻辑功能	自拟测试表格并做记录
	能进行电路测试与结果分析	测试芯片 74LS192 逻辑功能	分析结果判断逻辑功能
30s 倒计时器的制作与测试	能正确进行电路连接	在数字实验箱上连接电路	排除训练中出现的故障
	会进行电路测试与结果分析	设计表格并测试逻辑功能	总结训练的收获与体会

技能训练十八 电子门铃电路的制作与测试

1. 训练目的

（1）会识别集成 555 定时器的引脚排列图和引脚的功能。
（2）能安装电子门铃电路。
（3）会测试电子门铃电路。

2. 仪器、元器件

（1）参考仪器：数字逻辑实验箱。
（2）参考元器件：定时器 CC7555、蜂鸣器、电阻、电容若干。

3. 训练内容

图 9-29 所示为用 555 定时器组成的电子门铃电路。定时器 555（1）组成单稳态触发器，定时器 555（2）组成多谐振荡器，振荡频率约为 1kHz。555（1）的输出接到 555（2）的直接置 0 端 $\overline{R}_D$ 上，控制定时器 555（2）的振荡与停止振荡。当输出 u_{O1} 为高电平时，555（2）的 $\overline{R}_D$ 为高电平，开始振荡，扬声器发出 1kHz 的声响；当输出 u_{O1} 为低电平时，555（2）的 $\overline{R}_D$ 为低电平，停止振荡，扬声器不发出声响。当按下按钮开关 S 时，电子门铃以 1kHz 的频率响 10s。当松开按钮开关 S 时，C_1 便通过电阻 R_1 放电，维持振荡。但由于 S 的断开，电阻 R_2 被串入电路，使振荡频率有所改变，振荡频率变小，直到 C_1 上的电压放电到不能维持 555（2）振荡为止，即 4 脚变为低电平，3 脚输出为零。改变电路中 R_3、R_4 的参数，可以改变铃声的音调；改变电路中 R_2、C_1 的参数，可以改变电子门铃铃声持续时间的长短。

图 9-29 中，电路元器件参数如下：$R_1 = 24\text{k}\Omega$、$R_2 = 47\text{k}\Omega$、$C_1 = 10\mu\text{F}$、$C_2 = 0.01\mu\text{F}$、$R_3 = 10\text{k}\Omega$、$R_4 = 10\text{k}\Omega$、$C_3 = 0.047\mu\text{F}$、$C_4 = 0.01\mu\text{F}$、$C_5 = 10\mu\text{F}$。

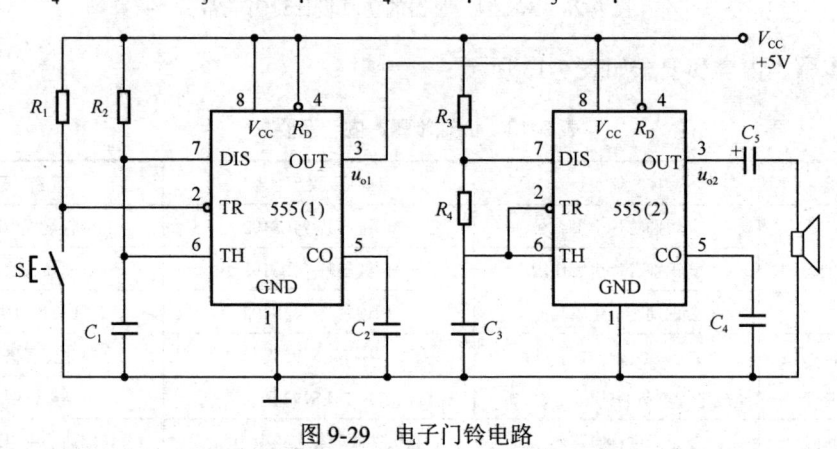

图 9-29 电子门铃电路

训练步骤、内容和要求如表 9-14 所示。

表 9-14　训练步骤、内容及要求

内　容	技　能　点	训练步骤及内容	训　练　要　求
识读 555 定时器	会识别芯片引脚编号	识读 555 定时器	会查集成电路手册
	能识别芯片引脚作用	识读 555 定时器	读懂芯片参数
	会识别芯片逻辑功能	识读 555 定时器	识别芯片引脚及功能
电子门铃电路制作与测试	会正确选择元件	分析电路的逻辑功能	排除训练中出现的故障
	能正确进行电路连接	在数字实验箱上连接电路	判断设计是否正确
	会进行电路测试与结果分析	测试电路的功能	总结训练的收获与体会

能力测试

一、基本能力测试

1．填空题

（1）时序逻辑电路的输出不仅和_____有关，还与_____有关。

（2）触发器有_____个稳态，存储 8 位二进制信息需要_____个触发器。

（3）触发器有两个稳定状态，即_____状态和_____状态。

（4）组成计数器的各个触发器的状态，能在时钟信号到达时同时翻转，它属于_____计数器。

（5）集成计数器的置数方式分为_____置数和_____置数两种。

（6）移位寄存器按照功能不同可分为_____寄存器和_____寄存器。

（7）由 n 个触发器组成的寄存器可存放_____位二进制代码。

2．单项选择题

（1）下列逻辑电路中为时序逻辑电路的是_____。
A．变量译码器　　　　B．编码器　　　　C．数码寄存器　　　　D．数据选择器

（2）欲使 JK 触发器按 $Q^{n+1} = \overline{Q^n}$ 工作，可使 JK 触发器的输入端_____。
A．$J = K = 1$　　　　B．$J = \overline{Q}, K = Q$　　　　C．$J = Q, K = \overline{Q}$　　　　D．$J = 1, K = 0$

（3）JK 触发器在时钟脉冲 CP 作用下，触发器置 1，其输入信号为_____。
A．$J=1, K=1$　　　　B．$J=0, K=0$　　　　C．$J=0, K=1$　　　　D．$J=1, K=0$

（4）具有"置 0"和"置 1"功能的触发器是_____。
A．JK 触发器　　　　B．RS 触发器　　　　C．D 触发器

（5）具有"保持"和"翻转"功能的触发器是_____。
A．JK 触发器　　　　B．T 触发器　　　　C．D 触发器

（6）边沿触发器是在_____，改变触发器的输出状态。
A．CP=1 期间　　　　B．CP=0 期间　　　　C．上升沿或下降沿　　　　D．任何时候

（7）下列触发器中，没有约束条件的是_____。

A．基本 RS 触发器　　　　　　　　B．主从 RS 触发器
C．同步 RS 触发器　　　　　　　　D．边沿 D 触发器

（8）同步计数器和异步计数器比较，同步计数器的显著优点是_____。
　A．工作速度高　　　B．触发器利用率高　　　C．不受时钟 CP 控制

（9）若将输入脉冲延迟一段时间后输出，应用的电路是_____。
A．施密特触发器　　　B．单稳态触发器　　　C．多谐振荡器　　　D．集成定时器

（10）在数字系统中，能实现精确定时的电路是_____。
A．施密特触发器　　　B．单稳态触发器　　　C．多谐振荡器　　　D．集成定时器

3．判断题（正确在括号里打"√"，错误在括号里打"×"）

（1）D 触发器的特性方程为 $Q^{n+1}=D$，与 Q^n 无关，所以它没有记忆功能。（　　）

（2）RS 触发器的约束条件 $RS=0$ 表示不允许出现 $R=S=1$ 的输入。（　　）

（3）同步触发器存在空翻现象，而边沿触发器和主从触发器克服了空翻。（　　）

（4）主从 JK 触发器、边沿 JK 触发器和同步 JK 触发器的逻辑功能完全相同。（　　）

（5）由两个 TTL 或非门构成的基本 RS 触发器，当 $R=S=0$ 时，触发器的状态为不定。（　　）

（6）同步时序电路在利用反馈归零法获得 N 进制计数器时，若为异步置零方式，则状态 S_N 只是短暂的过渡状态，不能稳定而是立刻变为 0 状态具有统一的时钟 CP 控制。（　　）

（7）双向移位寄存器可同时执行左移和右移功能。（　　）

二、提升能力测试

（1）如图 9-30 所示，根据 CP 波形画出 Q 波形（设触发器的初态为 1）。

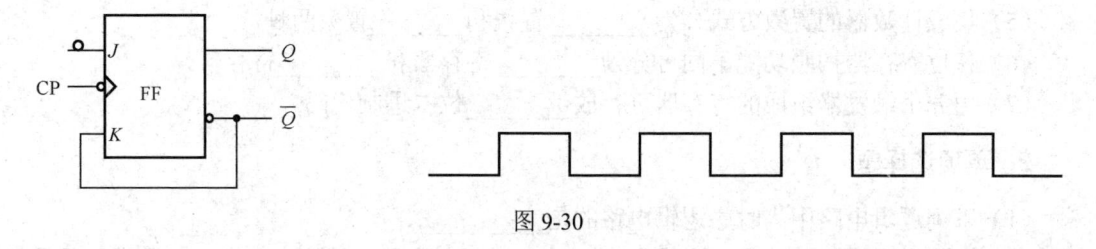

图 9-30

（2）采用反馈清零法，用集成计数器 74LS161 构成十三进制计数器，画出逻辑电路图。

（3）计数器电路如图 9-31 所示，试分析该电路为多少进制计数器。

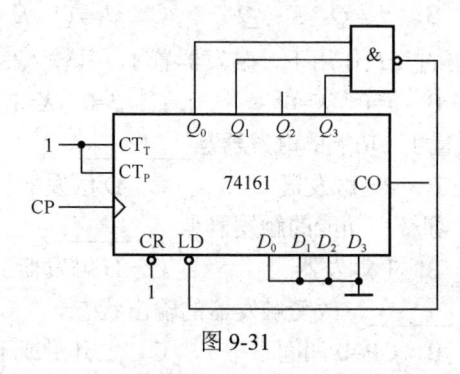

图 9-31

（4）由 555 定时器和三极管构成的报警电路如图 9-32 所示，PR 为控制信号。试分析：

①图 9-32 中 555 定时器组成何种应用电路；②在控制信号 PR 作用下，报警器的工作原理。

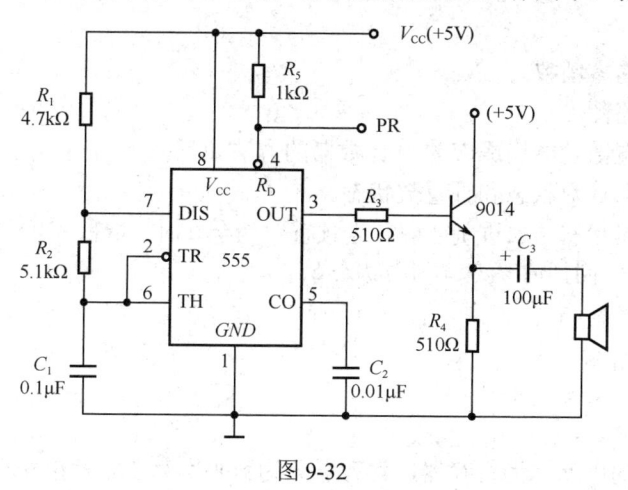

图 9-32

项目小结

1. 触发器

触发器是具有记忆功能的单元电路，有两个稳定状态 0、1。一个触发器可存储 1 位二进制码，存储 n 位二进制码则需要用 n 个触发器。

根据触发器电路结构的不同，触发器可分为基本 RS 触发器、同步触发器、边沿触发器。根据触发器逻辑功能的不同，触发器又分为 RS 触发器、JK 触发器、D 触发器。

RS 触发器的特性方程为

$$\begin{cases} Q^{n+1} = S + \bar{R}Q^n \\ RS = 0 \text{（约束条件）} \end{cases}$$

JK 触发器的特性方程为

$$Q^{n+1} = J\bar{Q}^n + \bar{K}Q^n$$

D 触发器的特性方程为

$$Q^{n+1} = D$$

2. 计数器

实现计数操作的时序逻辑电路称为计数器。计数器不仅可以用来计数，还可用来定时、分频和测量等。计数器按计数脉冲引入方式不同可分为同步计数器和异步计数器；按计数的进制不同可分为二进制计数器、十进制计数器及 N 进制计数器；按计数值增减的规律不同可分为加法计数器、减法计数器和可逆计数器。

n 位二进制计数器又称 2^n 进制计数器，计数范围为 $0 \sim 2^n-1$。4 位二进制加法计数器有 0000~1111 十六个计数状态，计数范围为 0~15，故又称十六进制加法计数器。十进制加法计数器有 0000~1001 十个计数状态，计数范围为 0~9。

利用计数器的清零功能构成 N 进制计数器的方法如下：

(1) 写出 N 进制计数器状态的二进制代码。异步清零方式利用状态 S_N，同步清零方式利用状态 S_{N-1}。

(2) 写出反馈清零函数。

(3) 画逻辑电路图。

利用计数器的置数功能构成 N 进制计数器的方法如下：

(1) 确定计数器计数状态和预置数状态。

(2) 写出计数器状态的二进制代码。当预置数为全 0 时，取前 N 个计数状态，则异步置数方式利用状态 S_N，同步清零方式利用状态 S_{N-1}。

(3) 写出反馈置数函数。

(4) 画逻辑电路图。

3. 寄存器

具有寄存功能的电路称为寄存器，寄存器分为数码寄存器和移位寄存器两大类。数码寄存器是存放二进制代码的电路，移位寄存器是具有存放数码和使数码逐位左移或右移的电路。

4. 555 定时器

555 定时器有双极型（又称 TTL 型）定时器和单极型（又称 CMOS 型）定时器两种，根据单片电路中包括定时器的个数可以分为单时基定时器和双时基定时器。常用的单时基定时器有双极型定时器 5G555 和单极型定时器 CC7555，双时基定时器有双极型定时器 5G556 和单极型定时器 CC7556。

施密特触发器具有 0 和 1 两个稳定状态，单稳态触发器有一个稳定状态和一个暂稳态。多谐振荡器没有稳态，只有两个暂稳态。

用 555 定时器构成的施密特触发器的主要参数如下：

上限阈值电压 $U_{T+} = \dfrac{2}{3}V_{DD}$；

下限阈值电压 $U_{T-} = \dfrac{1}{3}V_{DD}$；

回差电压 $\Delta U_T = U_{T+} - U_{T-} = \dfrac{1}{3}V_{DD}$。

用 555 定时器构成的单稳态触发器的输出脉冲宽度为

$$t_w \approx 1.1RC$$

用 555 定时器构成的多谐振荡器的振荡周期为

$$T = 0.7(R_1 + 2R_2)C$$

项目自评表

序 号	自评项目	自评内容	项目配分	项目得分	自评成绩
1	集成触发器	触发器及其特性	5 分		
		RS 触发器的逻辑功能	5 分		
		JK 触发器的逻辑功能	5 分		
		D 触发器的逻辑功能	5 分		

续表

序 号	自评项目	自评内容	项目配分	项目得分	自评成绩
2	集成触发器的识读	74LS112 和 74LS74 的引脚编号	1 分		
		74LS112 和 74LS74 的引脚作用	2 分		
		74LS112 和 74LS74 的逻辑功能	2 分		
3	集成计数器	74LS161 的逻辑功能和引脚排列图	5 分		
		74LS192 的逻辑功能和引脚排列图	5 分		
		集成计数器逻辑功能的测试	10 分		
4	计数器的应用	应用反馈置数法构成任意进制计数器	10 分		
		应用反馈清零法构成任意进制计数器	10 分		
5	寄存器及其应用	寄存器的特点和分类	5 分		
		74LS175 的引脚排列图与逻辑功能	5 分		
		74LS194 的引脚排列图与逻辑功能	5 分		
6	555 定时器及其应用	555 定时器的逻辑功能和引脚排列图	5 分		
		用 555 定时器构成施密特触发器	5 分		
		用 555 定时器构成单稳态触发器	5 分		
		用 555 定时器构成多谐振荡器	5 分		
能力缺失					
弥补办法					

参考文献

[1] 何军. 电工电子技术项目教程[M]. 北京：电子工业出版社，2014.
[2] 周元兴. 电工与电子技术基础[M]. 北京：机械工业出版社，2005.
[3] 喻建华. 建筑应用电工[M]. 武汉：武汉理工大学出版社，2004.
[4] 秦曾煌. 电工学·电工技术[M]. 北京：高等教育出版社，2004.
[5] 孙平. 电气控制与PLC[M]. 北京：高等教育出版社，2004.
[6] 杨素行. 模拟电子技术基础简明教程（第三版）[M]. 北京：高等教育出版社，2006.
[7] 刘润华. 电工电子学（上、下）[M]. 青岛：中国石油大学出版社，2008.
[8] 胡宴如. 模拟电子技术（第3版）[M]. 北京：高等教育出版社，2009.
[9] 康华光. 电子技术基础·模拟部分（第5版）[M]. 北京：高等教育出版社，2006.
[10] 付植桐. 电子技术（第2版）[M]. 北京：高等教育出版社，2008.
[11] 赵利. 数字电子技术（第一版）[M]. 北京：冶金工业出版社，2009.
[12] 杨志忠. 数字电子技术基础（第2版）[M]. 北京：高等教育出版社，2003.
[13] 尹常永. 电子技术[M]. 北京：高等教育出版社，2008.
[14] 唐程山. 电子技术基础[M]. 北京：高等教育出版社，2004.
[15] 宋红. 电工电子技术简明教程（第2版）[M]. 北京：高等教育出版社，2008.